Le Stelle

Collana a cura di Corrado Lamberti

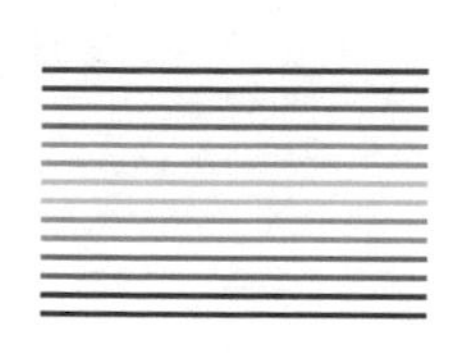

Imaging planetario: Guida all'uso della *webcam*

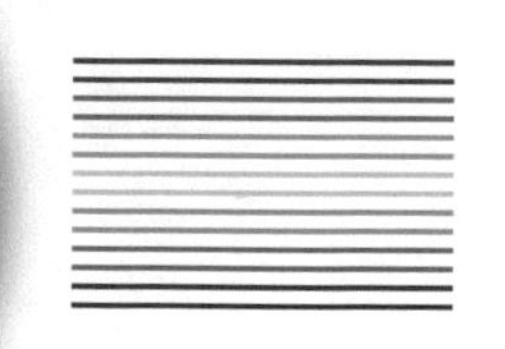

Martin Mobberley

Con 153 figure

Tradotto dall'edizione originale inglese:
Lunar and Planetary Webcam User's Guide di Martin Mobberley

Traduzione di:
Albino Carbognani

Edizione italiana a cura di:
Springer-Verlag Italia
Via Decembrio, 28
20137 Milano
springer.com

Gruppo B Editore
Via Tasso, 7
20123 Milano
www.lestelle-astronomia.it

Springer fa parte di
Springer Science+Business Media

ISBN-978-88-470-0719-2 Springer-Verlag Italia

Foto nel logo: rotazione della volta celeste; l'autore è il romano Danilo Pivato, astrofotografo italiano di grande tecnica ed esperienza
Progetto grafico della copertina: Simona Colombo, Milano
Impaginazione: Erminio Consonni, Lenno (CO)
Stampa: Grafiche Porpora S.r.l., Segrate, Milano

Stampato in Italia

A Damian Peach, Dave Tyler, Jamie Cooper e Mike Brown, il cui entusiasmo per la ripresa delle immagini planetarie mi ha spronato a scrivere questo libro.

Prefazione

Viviamo in tempi eccitanti

Osservo la Luna fin dal 1968, quando acquistai un modesto rifrattore-giocattolo costruito dalla Prinz. Era uno strumento con un'apertura di 30 mm e un oculare zoom 10-30×. Posseggo ancora quel telescopio e funziona ancora bene. Durante gli anni, ho acquistato strumenti sempre più grandi e ho provato a fare qualche fotografia lunare e planetaria, accorgendomi che potevo vedere di gran lunga meglio di quanto potessi fotografare, perché l'occhio e il cervello, lavorando in combinazione, superano la pellicola fotografica, almeno nello studio della Luna e dei pianeti. Nel 1985 suscitai molta curiosità fra i presenti a una riunione della Sezione Luna della BAA (British Astronomical Association) quando mostrai alcuni *videotape* che avevo ripreso con una camera CCD sperimentale della English Electric Valve, puntata sulla Luna. Si trattava di un salto incredibile nella ripresa di immagini: finalmente si aveva sottomano qualcosa con cui studiare la superficie e registrare i dettagli proprio come era in grado di fare l'occhio (almeno sulla Luna, che è un soggetto luminoso e di elevato contrasto).

In seguito, all'alba del XXI secolo, è stata introdotta una nuova tecnologia. Incute quasi timore per la sua potenza, ma è abbordabile da chiunque: sicuramente una combinazione straordinaria per l'astronomo dilettante. La tecnologia è quella delle modeste *webcam* USB, combinata con un pacchetto *software* potente come *Registax*, sviluppato da Cor Berrevoets. La combinazione tecnica di una *webcam* con la possibilità di sommare le immagini e gli strumenti di elaborazione controllati da un moderno PC possono portare a risultati incredibili. Qualsiasi dilettante può riprendere dal giardino di casa immagini planetarie che rivelano più di quanto possa l'occhio umano e che sarebbero state oggetto di invidia da parte degli osservatori professionali solo fino a una decina d'anni fa. Non posso ricordare un tempo più eccitante di questo per un astronomo dilettante. Spero che questo libro possa ispirare alcuni ad emergere e ad aiutare la prossima generazione di *imager* lunari e planetari. È ora possibile, per chiunque sia dotato anche solo di un modesto telescopio, catturare meravigliose immagini e contribuire con vere osservazioni scientifiche. Se questo libro aiuterà a produrre anche un solo *imager* planetario in più, riterrò che sia valsa la pena scriverlo.

Martin Mobberley
Suffolk, United Kingdom
Dicembre 2005

Ringraziamenti

Come nel caso dei miei due libri precedenti con la Springer, sono grato a tutti gli astronomi dilettanti che hanno messo a disposizione le loro immagini per questo mio nuovo lavoro. Mi sento intimorito da grandi nomi come Isao Miyazaki, Damian Peach e Eric Ng (per nominarne solo a tre), così disponibili a condividere con altri le loro immagini attraverso questo manuale. Sono particolarmente grato a Damian, che mi ha offerto più immagini di chiunque altro: il suo esempio mi ha spronato a coltivare la ripresa lunare e planetaria sotto il cielo spesso nuvoloso dell'Inghilterra. Scrivendo questo lavoro, sono stato incoraggiato giornalmente dalle *e-mail* di Damian, Dave Tyier, Mike Brown e Jamie Cooper, con cui ho condiviso utili esperienze in fatto di *webcam*, telescopi e capricci della turbolenza atmosferica. I miei ringraziamenti vanno a questi quattro amici come pure a David Graham, Mario Frassati e Paolo Tanga, le cui eccellenti mappe di Mercurio e Marte sono riprodotte in queste pagine. La mappa di Marte di Frassati/Tanga è la migliore a cui il *webcam*/visualista possa fare riferimento; è eccellente, in quanto riporta la denominazione di ogni caratteristica superficiale, pur rimanendo chiara e leggibile. Probabilmente, tutti insieme dovremmo ringraziare quel genio del *software* che è Cor Berrevoets. Senza il *software freeware Registax* scritto da Cor, l'utilizzo delle *webcam* per l'*imaging* planetario non avrebbe mai preso piede.

Per l'aiuto ricevuto nel *processing* delle immagini lunari e planetarie sono molto riconoscente ai seguenti esperti (in ordine alfabetico): Cor Berrevoets, Mike Brown, Celestron International, Antonio Cidadao, Jamie Cooper, Mario Frassati, Maurice Gavin, Ed Grafton, David Graham, Paolo Lazzarotti, Isao Miyazaki, NASA/JPL, Eric Ng, Gerald North, Donald Parker, Damian Peach, Christophe Pellier, Barry Pemberton (Orion Optics), Maurizio Di Sciullo, Paolo Tanga, Dave Tyer, Unisys Corp., e Jody Wilson (Boston University).

Sono anche in debito con mio padre, Denys Mobberley, per il suo aiuto instancabile in tutti i miei progetti osservativi, con John Watson, per l'attenta lettura del manoscritto originale, e con il personale di produzione della Springer per tutto l'aiuto che ho ricevuto, specialmente da Jenny Wolkowicki e Chris Coughlin.

Martin Mobberley
Suffolk, United Kingdom
Dicembre 2005

Indice

CAPITOLO UNO

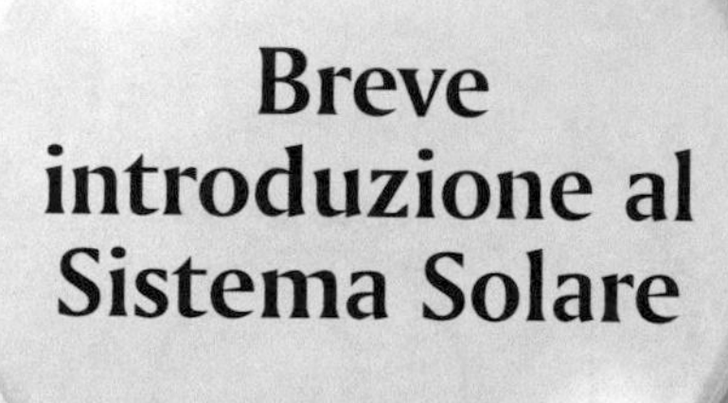

Breve introduzione al Sistema Solare

Questo è principalmente un libro sull'*imaging* planetario con la *webcam*, ed è pensato per gli astronomi dilettanti che abbiano già qualche conoscenza di base sul Sistema Solare. Tuttavia, è possibile che alcuni principianti siano attratti da questo libro pur avendo solo scarse conoscenze di astronomia. Questo capitolo è per il principiante nel vero senso della parola. Se avete familiarità con la struttura del nostro Sistema Solare, sentitevi liberi di saltare quest'introduzione. In caso contrario, potete iniziare la vostra avventura da qui. Ho scritto deliberatamente quest'introduzione nel modo più semplice possibile, in modo che chiunque la possa comprendere (o almeno lo spero).

Viviamo in un Sistema Solare (Figura 1.1) che comprende un Sole, otto pianeti, centinaia di migliaia d'asteroidi e più di centomila comete. Se vi sembro un po' vago su quanti siano esattamente asteroidi e comete, non preoccupatevi: la cosa è voluta. In primo luogo, nessuno sa quanti siano questi corpi. Inoltre, se mettiamo nel novero di asteroidi e comete anche gli oggetti che non sono più grandi di un macigno o di una palla di neve, allora ne esistono milioni o miliardi. Dalla Figura 1.2 fino alla 1.7 vengono mostrati alcuni dei corpi principali del nostro sistema planetario.

Miliardi d'anni fa, il materiale del Sistema Solare iniziò a cadere verso il comune centro di gravità. La maggior parte del materiale, composta principalmente da idrogeno, andò a formare il Sole. Non appena fu raggiunta una massa sufficiente, iniziò la fusione nucleare e il Sole cominciò a risplendere, annunciando la sua presenza come stella a questa parte della nostra Galassia. Tutte le stelle del cielo notturno sono altrettanti Soli; alcune sono più grandi, alcune sono più piccole; tutte stanno a grandi distanze da noi.

Per inciso, vorrei sottolineare da subito che non dovrete mai fissare il Sole, né a occhio nudo né, tanto meno, con un telescopio (a meno che il vostro strumento non abbia un filtro solare a tutta apertura e voi non siate più che esperti; vedere il Capitolo 16 per maggiori dettagli). Il Sole è pericolosamente luminoso e con osservazioni maldestre possiamo facilmente procurarci danni permanenti all'occhio. Dunque: attenzione!

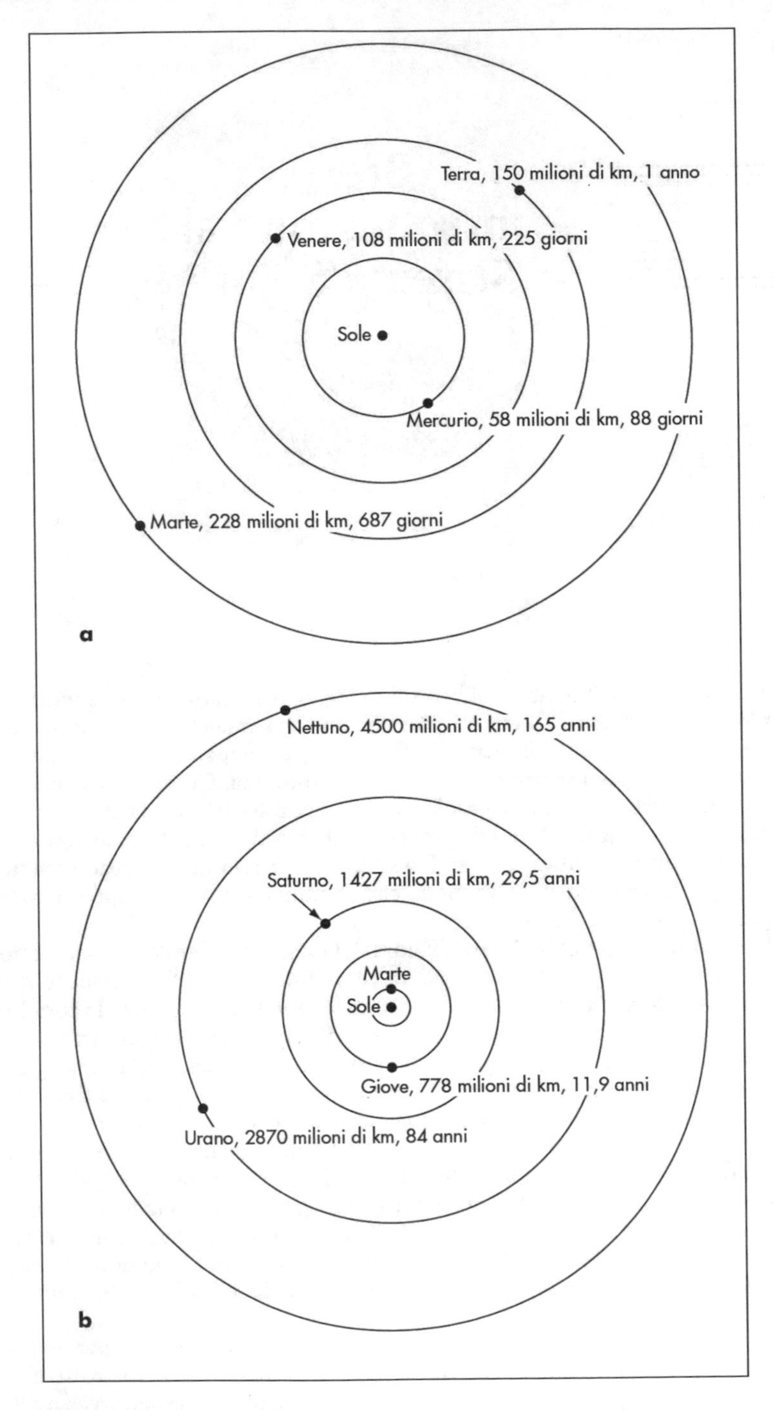

Figura 1.1. In questo disegno vengono mostrate le orbite dei pianeti terrestri (in alto) e quelle dei pianeti giganti (in basso). Diagramma: cortesia di Gerald North. Sono riportate le distanze medie dal Sole e i periodi di rivoluzione.

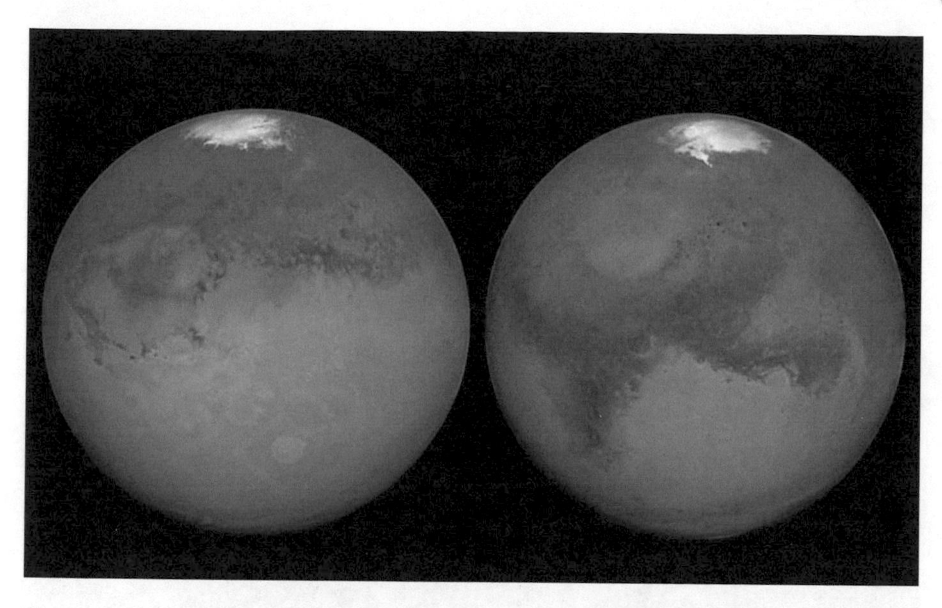

Figura 1.2. Marte alla minima distanza dalla Terra. Immagine ripresa dal Telescopio Spaziale "Hubble" il 26 e 27 agosto 2003. Il sud è in alto. Il Solis Lacus è visibile alla sinistra dell'immagine di sinistra; la Syrtis Major alla sinistra dell'immagine di destra. (NASA/STScI)

Figura 1.3. L'asteroide Eros, con dimensioni di 33×13 km, ripreso dalla sonda spaziale NEAR/Shoemaker. (NASA)

Figura 1.4. La cometa Hyakutake ripresa da Tenerife nella notte del 24-25 marzo 1996. (M. Mobberley)

Figura 1.5. Giove, Io e l'ombra di Io ripresi dalla sonda spaziale Cassini. (NASA)

Figura 1.6. Saturno ripreso dalla Cassini. (NASA)

Le distanze fra il Sole e le altre stelle (probabilmente con altri sistemi di pianeti) sono misurate in anni luce. La stella più vicina a noi, Proxima Centauri, è distante 4,2 anni luce.

In altre parole, un raggio di luce, che nel vuoto viaggia a 300.000 km/s, per arrivare a quella stella impiegherebbe 4,2 anni. Per confronto, la luce impiega appena un secondo per andare dalla Luna alla Terra e poco più di otto minuti per andare dal Sole alla Terra.

Figura 1.7. Urano ripreso dal Voyager 2. (NASA)

Dato che nessuno sa come viaggiare più rapidamente della luce, si vede bene che è impossibile recarci su altre stelle in un tempo ragionevole. Basta guardare le stelle nel cielo e vedere quanto siano deboli per apprezzare la loro distanza. Ogni stella sarebbe un Sole brillante come il nostro se fosse osservata da vicino.

Oltre al materiale che ha formato il nostro Sole, quasi cinque miliardi d'anni fa, le particelle composte da elementi più pesanti dell'idrogeno si raggrupparono insieme e divennero i pianeti e gli asteroidi che vediamo oggi.

Tutti i pianeti del Sistema Solare orbitano intorno al Sole nello stesso verso di rotazione della nostra stella. Ma, mentre il Sole ruota sul suo asse in circa 25 giorni, i pianeti orbitano con periodi molto lunghi. Guardando il Sistema Solare dall'alto, tutti i corpi orbitano intorno al Sole in senso antiorario, ad eccezione delle comete di lungo periodo, che possono ruotare in qualsiasi verso e su qualunque piano.

In ordine crescente di distanza dal Sole, i pianeti principali sono: Mercurio, Venere, Terra, Marte, Giove, Saturno, Urano, Nettuno. Quasi tutti gli asteroidi, o pianetini, si trovano nella Fascia Principale degli asteroidi, collocata fra le orbite di Marte e Giove. Si tratta di mondi più piccoli della nostra Luna, e ce ne sono centinaia di migliaia. Ci sono poi asteroidi più prossimi a noi, classificati come asteroidi Aten, Apollo e Amor, a seconda del tipo di orbita che percorrono attorno al Sole, e collettivamente noti come NEO (*Near Earth Objects*, oggetti vicini alla Terra). Alcuni NEO sono considerati una minaccia per il nostro pianeta. Quelli più pericolosi sono chiamati PHA (*Potentially Hazardous Asteroids*, asteroidi potenzialmente pericolosi).

Localizzare i pianeti

Trovare i pianeti più luminosi nel cielo notturno, quando sono nel periodo di migliore visibilità, non è difficile. Tuttavia questa operazione richiede un po' di esperienza, come sapere dove sono il nord, il sud, l'est e l'ovest e riconoscere le costellazioni più luminose.

I pianeti interni, Mercurio e Venere, sono sempre visibili solo al crepuscolo, subito dopo il tramonto del Sole (a ovest) o subito prima dell'alba (a est). In effetti, per voler mantenere le cose semplici, ho forse semplificato un po' troppo: Venere può comparire anche quando il cielo è buio. Mercurio è un oggetto luminoso, ma è così basso sull'orizzonte nella luce del crepuscolo che spesso è molto difficile da trovare. Invece, Venere è inconfondibile. Se vedete un oggetto molto brillante nel cielo dell'alba o al crepuscolo, quasi certamente è Venere. Dopo la Luna, Venere è l'oggetto più luminoso che potete vedere nel cielo notturno (o al crepuscolo).

Spostandoci oltre la Terra, troviamo Marte. Questo pianeta, quando è nel periodo di migliore visibilità, può essere un oggetto molto brillante. Non può eguagliare Venere, ma è pur sempre uno dei più luminosi oggetti del cielo, marcatamente di colore rosso. Se siete astrofili principianti, c'è un trucco per riconoscere i pianeti. Le stelle più luminose tendono a scintillare, mentre i pianeti non lo fanno perché sono oggetti estesi, non semplici puntini luminosi. Se state cercando un pianeta e siete confusi dalle stelle ma sapete che uno di quei punti luminosi in "quella direzione" è un pianeta, controllate se sta scintillando. Quando Marte si trova vicino alla Terra è inequivocabilmente Marte: è rosso, non scintilla ed è abbagliante. Ma ci sono anni in cui Marte è brillante e anni in cui è debole (a seconda di quanto dista dalla Terra): in questi ultimi, sembra una comune stella, relativamente luminosa.

Giove, il pianeta gigante del Sistema Solare, è sempre luminoso e non scintilla mai. Non è mai brillante come Venere ma, di solito, lo è più di Marte. Attraverso un binocolo o un piccolo telescopio, si potranno osservare i satelliti "Galileiani" del pianeta: si presentano come quattro punti luminosi allineati ai lati del pianeta, alcuni a destra, altri a sinistra.

Veniamo al pianeta più spettacolare del cielo notturno. Saturno, quando i suoi anelli sono completamente aperti, offre una visione spettacolare. Tuttavia, nonostante il suo inequivocabile aspetto attraverso un telescopio, a occhio nudo non è troppo diverso da una stella e individuarlo può essere un po' difficile per il principiante. Anche in questo caso, se siete confusi, consiglierei il test della scintillazione. Non appena puntate un telescopio verso Saturno, potete essere certi di averlo trovato. Niente assomiglia ad esso! Gli anelli sono individuabili anche con un ingrandimento di soli 20×.

I restanti pianeti del Sistema Solare non sono visibili a occhio nudo. Urano e Nettuno possono essere visti con un binocolo, ma rilevare qualsiasi loro caratteristica superficiale è una grossa sfida. In anni recenti, alcuni astronomi si sono chiesti se il minuscolo Plutone dovesse essere classificato realmente come un pianeta o solo come un grande asteroide appartenente alla Fascia di Kuiper, oltre Nettuno. In effetti, dall'agosto 2006 Plutone non appartiene più alla categoria dei pianeti maggiori, ma a quella dei cosiddetti "pianeti nani".

La Tabella 1.1 elenca i dati più importanti sul Sole e i pianeti principali del nostro Sistema Solare. Nella tabella ho incluso la Luna, poiché è uno dei principali obiettivi di chi osserva il cielo; ma, naturalmente, la Luna orbita intorno alla Terra, mentre i pianeti orbitano intorno al Sole. Ho incluso anche il più grande asteroide della Fascia Principale, Cerere, come "rappresentante" della categoria, e Plutone.

Ora, come scoprire dove si trovano i pianeti nel cielo di stanotte? Le guide migliori possono essere trovate in riviste mensili come *Sky and Telescope* o *Astronomy*, oppure, in Italia, *Le Stelle* e *Nuovo Orione*. Queste riviste pubblicano mappe che

Tabella 1.1.

Oggetto	Distanza media dal Sole (milioni di km)	Distanza minima dalla Terra (milioni di km)	Periodo orbitale	Diametro (km)	Periodo di rotazione
Sole		149,6 (media)		1.391.980	25,4 giorni
Mercurio	58	80,0	88 giorni	4878	58,6 giorni
Venere	108	38,3	225 giorni	12.104	243,0 giorni
Terra	149,6		365 giorni	12.756	24,0 ore
Luna	149,6	0,365	Orbita attorno alla Terra	3476	27,3 giorni
Marte	227,9	56,0	687 giorni	6794	24,6 ore
Cerere	400	250	4.60 anni	950	9,0 ore
Giove	778	590	11,86 anni	142.884	9,9 ore
Saturno	1427	1200	29,42 anni	120.536	10,2 ore
Urano	2870	2584	84,01 anni	51.118	17,2 ore
Nettuno	4497	4306	164,80 anni	50.538	16,1 ore
Plutone	5906	4296	247,70 anni	2324	6,4 giorni

In questa tabella sono forniti alcuni dei parametri orbitali e fisici dei pianeti. Plutone è uno dei maggiori tra gli oggetti Trans-Nettuniani (talvolta chiamati anche oggetti della Fascia di Kuiper). La tabella non elenca alcuna cometa.

mostrano il cielo stellato e la posizione dei pianeti per il mese in corso. Se preferite il *software*, c'è un'enorme scelta di programmi che porteranno il cielo notturno sullo schermo computer. Questi *software* hanno il vantaggio che potete zoomare sui pianeti per vedere come sono disposti oggetti deboli, come le lune di Giove o i satelliti di Saturno. Potete anche accedere a una certa mole di informazioni supplementari su pianeti, stelle e galassie semplicemente facendo *click* con il *mouse* sull'oggetto. I *software* "planetari" più popolari sono *Starry Night* (**www.starrynight.com**), con diversi livelli di complessità, fino a *Starry Night Pro 5.0*. Però vale anche la pena di guardare altri *software*. Il mio favorito è *Guide 8.0*, prodotto dalla Project Pluto (**www.projectpluto.com**), potente e facile da utilizzare. Per i veri esperti c'è *The Sky*, della Software Bisque (**www.bisque.com**), un *software* che può servire anche per il controllo del telescopio e l'acquisizione di immagini CCD. Anche *Redshift 5* (**www.focusmm.co.uk**) e *Skymap Pro* (**www.skymap.com**) hanno un certo seguito. Tuttavia, per i principianti, la copia della mappa di una rivista mensile di astronomia è, probabilmente, la scelta migliore.

Le sonde e il Telescopio Spaziale "Hubble"

Così come l'osservazione dei pianeti con i propri occhi ha il suo fascino, le immagini riprese dalle sonde spaziali negli ultimi decenni sono veramente sbalorditive e vale la pena di cercarle sul *web*. Mentre le astronavi guidate dall'uomo hanno viaggiato solo fino alla Luna, le sonde automatiche sono andate ormai su ogni pianeta. Viaggiando a velocità di 60.000 km/h (17 km/s), queste sonde impiegano anni per arrivare ai pianeti più distanti, Saturno, Urano e Nettuno, il che ci ricorda quanto sia grande il Sistema Solare e quanto siano lenti i nostri razzi per i viaggi interplanetari! Abbiamo anche il Telescopio Spaziale "Hubble" che riprende immagini dei pianeti, oltre a quelle prese da Osservatori professionali al suolo. Ciò potrebbe indurre a pensare che le immagini dei pianeti riprese dal cortile dietro casa siano di scarsa rilevanza scientifica, ma niente potrebbe essere più lontano dalla verità. Le sonde spaziali hanno una vita operativa limitata e un insieme specifico di compiti da svolgere. È quasi impossibile, per qualsiasi sonda spaziale, poter controllare costantemente l'intera superficie di un pianeta allo stesso modo in cui lo può fare un astrofilo (o una rete di amatori). Parimenti, il Telescopio Spaziale "Hubble" ha fotografato solo occasionalmente i pianeti e principalmente durante il loro periodo di migliore visibilità.

Le associazioni amatoriali di osservatori planetari hanno dimostrato in passato di essere molto efficienti nel monitoraggio continuo, anche perché gli Osservatori professionali tendono a rivolgere le loro ricerche agli oggetti più deboli e distanti (come nebulose e galassie). Anche oggi, se nasce una tempesta di polvere su Marte o due ovali iniziano a fondersi su Giove, saranno gli astrofili a raccogliere la maggior parte delle immagini. Dal giardino dietro casa, se volete, potete fare vera scienza.

Naturalmente, per fare osservazioni serie avete bisogno di un telescopio decoroso, idealmente con un'apertura di circa 200 mm o più grande. Per il lavoro con la *webcam* avete bisogno di un PC e di una *webcam*. Servono poi l'entusiasmo e questo libro. Mi piace pensare che in queste pagine siano contenute informazioni sufficienti per stimolare un po' di persone a diventare seri *imager* planetari.

Buona fortuna per il vostro viaggio, ma vi devo avvertire. Questo *hobby* può trasformarsi in una travolgente passione: siete stati avvertiti!

Le date delle opposizioni dei pianeti esterni Marte, Giove e Saturno sono elencate sotto. Si tratta delle date migliori per osservare questi pianeti. Un pianeta esterno è in opposizione quando è direttamente opposto al Sole nel cielo. Questo si verifica

quando il pianeta è più vicino alla Terra e si presenta al meridiano a mezzanotte (cioè, è alla massima altezza sull'orizzonte).
MARTE: 24 dicembre 2007; 29 gennaio 2010; 3 marzo 2012; 8 aprile 2014.
GIOVE: 6 giugno 2007; 9 luglio 2008; 14 agosto 2009; 21 settembre 2010; 29 ottobre 2011; 3 dicembre 2012; 8 gennaio 2013; 13 febbraio 2014.
SATURNO: 24 febbraio 2008; 8 marzo 2009; 22 marzo 2010; 4 aprile 2011; 15 aprile 2012; 28 aprile 2013; 11 maggio 2014.

CAPITOLO DUE

Le *webcam*, più una breve guida al loro uso

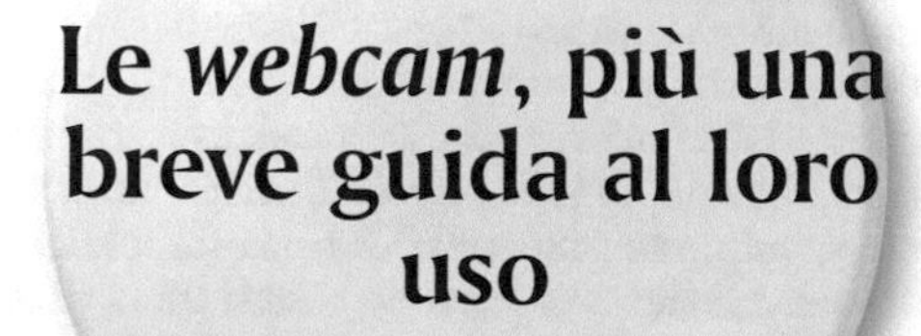

Questo libro tratta dell'osservazione della Luna e dei pianeti mediante l'utilizzo delle *webcam*, quelle piccole ed economiche telecamere che, una volta collegate al PC, permettono di comunicare dal vivo con interlocutori remoti. Se vi trovate perfettamente a vostro agio nell'uso di PC, *software* e telescopi e volete iniziare subito con l'*imaging* planetario, allora leggete la "guida rapida" che si trova alla fine di questo primo paragrafo. Se, invece, avete scarsa confidenza con la tecnologia impiegata per la ripresa digitale delle immagini, ma conoscete abbastanza bene i telescopi, allora dovrete leggere ancora qualche pagina prima di passare al Capitolo 7, dove si trova la guida alle *webcam* per i principianti. Se, infine, siete neofiti sia nel campo dell'astronomia sia in quello dell'*imaging*, allora leggete questo il libro dall'inizio alla fine!

Per il principiante, l'utilizzo di un dispositivo a bassa tecnologia come è una *webcam* può sembrare un'idea folle. Oppure, qualcuno di voi potrebbe pensare che io stia promuovendo l'astronomia "dei poveri", per gli astrofili con pochi soldi a disposizione. Dopo tutto, si trovano in vendita molte camere CCD, costruite esplicitamente per applicazioni astronomiche, a prezzi molto elevati: non sono forse migliori di una *webcam*? Questo è senz'altro vero, ma solo se potete lavorare in un Osservatorio posto sulla cima di una montagna, circondato da masse d'aria perfettamente stabili. In tutti gli altri casi, per le riprese planetarie, la *webcam* regna sovrana. Nel secolo scorso, prima dell'avvento dell'*imaging* digitale, l'osservatore visuale dei pianeti dotato di un telescopio di buona qualità ottica poteva vedere un gran numero di dettagli sui piccoli dischi planetari. Il numero di dettagli percepibili visualmente era di gran lunga maggiore di quanto si potesse registrare usando le sensibili pellicole fotografiche degli anni '80 e '90, abbinate con grossi telescopi professionali. Il motivo delle scarse prestazioni fotografiche è dovuto alla turbolenza dell'atmosfera terrestre. Quando si guarda attraverso un telescopio, le immagini della Luna e dei pianeti vengono invariabilmente distorte dalla turbolenza atmosferica: è come se osservassimo una fotografia sul fondo di una bacinella piena d'acqua. Le distorsioni sono dovute al passaggio attraverso l'atmosfera terrestre della luce proveniente dal pianeta. È una vera e propria tragedia! Per milioni, o per centinaia di milioni di chilometri, la luce dei pianeti ha viaggiato nello spazio verso la Terra senza subire alterazioni di sorta: solo negli ultimi 30 km viene distorta dalla turbolenza dell'aria. È un po' come avere una colonna d'acqua turbolenta alta 10 m sopra lo specchio del telescopio! Potremmo anche dire che la luce viaggia in linea retta da, diciamo, Saturno verso la Terra impiegando più di un'ora e viene distorta solo negli ultimi 100 microsecondi. In una notte tipica, provate a osservare attraverso un qualsiasi telescopio dotato di un obiettivo di diametro discreto e usando alti ingrandimenti: potrete capire immediatamente quale sia il vantaggio di possedere una *webcam*. Infatti, potrete vedere che l'atmosfera sfoca, distorce e increspa l'immagine planetaria ma che, occasionalmente, ci sono fugaci momenti di calma, nei quali l'atmosfera permette alla luce di raggiungere il vostro telescopio con una distorsione molto piccola. L'occhio ha un tempo di risposta molto breve e può individuare agevolmente i momenti di bassa turbolenza. Quando si verifica il momento buono, l'osservatore se ne accorge subito e, se si tratta di un visualista planetario esperto, prenderà appunti e inizierà a disegnare un abbozzo del pianeta, basandosi sulle poche buone visioni ottenute nel corso di molti minuti di osservazione. Ed è proprio in questo modo che l'osservatore planetario, dotato di vista acuta, di pazienza e di una matita da disegno, ha operato per molti secoli. Negli anni scorsi, molto raramente capitava che una fotografia, o anche poche immagini CCD, riuscissero a cogliere i pianeti proprio nei rari momenti di calma atmosferica. In effetti, poche istantanee, riprese anche con una buona camera CCD astronomica, non consentono di stabilire se la messa a fuoco è corretta. L'immagine è sfocata perché è il sistema che è fuori fuoco o perché l'atmosfera, in quel momento, la sta sfocando? È impossibile stabilirlo. Invece, con una *webcam* come la Philips ToUcam Pro (Figura 2.1) si può focheggiare in tempo reale, esattamente come si fa guardando attraverso un oculare.

Le *webcam* sono certamente economiche, ma hanno anche un grande vantaggio tecnologico: la velocità di ripresa delle immagini è estremamente elevata. Anche usando la velocità standard di comunicazione delle porte USB 1.0, la *webcam* più economica può trasferire al vostro PC fino a 30 immagini (o *frame*) al secondo. Questo elevato numero di *frame* è più che sufficiente per la messa a fuoco, e la posa è anche più breve del tempo di persistenza delle immagini dell'occhio umano. Tuttavia, anche una *webcam* ha delle limitazioni, soprattutto per quanto riguarda il rapporto segnale/rumore, ma le esamineremo in dettaglio più avanti. Se ancora non siete convinti che una *webcam*, collegata a un telescopio, possa fornire risultati migliori di un qualsiasi altro rivelatore, allora guardate le immagini di questo libro. Per iniziare, guardate le Figure 2.2 e 2.3. Queste immagini sono state ottenute da Damian Peach sommando i *frame* grezzi ripresi con una *webcam* collegata con un Celestron di 280 mm di apertura, un

Figura 2.1. La *webcam* Philips ToUcam Pro II, modello PCVC 840k. Recentemente, questa *webcam* è stata sostituita da un nuovo modello, la Philips SPC 900 NC (ToUcam Pro III), che sarà più facile trovare sul mercato.

Figura 2.2. Una somma di 600 *frame* grezzi di Giove, ripresi da Damian Peach con un Celestron 11 dall'isola di Tenerife, nelle Canarie.

telescopio dal costo ancora accessibile a molti. L'immagine finale che Peach è stato in grado di ottenere potrebbe essere scambiata per una ripresa con il Telescopio Spaziale "Hubble", uno strumento che ha un costo di miliardi di dollari! Io penso che la *webcam* sia il rivelatore più simile all'occhio umano che la tecnologia abbia mai prodotto. Infatti, come l'occhio umano, è un dispositivo in grado di riprendere immagini velocemente ed è anche molto sensibile alla luce. Solamente anni di ricerca e sviluppo, portati avanti sia da produttori di CCD, come la Sony, sia da produttori di componenti elettroniche, come la Philips, potevano produrre una *webcam* come la Philips ToUcam Pro: un dispositivo CCD ad alta efficienza quantica, economico e leggero. La ricerca complessiva per lo sviluppo è costata molti milioni di dollari, anche se la vostra *webcam* costa meno di 100 euro. Il basso costo è reso possibile dalla produzione di massa. L'unico lato negativo di una *webcam*, se paragonata a una tipica camera CCD astrono-

Figura 2.3. La stessa immagine mostrata nella Figura 2.2 è stata elaborata da Damian Peach, utilizzando le tecniche spiegate più avanti in questo libro.

mica, è che il *chip* non è raffreddato. In questo modo, le lunghe esposizioni (anche se fossero consentite dall'*hardware* e dal *software* di gestione), produrrebbero immagini terribilmente rumorose. Per fortuna, la Luna e i pianeti sono oggetti molto luminosi e le lunghe esposizioni non sono necessarie. Quello che più desidera un osservatore planetario è che le brevi esposizioni congelino la turbolenza atmosferica, e sotto questo aspetto la *webcam* non ha rivali. Con una *webcam* possiamo tutti ottenere buone immagini dei pianeti, anche se non abbiamo spiccate capacità artistiche, né una vista acuta.

Guida rapida all'uso della *webcam*

Questa "guida rapida" è stata pensata per quelle persone che hanno conoscenze limitate sulle *webcam* o sull'elaborazione delle immagini, ma sono in grado di usare agevolmente il PC, hanno un telescopio e vogliono dedicarsi subito alla ripresa di immagini. In altre parole, questo paragrafo è dedicato a quelli che vogliono ottenere qualche buona immagine lunare o planetaria fin dai prossimi giorni, senza prima studiarsi ogni capitolo di questo libro. Se pensate di rientrate in questa categoria, questo paragrafo è ciò che fa per voi.

Nell'ipotesi che abbiate un PC dotato di porte USB, su cui è installato il sistema operativo Windows (tutte le versioni dal 98 in poi), per iniziare avrete bisogno di materiale (che può anche essere ordinato sul web)

1. Una *webcam*, come la Philips ToUcam Pro, Logitech QC Pro 3000/4000 o la Celestron Neximage. Il *software* fornito a corredo può essere utilizzato per salvare i video della *webcam* sul disco rigido del PC in formato AVI. I fornitori di accessori per PC vendono le *webcam* di cui sopra. I rivenditori Celestron vendono la Neximage.
2. Un adattatore, per collegare il telescopio con la *webcam* (cercatelo sul web). La Neximage viene già fornita con il suo adattatore.
3. Il *software Registax*, da usare per l'elaborazione degli AVI, liberamente scaricabile dall'indirizzo web: **http://aberrator.astronomy.net/registax/**. La Neximage viene fornita direttamente con *Registax*. Le istruzioni essenziali per l'utilizzo di *Registax* sono fornite nell'*help* del programma.
4. Una lente di Barlow o una Powermate, preferibilmente dalla TeleVue, per aumentare la scala dell'immagine. Per iniziare, bisogna aumentare la lunghezza focale del telescopio fino a 5 m. Se la lunghezza focale del vostro telescopio è 1 m, utilizzate una Powermate 5×. Se la lunghezza focale è 2 m, usate una Barlow 2,5× ecc.
5. Una volta che avrete trovato tutto quello che serve, per prima cosa installate il *software* come indicato (sia quello di gestione della *webcam*, sia *Registax*), ed eseguite alcune prove dentro casa per impratichirvi del sistema (con l'obiettivo della *webcam* al suo posto). Fatto questo, collegate la *webcam* all'adattatore per il telescopio e infilate il tutto nel portaoculari. Ora potete iniziare a fare esperimenti di ripresa, prima su soggetti diurni (case, palazzi), poi su Luna e pianeti. Usare un computer portatile è molto utile, perché vi permette di stare vicino al telescopio. Ugualmente utile è avere un telescopio di guida, montato in parallelo al telescopio principale, per trovare più facilmente l'oggetto e portarlo sul piccolo sensore CCD della *webcam*. Consiglio caldamente di iniziare a fare riprese partendo dalla Luna, un obiettivo ideale per i neofiti.
6. Per iniziare a padroneggiare le tecniche più avanzate dovrete prima finire di leggere questo libro!

CAPITOLO TRE

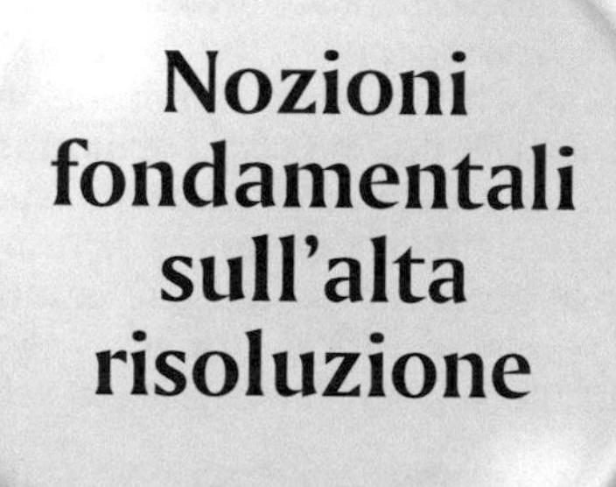

Nozioni fondamentali sull'alta risoluzione

Molto spesso, capita che i neofiti dell'*imaging* planetario guardino con occhi increduli alle immagini, prodotte con la *webcam*, dai migliori amatori a livello mondiale e perdano la voglia di provarci loro stessi. Le frasi che si sentono più spesso sono del tipo: "Deve avere delle condizioni di *seeing* straordinarie"; oppure: "Il mio telescopio è un bidone". I fattori che impediscono a un osservatore planetario di ottenere subito i migliori risultati possono essere molti ma, sostanzialmente, si riducono ai seguenti (in ordine approssimativo di importanza):

- Bisogna compiere un'enorme quantità di osservazioni per sperare di poter "catturare" i pochi momenti di buon *seeing*.
- Il telescopio deve avere un'ottica di qualità ed essere ben collimato.
- Il telescopio e l'intero Osservatorio devono portarsi velocemente alla temperatura ambiente.
- La *webcam* deve essere messa a fuoco con molta accuratezza.
- Le informazioni giornaliere sulla stabilità atmosferica e le correnti a getto sono di importanza vitale.
- La conoscenza e l'esperienza nell'elaborazione delle immagini sono impagabili.
- Nessuna tappa dell'intero processo osservativo deve essere percorsa in modo frettoloso, specialmente la parte sull'elaborazione delle immagini.

Come potete vedere, non ho parlato di un tipo di telescopio da usare per l'*imaging* planetario, malgrado gli astrofili dibattano da sempre su quale sia il telescopio ideale per questo genere di osservazioni (anche solo visuali). Per essere onesti, va detto che il tipo di telescopio è in gran parte irrilevante, mentre invece sono fondamentali la qualità dell'ottica e la bontà della collimazione. Infatti, deve essere chiaro a tutti che un telescopio non collimato è automaticamente un bidone, comunque buone siano le sue ottiche (sulla collimazione torneremo estesamente più avanti in questo capitolo). Che lo schema ottico sia poco influente lo dimostra anche il fatto che i più grandi osservatori planetari del mondo utilizzano tutta una varietà di telescopi e ottengono sempre buone immagini con ogni schema ottico. Nel complesso, i telescopi utilizzati sui pianeti hanno un'apertura compresa fra 20 e 40 cm, mentre i migliori *imager* con la *webcam* tendono ad avere strumenti con aperture fra 23 e 28 cm (corrispondenti a risoluzioni teoriche comprese fra 0,5 e 0,4 secondi d'arco). Ciononostante, alcuni telescopi sono sicuramente migliori di altri come semplicità di collimazione e facilità d'uso. Per quanto mi riguarda, metto la facilità d'uso al primo posto nella lista delle priorità per lo strumento ideale. Diventare padroni del proprio strumento è la chiave per ottenere buoni risultati. In generale, i telescopi presentano sempre problemi di vario tipo, a meno che il vostro strumento non sia stato costruito a mano seguendo le vostre indicazioni. Più avanti parlerò estesamente della scelta del telescopio e dei possibili difetti, ma prima voglio illustrare meglio i fattori importanti da tenere presente per ottenere buoni risultati nell'*imaging* planetario.

I problemi dell'osservazione telescopica

Qui devo essere subito molto chiaro. A meno che non viviate in un Osservatorio professionale, posto ad alta quota, dovrete compiere molte osservazioni prima di riuscire a riprendere i pianeti in condizioni ottimali. Tuttavia, se il vostro telescopio e il vostro Osservatorio sono facili da gestire e possedete una buona conoscenza delle condizioni meteo locali che stabilizzano l'aria, ne trarrete un sicuro vantaggio. Il "segreto" per ottenere buone immagini planetarie consiste nel possedere un telescopio di qualità ottica eccellente (di cui si è appreso al meglio l'utilizzo), sempre pronto all'uso in quelle rare notti in cui il *seeing* è ottimo. In ogni caso, però, dovrete uscire ogni notte serena, potenzialmente favorevole, per controllare lo stato delle condizioni atmosferiche. Infatti, i migliori *imager* planetari del mondo sono sempre attivi, specialmente quando i pianeti sono ben alti nel cielo notturno. Il mio amico Damian Peach (una vera leggenda vivente nel campo dell'*imaging* planetario), quando ha vissuto per un certo periodo sull'isola di Tenerife, ha osservato assiduamente quasi ogni notte. Peach ammette che, di solito, prega perché il cielo sia nuvoloso; questo perché non può resistere a un cielo notturno limpido: il richiamo è irresistibile. Chiaramente, questa categoria di astrofili non fa dell'osservazione dei pianeti un passatempo occasionale. Essi vogliono sicuramente esserci quando accade "l'evento". Quando parlo di "evento" intendo quello che un altro mio caro amico (Dave Tyler) chiama "calma atmosferica": quando tutta l'atmosfera è stabile e i pianeti, visti attraverso l'oculare, assomigliano a splendidi dipinti. Non è esagerato dire che l'aspirante *imager* planetario deve prima diventare un DOC (Demenziale Ossessionato Compulsivo) per poter realmente competere con i migliori *imager* al mondo. Controllare le previsioni del tempo e "andare fuori" per verificare le condizioni del *seeing* deve diventare come una specie di rituale notturno. Naturalmente, non per tutti ciò è possibile, per problemi di lavoro (bisogna pur vivere in qualche modo), o per le esigenze di una famiglia moderna. Tuttavia, se lo strumento utilizzato è facile da usare, spesso si può raggiungere una situazione di compromesso. A questo proposito, il quinto punto della mia lista è particolarmente importante. Infatti, una precisa conoscenza del tempo atmosferico e di come esso influirà sull'osservazione planetaria potrà evitare inutili sforzi e farà risparmiare tempo prezioso.

Prima di vedere come si può predire quale sia il tempo migliore per l'osservazione dei pianeti, c'è un altro aspetto che va considerato. Quello che dirò ora si applica sempre, non solo a un certo numero di notti. I migliori *imager* planetari, dopo aver montano i loro telescopi in modo che siano pronti per l'osservazione, aspettano le condizioni meteo più favorevoli. L'esperienza, che hanno accumulato in anni di osservazioni, suggerisce loro che l'atmosfera è una "bestia" del tutto imprevedibile. Ad esempio, anche in notti caratterizzate da *seeing* medio, se sospendete le osservazioni per qualche ora girando dentro e fuori casa per far passare il tempo (ma asciugando ogni tanto l'ottica con un *phon*), occasionalmente si verificheranno brevi periodi durante i quali la visione dei pianeti diventerà veramente buona: tutto ciò senza alcuna ragione apparente. Come avrete capito, la pazienza è sicuramente una virtù nel campo dell'*imaging* planetario!

Dato che il *seeing* atmosferico è un grosso problema per gli osservatori planetari, gli astronomi hanno sviluppato delle scale di *seeing* da consultare e registrare quando redigono i rapporti su quello che hanno osservato. Queste scale permettono ad altri osservatori di capire quanto fosse buona o cattiva la stabilità dell'immagine. Naturalmente, valutare il *seeing* e tentare di classificare con precisione quanto sia buono o cattivo può essere problematico. Il *seeing* può variare da un minuto all'altro, e di molto. Talvolta c'è solo un lento incresparsi dell'immagine con effetti distorsivi, altre volte la distorsione sembra minima, eppure nessun dettaglio è visibile. Gli effetti descritti possono essere dovuti sia all'atmosfera sia a problemi di raffreddamento strumentali. Nel primo caso, la distorsione è collegata alla velocità dei venti del "*jet-stream*" dell'alta atmosfera terrestre. Nessuna scala del *seeing* può dare più di una vaga indicazione delle condizioni di visibilità dei pianeti. Le scale del *seeing* più utilizzate dagli astrofili sono quelle ideate da E.M. Antoniadi (1870-1944) e W.H. Pickering (1858-1938), due osservatori planetari leggendari per il contributo dato alla planetologia.

Quella che segue è la scala di Antoniadi. In questa scala i numeri diventano più grandi a mano a mano che il *seeing* si deteriora:

I *Seeing* perfetto, senza un tremito.
II Lieve tremolio dell'immagine, con momenti di calma che durano alcuni secondi.
III *Seeing* moderato, con tremolii dell'aria che sfocano l'immagine.
IV *Seeing* scarso, con ondulazioni fastidiose e costanti dell'immagine.
V *Seeing* molto cattivo, insufficiente per permettere di fare anche solo uno schizzo del pianeta.

Quelli che seguono sono i 10 punti della scala di Pickering, in cui i numeri diventano più grandi a mano a mano che il *seeing* migliora. Questa scala è stata concepita per l'uso con un rifrattore da 12,7 cm di diametro. Quest'ultimo punto è importante e va tenuto presente, dato che la scala di Pickering descrive l'aspetto di un'immagine stellare di diffrazione, una figura che è difficile da vedere se si usano strumenti di grande diametro (le leggi dell'ottica fisica ci dicono che quanto più grande è il telescopio, tanto più piccola sarà l'immagine di diffrazione). In questo modo, gli astrofili che usano la scala di Pickering con un telescopio di 25 cm di diametro raramente, se non mai, sperimenteranno il valore 10 (in effetti, Pickering ha inventato ben più di una scala del *seeing*, ma la sua scala in 10 punti è la più conosciuta fra gli astrofili).

1. Di solito l'immagine di una stella è due volte il diametro del terzo anello di diffrazione (se si può vedere l'anello); l'immagine stellare ha un diametro di 13 secondi d'arco.
2. Le immagini si mostrano occasionalmente con due volte il diametro del terzo anello (13").
3. Immagine con lo stesso diametro del terzo anello (6",7) e più luminosa al centro.
4. Il disco di diffrazione di Airy è spesso visibile; talvolta sulle stelle più luminose sono visibili gli archi degli anelli di diffrazione.
5. Disco di Airy sempre visibile; archi visti frequentemente sulle stelle più luminose.
6. Disco di Airy sempre visibile; brevi archi visti frequentemente.
7. Disco talvolta ben definito; anelli di diffrazione visti come lunghi archi o cerchi completi.
8. Disco sempre ben definito; anelli visti come lunghi archi o cerchi completi.
9. L'anello di diffrazione interno è stazionario. Anelli esterni momentaneamente stazionari.
10. La struttura di diffrazione è completa e stazionaria.

Ma che cosa sono il *disco di Airy* e gli *anelli di diffrazione*? Di queste cose parleremo più in dettaglio quando ci occuperemo della collimazione, più avanti in questo stesso capitolo. Per ora saranno sufficienti solo alcuni cenni. Essenzialmente si tratta di questo. Una stella, quando viene osservata attraverso un telescopio ad alti ingrandimenti, appare non come una sorgente puntiforme ma come un disco dai contorni ben definiti (il disco di Airy), circondato da una serie di anelli luminosi, sempre più deboli a mano a mano che ci si allontana dal disco centrale. Questa figura è dovuta alla diffrazione della luce attraverso l'apertura del telescopio. Geometricamente, l'aspetto della stella ricorda un po' la struttura a cerchi concentrici che si forma quando gettiamo una pietra in uno stagno (Figura 3.8). Utilizzando un piccolo rifrattore (o un riflettore a bassa ostruzione), nelle notti di *seeing* perfetto si potrà vedere un disco di Airy da manuale. La diffrazione della luce limita il potere risolutivo di un telescopio ottico, in modo tale che un'apertura di 12 cm può risolvere approssimativamente 1 secondo d'arco, mentre un'apertura di 24 cm arriva a risolvere 0,5 secondi d'arco. Nella sua scala del *seeing*, Pickering ha semplicemente descritto le distorsioni che una figura di diffrazione perfetta subisce quando attraversa l'atmosfera della Terra. Come ho già detto, il disco di Airy di Pickering era quello visto attraverso il suo rifrattore da 12,7 cm. Sulla teoria della risoluzione torneremo a parlare nuovamente nel Capitolo 7, quando ci prepareremo a collegare la *webcam* al telescopio per la prima volta.

Come prevedere i momenti di calma atmosferica

Nell'immaginario popolare, la notte di osservazione perfetta per un astronomo è quella che mostra un cielo cristallino pieno di stelle scintillanti, una situazione che si verifica spesso dopo il passaggio di un fronte freddo. Di fatto, per l'osservatore planetario, questo è più uno scenario da incubo che una condizione ideale. Il passaggio di un fronte freddo attraverso una regione può ridurre il contenuto di umidità nell'aria aumentando la trasparenza, ed è l'ideale per l'osservazione degli oggetti del profondo cielo e delle comete. Tuttavia, l'aria si troverà in uno stato molto instabile (l'aria fredda è pesante e tende a scendere verso il suolo) generando moti turbolenti che si andranno a sommare a quelli generati dall'irraggiamento notturno del terreno che ha assorbito calore durante il giorno. Osservando con il telescopio ad alti ingrandimenti, la Luna e i pianeti appariranno continuamente distorti e sfocati. In realtà, per avere le migliori visioni planetarie possibili, la stabilità atmosferica è una condizione assolutamente necessaria. Quest'ultima si verifica quando ci si trova in presenza di un sistema di alta pressione stabilmente ancorato sulla regione. In un sistema di alta pressione, specialmente se è presente già da alcuni giorni, l'aria diventa leggermente nebbiosa (e più inquinata nelle città), ma è molto stabile, cioè i moti convettivi sono pressoché assenti. In tema di stabilità atmosferica, spesso le condizioni ideali si verificano quando è prevista la formazione di foschia o di banchi di nebbia. Naturalmente, questo comporta che la rugiada si deposita su ogni superficie esposta all'umidità notturna e, quando c'è anche la nebbia, i pianeti diventano troppo deboli per poter essere ripresi con la *webcam*. Tuttavia, subito prima che la foschia si trasformi in vera e propria nebbia, si possono avere ottime visioni planetarie. Da accanito osservatore planetario, divento eccitato quando c'è un sistema di alta pressione sulla Gran Bretagna e le previsioni dicono che sta per formarsi la nebbia. Le mie migliori visioni planetarie le ho avute appena prima che il pianeta sparisse dietro un banco di nebbia. Se ci riflettete, questa affermazione non è affatto sorprendente: infatti la presenza della nebbia è proprio la prova della stabilità atmosferica. Per fortuna, un sistema di alta pressione non è essenziale per praticare l'*imaging* planetario: ciò che è veramente importante è che la velocità del vento sia bassa (naturalmente questa condizione deve valere a tutti i livelli atmosferici). Questo è quanto suggerisce l'esperienza di quasi tutti gli osservatori planetari. Naturalmente, se ci si pone nel bel mezzo di un sistema di alta pressione la velocità del vento sarà nulla, ma lo stesso succede quando ci si viene a trovare in un "valico", cioè, fra due sistemi di alta pressione, o due sistemi di bassa pressione, una situazione relativamente stabile, con venti deboli.

Tuttavia, se si analizza con attenzione il problema del *seeing*, ci si rende conto che la porzione inferiore dell'atmosfera terrestre è solo la metà del problema. C'è un'altra componente che non viene mai citata nelle previsioni del tempo delle TV locali o nazionali. Si tratta della cosiddetta corrente a getto (o *jet stream*), un vero e proprio "fiume d'aria" presente nell'atmosfera superiore della Terra e che circonda l'intero globo. La corrente a getto è, senza ombra di dubbio, il maggiore "cancellatore" di fini dettagli planetari, quelli che fanno la gioia di ogni osservatore. Può sembrare incredibile che un'area dell'atmosfera terrestre che si trova da 8 a 10 km sopra la superficie e dove la pressione è di soli 300 millibar influisca così tanto sulle osservazioni dei pianeti, ma è così. Quando la luce proveniente dai pianeti attraversa il *jet stream* posto al di sopra della vostra località, in casi estremi può trovare una velocità del vento fino a 500 km/h: in tal caso, le immagini planetarie saranno sfocate come se un veloce getto d'acqua attraversasse l'oculare. Questa situazione darà luogo a un *seeing* estremamente variabile e, anche per una *webcam*, sarà impossibile riuscire a congelare i singoli dettagli planetari. Quando avete a che fare con tali circostanze, il mio consiglio è di andare a letto: obiettivamente non si può ottenere niente di utile!

Per fortuna, tramite Internet, diverse società pubblicano le previsioni del tempo per il *jet stream*, principalmente a uso degli aviatori. Molte di queste previsioni hanno origine dai dati compilati dal National Center for Atmospheric Prediction (NCAP) degli Stati Uniti e sono aggiornate due volte al giorno per siti sparsi in tutto il mondo. Qualsiasi motore di ricerca dovrebbe essere in grado di trovare un sito web che preveda l'attività del *jet stream* per la vostra località. L'utilizzo di tali previsioni può far risparmiare molti sforzi inutili all'osservatore planetario.

Attualmente, le pagine dell'Unisys Aviation (**http://weather.unisys.com/aviation**) sono le migliori per studiare le velocità del vento alle diverse altezze atmosferiche, per ogni punto della superficie della Terra (Figura 3.1). L'*imager* planetario dovrebbe studiare in dettaglio le pagine dedicate alla pressione di 300 millibar, perchè è la quota che non è coperta dalle previsioni del tempo in TV. Naturalmente, bisogna cercare l'equivalente del *jet stream* di un sistema di alta pressione al suolo, centrato sulla posizione dell'osservatore (cioè velocità del vento basse). Di solito, ma non sempre, questa situazione si verifica quando un sistema di alta pressione si è mantenuto sullo stesso posto per più giorni. Però, ad esempio, alle alte latitu-

Figura 3.1. Le mappe di previsione del *jet stream*. Porpora = venti deboli; giallo = venti forti. Immagine: Unisys.

dini temperate settentrionali, l'inverno porta spesso un *jet stream* polare dall'Artico, anche quando si è nei pressi di un sistema di alta pressione. Da quanto ho scritto si sarà capito che le previsioni per il *jet stream* compilate per l'aviazione è ciò che gli astrofili devono tenere maggiormente d'occhio. Un *jet stream* con venti forti può disturbare la visione dei pianeti, anche quando ci si trova vicino a un sistema di alta pressione. Tuttavia, anche dopo una giornata di Sole, la turbolenza dell'aria può essere ridotta indipendentemente da altri fattori, come il suolo caldo che irradia rapidamente il calore in eccesso. Ci sono notevoli evidenze del fatto che, immediatamente dopo il tramonto, si forma uno strato d'aria stabile a tutti i livelli dell'atmosfera (anche nel *jet stream*). All'interno di questo breve intervallo temporale, prima che le temperature comincino a crollare, si possono avere buone immagini planetarie. Per sfruttare questi momenti favorevoli, si deve trovare il pianeta nel cielo del crepuscolo, solo mezz'ora dopo il tramonto del Sole. Un altro periodo di calma atmosferica si verifica nel crepuscolo dell'alba, quando la temperatura della notte ha raggiunto il suo minimo.

Oltre ai siti per il *jet stream*, ci sono altri due indirizzi web che possono interessare gli osservatori. In primo luogo, una enorme quantità di dati che riguardano la velocità del vento, dal livello del mare fino a un'altezza di 9 km, è disponibile sul sito di Meteoblu all'indirizzo **http://pages.unibas.ch/geo/mcr/3d/meteo/index.htm**.

Invece, all'indirizzo web **http://www.meteoliguria.it/archivio21.asp** c'è anche un'archivio di previsioni del tempo, dove si possono controllare retrospettivamente le condizioni meteo in una data notte. Damian Peach ha fatto un controllo incrociato delle sue migliori notti avute in Gran Bretagna con questa pagina web e ha compilato la seguente tabella:

Data	*Seeing*	Pressione al livello del mare	Velocità del vento a 300 millibar
06 ott. 1999	Pickering 8-9	Alta 1028 hPa	12 m/s
13 ott. 2000	Pickering 8-9	Bassa 1002 hPa	12 m/s
29 set. 2003	Pickering 8-9	Alta 1016 hPa	20 m/s
16 dic. 2003	Pickering 8-9	Alta 1030 hPa	18 m/s
01 mar. 2004	Pickering 8-9	Alta 1036 hPa	20 m/s
14 apr. 2004	Pickering 8-9	Alta 1018 hPa	12 m/s
01 ott. 2004	Pickering 8-9	Alta 1020 hPa	17 m/s
11 dic. 2004	Pickering 8-9	Alta 1026 hPa	12 m/s
13 gen. 2005	Pickering 8-9	Alta 1032 hPa	14 m/s

Tutte queste notti ideali sono caratterizzate da bassa velocità del vento a livello del mare e da una velocità del *jet stream* al di sotto dei 20 m/s. L'evento del 29 settembre 2003 è stato uno di quelli che ricordo bene. La Gran Bretagna era sotto quello che si dice un "valico," non un sistema di alta pressione, ma solo una regione di stabilità fra sistemi di alta e bassa pressione.

I siti

Gli astrofili si chiedono spesso se esiste un posto ideale in cui vivere, per godere sempre di buone condizioni di stabilità atmosferica (su questo argomento torneremo più estesamente nel Capitolo 5, "Viaggiare con la *webcam*"). Ovviamente, una postazione ad alta quota posta vicino all'equatore è l'ideale, dato che i pianeti passeranno quasi allo zenit e quindi la luce attraverserà uno strato d'aria meno spesso. La luce di un oggetto a grande altezza sull'orizzonte è anche notevolmente meno dispersa (cioè si separa poco nei colori di base) rispetto a quella di un oggetto a, diciamo, 20° o 30° d'altezza. Tuttavia, la maggior parte degli astrofili non può permettersi il lusso di continuare a spostarsi all'estero. D'altra parte, vivere sulle pendici di una montagna o di una collina può presentare aspetti sia positivi sia negativi. Se sceglieste questa alternativa ricordatevi che non dovete collocarvi sul lato sottovento della collina. Infatti, se i venti prevalenti provengono da ovest e voi siete sulle pendici orientali, l'aria si farà turbolenta al di là del vostro Osservatorio, compromettendone il *seeing*. Le posizioni sulla costa o su un'isola possono essere eccellenti per gli osservatori planetari, specialmente quando il flusso d'aria prevalente proviene dal mare. Il mare ha due grandi vantaggi: una temperatura molto meno variabile rispetto alla terraferma e la piattezza. Un leggero flusso d'aria laminare proveniente dal mare può produrre un *seeing* eccellente sulla costa, anche se c'è il rischio di avere nebbia durante la notte. Spesso anche le aree soggette a inversione termica (cioè quando la temperatura, dentro un limitato strato d'aria, aumenta con la quota invece di diminuire) sono eccellenti per le osservazioni planetarie. Jean Dragesco in *High-Resolution Astrophotography* (Astrofotografia in alta risoluzione), libro pubblicato nel 1995, cita le peculiari condizioni di inversione termica dello Zaire che, occasionalmente, portano ad avere variazioni di temperatura di appena 1,5 °C dal livello del mare fino al *jet stream*. Un sogno per gli *imager* planetari!

La collimazione

Non finirò mai di stupirmi del grande numero di astrofili che non tengono collimati i loro telescopi. Mi chiedo se sono semplicemente bloccati dal timore di fare guai o se temono di danneggiare lo strumento. I tradizionali metodi di collimazione delle ottiche che utilizzano una stella richiedono l'impegno di due persone, ma per l'osservatore con la *webcam* ciò non è più necessario. Va detto che non tutti i telescopi, anche fra quelli più costosi, hanno sistemi comodi per la collimazione degli specchi. Conosco il caso di un osservatore planetario, noto a livello mondiale, che ha acquistato quello che pensava fosse il telescopio planetario definitivo (al costo di una piccola automobile per il solo tubo ottico), per poi scoprire che il sistema di collimazione dello specchio era così complesso che il telescopio era praticamente inutilizzabile, anche se le ottiche erano eccellenti. Il telescopio era di così pessima qualità meccanica che quando il tubo era posto orizzontalmemte lo specchio principale tendeva a uscire fuori dalla sua cella! Quindi, anche se un produttore di telescopi è molto bravo nella costruzione delle ottiche, assicuratevi sempre che lui, o i rivenditori, siano in grado di costruire celle per gli specchi che siano regolabili e affidabili.

Effettuare una collimazione precisa è un lavoro ingrato ma necessario perché anche il più perfetto dei telescopi mostra immagini puntiformi (limitate solo dalla diffrazione) su un campo di vista generalmente molto ristretto. Questo fatto è irrilevante per osservazioni a basso ingrandimento di galassie e comete ma è assolutamente critico per le osservazioni ad alto ingrandimento. A questo proposito, i migliori telescopi planetari sono i Newtoniani a lungo fuoco. Sto parlando di strumenti con aperture di 25 cm, o più, e con rapporti focali da 7 a 10 (cioè, con lunghezze focali tra 1,75 e 2,5 m). Un termine che sentiremo spesso in questo contesto è "campo di buona definizione". Il campo di buona definizione di un telescopio planetario è il diametro della regione all'interno della quale le immagini delle stelle sono perfettamente puntiformi. A mano a mano che ci si sposta lontano dall'asse ottico del telescopio, le stelle vengono distorte da varie aberrazioni, come il coma e l'astigmatismo. Appena si supera il limite del campo di buona definizione, queste aberrazioni fanno degradare visibilmente le immagini stellari. Inutile dire che, durante l'osservazione, il pianeta deve essere posto all'interno del campo di buona definizione del telescopio, se possibile esattamente nel mezzo. Purtroppo, la dimensione fisica del campo di buona definizione può essere molto ridotta. In uno strumento semplice come il Newton, il coma fa degradare l'immagine già appena fuori asse e il diametro del campo di buona definizione è proporzionale al cubo del rapporto focale del telescopio (sì, avete letto bene, al cubo!). Per chiarire meglio la cosa, vediamo alcuni esempi pratici con diversi rapporti focali (il rapporto focale di un telescopio si ottiene dividendo la lunghezza focale per il diametro dell'obiettivo). Un Newton f/4 (di qualsiasi apertura) avrà un campo di buona definizione minuscolo, di soli 1,4 mm di diametro! Un Newton f/6 avrà un campo di buona definizione di 4,7 mm. Aumentando il rapporto d'apertura, a f/8 si ottiene un campo di buona definizione di 11,2 mm. Se siete fanatici dei Newton a lungo fuoco, un f/10 vi permetterà di avere un campo di buona definizione di 21,9 mm. Convertendo questi diametri in angoli, assumendo un'apertura dell'obiettivo di 250 mm, si ottengono campi di vista di buona definizione pari, rispettivamente, a 4,8, 10,8, 19,3 e

26,5 primi d'arco. Come si può vedere, il Newton di 250 mm f/4 ha un campo di buona definizione solo poco più grande dei più grandi crateri lunari. Al contrario, il Newton di 250 mm f/10 ha un campo grande quasi come la Luna Piena!

I telescopi composti (come gli Schmidt-Cassegrain, i Maksutov e i Maksutov-Newton) presentano una certa varietà di campi di buona definizione, ma tutti dell'ordine di alcuni primi d'arco; e tutti hanno bisogno di essere collimati con precisione per sfoggiare buone prestazioni planetarie. Il ben noto telescopio di tipo Schmidt-Cassegrain (SCT) può essere collimato solo regolando l'inclinazione dello specchio secondario, in modo da riflettere l'asse ottico del primario verso il tubo di focheggiatura; in pratica, non è possibile regolare lo specchio principale di tali telescopi.

L'ultimo passaggio nella collimazione delle ottiche di un qualsiasi telescopio planetario deve riguardare una stella, reale o artificiale che sia. L'opera di collimazione fine può essere frustrante perché, quando si regola l'ottica, la stella si sposta fuori dal campo di vista, cosicché deve essere ricentrata. Tuttavia, con un po' di esperienza, anche un lavoro ingrato come quello della collimazione diventerà una *routine*. Quando si arriva alla fase finale, con piccoli aggiustamenti delle ottiche, la stella per il test si sposterà solo di un primo d'arco o due e non sarà più necessario ricentrarla. Naturalmente, la ripetizione periodica della procedura di collimazione potrebbe essere evitata se i produttori facessero telescopi con ottiche inamovibili una volta collimate. In questo caso, basterebbe collimare il telescopio una volta per tutte. Sfortunatamente le cose non stanno così, a meno che non vi facciate costruire appositamente un Newton a lungo fuoco. I telescopi Schmidt-Cassegrain hanno gli specchi primari "conici" (cioè, più sottili ai bordi che nel mezzo), così il peso dello speccho primario è relativamente contenuto e può essere sostenuto agevolmente dal tubo di focheggiatura del telescopio (su cui il primario si innesta). Tuttavia, questa configurazione meccanica si rende responsabile del problema dello spostamento degli specchi, caratteristico degli SCT. Così, se si punta il telescopio verso diverse zone del cielo, lo si ruota attorno all'asse di declinazione della montatura equatoriale alla tedesca (MET), la posizione dello specchio cambierà e la collimazione sarà persa. L'inclinazione dello specchio può cambiare anche solo di qualche primo d'arco, ma ciò è sufficiente per far perdere la collimazione. Per fortuna, le tre viti di collimazione poste sullo specchio secondario dello SCT sono facili da regolare, anche se per arrivare fino ad esse bisogna rimuovere il cappuccio anti-rugiada. Conosco il caso di un *imager* planetario che lascia il suo SCT sempre parcheggiato nella posizione in cui riprenderà le immagini (cioè sul meridiano e con la stessa altezza del pianeta sull'orizzonte), in modo tale che lo strumento possa mantenere la collimazione ottica durante l'osservazione.

Il moderno *imager* con *webcam*, rispetto al suo collega visuale, ha un vantaggio per quanto riguarda la collimazione delle ottiche, specialmente quando utilizza un telescopio che sia abbastanza vicino alla collimazione perfetta. Infatti, visto che si è nello stadio finale della collimazione, si può collegare la *webcam* a una lente di Barlow o a un oculare e osservare la stella per il test direttamente sullo schermo del computer. Inoltre si può tenere accanto al PC la pulsantiera per il controllo del telescopio, in modo da ricentrare la stella quando necessario. Questo modo di procedere è molto più facile che andare avanti e indietro fra l'oculare e le viti di collimazione, curvandosi, allungandosi e magari anche sudando dentro un abbigliamento pesante! Con una *webcam* e un computer portatile si può fare tutto in relativo *comfort*.

È però venuto il momento di esaminare in maggior dettaglio tutto il processo di collimazione del telescopio e vedere quali sono gli strumenti che aiutano a rendere questa operazione relativamente facile.

La collimazione di base di un riflettore Newton

La Figura 3.2 mostra le tre fasi per la collimazione diurna di un telescopio Newton: ottiche scollimate, regolazione dello specchio secondario, regolazione dello specchio principale. Il Newton è un telescopio ideale da collimare perché possono essere regolati entrambi gli specchi, sia quello principale sia quello secondario, e inoltre può essere fatto tutto "a occhio", senza bisogno di sofisticati strumenti. La figura mostra quello che si vede, attraverso il portaoculare, quando l'occhio dell'osservatore è posto dove normalmente risiede l'oculare. Un contenitore di plastica, come quello che contiene le pellicole da 35 mm, con un foro al centro del fondo, è un ottimo dispositivo per il corretto posizionamento dell'occhio. Basta seguire i semplici passi mostrati nella figura e la collimazione di base è subito completata.

Dal punto di vista della collimazione, il modo migliore per visualizzare la configurazione ottica di un telescopio Newton è considerare che ci sono due assi ottici: quello dello specchio principale

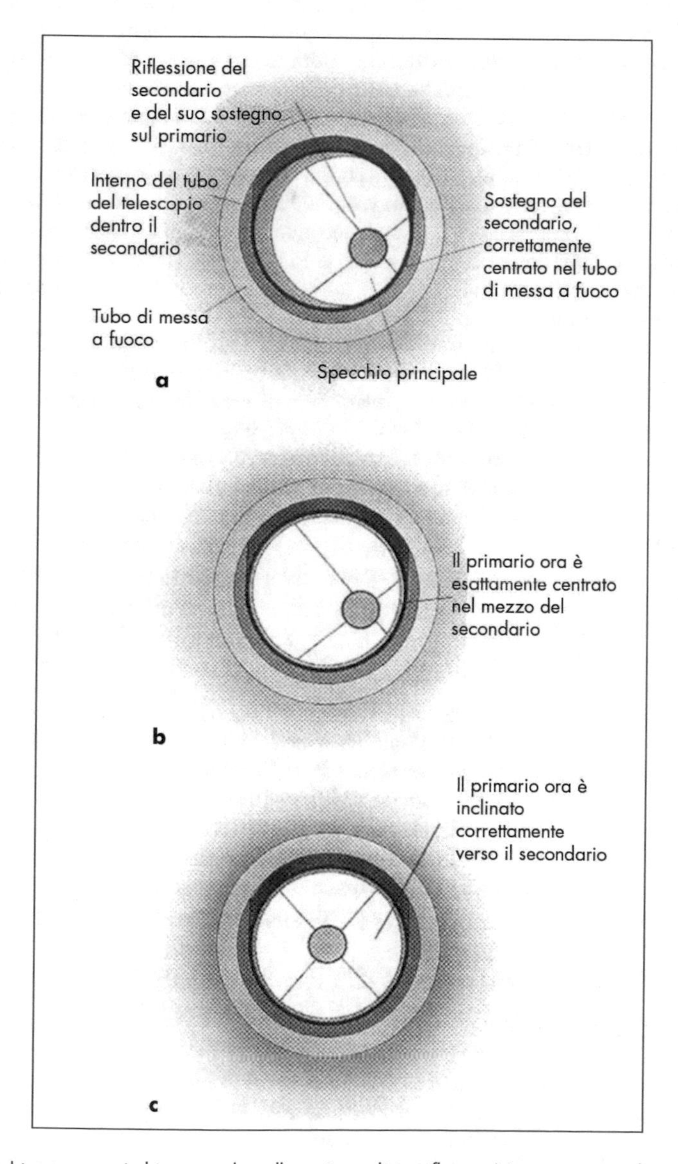

Figura 3.2. I tre passaggi chiave per la collimazione di un riflettore Newton, prima di passare alla collimazione fine con una stella: l'operazione è di gran lunga meno critica in un Newton a lungo fuoco.

e quello dell'oculare. L'asse dello specchio principale è ortogonale al primario nel centro ottico del primario stesso (di solito si assume che questo centro sia il centro geometrico dello specchio). Individuare il centro ottico non è un problema perché, di solito, i produttori segnano il centro dello specchio primario con un punto nero o un minuscolo anello adesivo. In caso contrario, sarà utile che lo segnate voi stessi. Non abbiate paura di rovinare il primario: infatti, il centro geometrico giace "all'ombra" dello specchio secondario, quindi il contrassegno non influirà sulle prestazioni ottiche dello specchio. I fotoni provenienti da una stella che si muovono nella stessa direzione dell'asse ottico dello specchio principale saranno riflessi e "focalizzati" in un'immagine perfettamente nitida, posta nel fuoco sull'asse ottico (è qui che va messa la *webcam*).

Di solito, si assume che l'asse dell'oculare sia esattamente nel centro del tubo portaoculari. Naturalmente, per chi usa la *webcam*, è qui che andrà messo il sensore CCD del dispositivo, ma non prima di aver anteposto la lente di Barlow o la Powermate per allungare la focale del sistema. Durante la fase della collimazione a occhio, prima del test finale su una stella, l'asse dell'oculare coincide con l'asse del tubo in cui guarda l'osservatore, che, a sua volta, coincide con l'asse dell'oculare Cheshire (vedi più avanti), o con quello del collimatore laser (vedi oltre). Lo specchio secondario devia la luce in arrivo dal primario perpendicolarmente al tubo del Newton, così come devia l'asse ottico del primario o dell'oculare (a seconda di come guardate la cosa).

Lo scopo della collimazione è allineare lo specchio principale con il secondario in modo tale dche abbiano un asse ottico comune. Di solito, questa configurazione ideale si ottiene regolando la posizione e l'inclinazione dello specchio secondario, e l'inclinazione dello specchio principale. Qui si assume che il tubo di focheggiatura sia parallelo all'asse ottico dello specchio principale. Se si usa una *webcam*, bisogna anche assumere che il CCD dentro la *webcam* sia montato ad angolo retto rispetto all'adattatore *webcam*-portaoculari. Però, a questo livello introduttivo, consentiteci di non essere troppo paranoici!

Una cosa che preoccupa spesso chi collima per la prima volta un Newton è che quando si guarda direttamente nel tubo del telescopio si ha l'impressione che lo specchio secondario non sia esattamente centrato nel tubo; sembra che lo specchio secondario piano sia più spostato verso il bordo dello specchio stesso, lontano dal bordo dell'oculare. In effetti, questo è perfettamente normale, dato che il cono di luce che deve essere raccolto dal primario è leggermente più largo alla fine dello specchio secondario che all'inizio. Questo "decentramento" (*offset*) dello specchio secondario è di *routine* nei telescopi di alta qualità: lo spostamento richiesto è però abbastanza piccolo per i Newton di grande lunghezza focale, per i quali la dimensione del secondario è molto piccola rispetto alla lunghezza focale. Alcuni telescopi hanno lo specchio secondario decentrato (ad esempio, i Newton aperti a f/4 con specchi secondari piccoli ne hanno davvero bisogno), altri no. Qui il punto critico è che, quando si guarda attraverso il tubo di focheggiatura la riflessione dello specchio principale nello specchio secondario, si dovrebbe essere in grado di vedere tutto il primario. Se non lo si può vedere, allora una parte della luce raccolta è persa. Nella situazione ideale, la riflessione del primario sullo specchio secondario dovrebbe apparire concentrica. La formula dell'*offset* è: asse minore secondario/(4× rapporto focale). Così, per un secondario con un asse minore di 30 mm, montato su un Newtoniano f/7, bisogna spostare lo specchio piano di $30/(4 \times 7) = 1{,}07$ mm verso il primario e lontano dall'oculare. In situazioni come questa bisogna essere veri perfezionisti.

La buona notizia per l'*imager* planetario dotato di *webcam*, interessato a catturare oggetti in un campo di 1 o 2 primi d'arco, è che, una volta eseguito l'allineamento dello specchio come mostrato nella Figura 3.2, si può passare direttamente alla collimazione su una stella (anche artificiale). I puristi della collimazione possono non essere d'accordo, ma tengano presente che sto insegnando a tenere un comportamento che è una via di mezzo fra il non collimare mai (l'approccio del 90% degli astrofili) e la collimazione ossessiva. Volendo, ci si può assicurare che il portaoculari e il tubo di focheggiatura siano veramente perpendicolari al tubo (rimuovendo il sostegno del secondario e infilando un tubicino dentro al focheggiatore o utilizzando un laser per proiettare un raggio di luce attraverso il tubo del telescopio), oppure riprogettare il supporto del secondario in modo che il secondario sia decentrato della giusta quantità. Ma, semplicemente, per ottenere immagini planetarie perfette si deve solo: 1) inclinare e ruotare con attenzione lo specchio secondario fino a che lo specchio principale appare concentrico all'interno del secondario; 2) inclinare lo specchio principale fino a quando lo specchio secondario è concentrico nel primario; 3) condurre uno star test su una stella. Già al punto 2, con un po' di fortuna, è abbastanza facile ottenere una collimazione perfetta, specialmente se si ha un Newtoniano a lungo fuoco. Questa è la ragione per cui, se avete un punto che contrassegna il centro ottico dello specchio principale e potete vedere la riflessione del vostro occhio e del foro del tubo di focheggiatura centrata su questo punto, allora potete essere certi di trovarvi all'interno di un campo di buona definizione di 6 o 7 mm di diametro. Tuttavia, non si può contare solo su una collimazione approssimativa. Per avere buone immagini *bisogna* fare uno star test su una stella, possibilmente utilizzando lo stesso equipaggiamento con cui saranno ripresi i pianeti.

Aiuti per la collimazione

Prima di arrivare allo star test su una stella, vorrei dire alcune parole sui "*gadget*" che aiutano nel collimare un telescopio. Il *gadget* più economico, che può essere facilmente fatto in casa, è un tubo di collimazione come mostrato nella Figura 3.3A. Tutto quello che serve è un tubo di 31,5 mm di diametro (in modo che entri nel portaoculare da 31,7 mm di diametro fatto per ospitare gli oculari da 1,25 pollici) con un piccolo foro di qualche millimetro posto nel centro. Questo dispositivo garantisce che l'osservatore terrà l'occhio al centro del tubo portaoculari già durante la prima fase di collimazione degli specchi, il secondario e il principale. Può essere utile mettere un anello bianco all'interno del dispositivo, intorno al foro per l'occhio dell'osservatore. Questo anello bianco sarà molto evidente alla luce del giorno e la sua riflessione aiuterà la collimazione perché sarà meglio visibile la posizione dell'occhio.

Un altro dispositivo per la collimazione delle ottiche disponibile in commercio è l'oculare Cheshire. Si tratta di un tubo con le dimensioni di un oculare dotato di un taglio laterale su cui

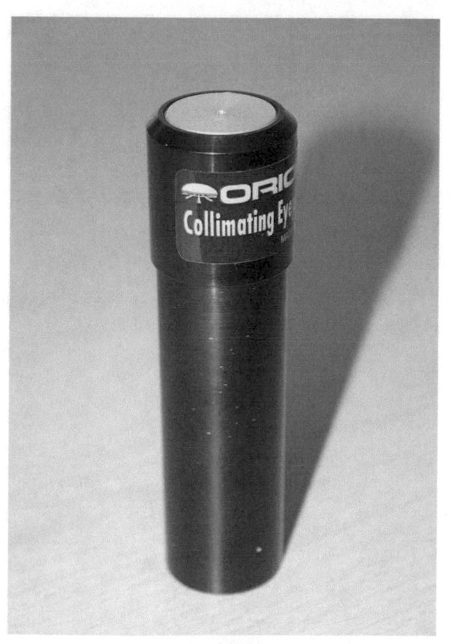

Figura 3.3A. L'oculare di collimazione della Orion (USA). Sostanzialmente, si tratta di un tubo lavorato con precisione e dotato di un foro di osservazione posto al centro di un disco di metallo riflettente. Immagine: Jamie Cooper.

è inserita una superficie riflettente inclinata a 45°. La superficie riflettente ha un foro ellittico al centro che lascia passare la luce diretta verso l'occhio dell'osservatore. Il tutto sembra un piccolo periscopio in miniatura.

L'apertura laterale del Cheshire permette alla luce esterna di illuminare la superficie riflettente, creando così una "ciambella luminosa" che si sovrappone a tutte le altre riflessioni visibili durante il processo di collimazione. Se il centro dello specchio principale è contrassegnato con un punto o con un anello, il Cheshire permette l'allineamento preciso del centro del principale con la ciambella luminosa, allineando così gli assi ottici di oculare e primario.

Un dispositivo più moderno è il collimatore laser. Anche questo accessorio ha le dimensioni di un oculare, ed emette un sottile fascio di luce (tramite un diodo laser) che verrà riflesso prima sul secondario e poi sul primario. Se tutto è allineato correttamente, il raggio laser traccerà un percorso di ritorno che si sovrappone esattamente a quello di andata, finendo con il ritornare al foro di uscita. In qualche modello di collimatore laser, il punto dove colpisce il laser al ritorno è reso più facile da vedere perché la struttura è simile all'oculare di tipo Cheshire (cioè esiste un foro nel corpo del laser, attraverso cui può essere verificato l'effettivo ritorno del fascio). Un dispositivo di questo tipo è mostrato nella Figura 3.3B. Con un collimatore laser è necessaria qualche cautela in più, e non solo per la sicurezza dell'occhio. A differenza di quando si mette l'occhio in un tubo di collimazione, il laser spara alla cieca il suo fascio di luce. Quindi, è bene controllare che il tubo portaoculari del telescopio sia realmente perpendicolare al tubo del telescopio e che il raggio luminoso sia emesso parallelamente al corpo del collimatore laser. Alcuni anni fa, la rivista *Sky and Telescope* fece un test con un collimatore laser il cui fascio non veniva emesso parallelamente al corpo del collimatore. Chiaramente, l'uso incontrollato di questo dispositivo porterebbe a una collimazione errata. Per verificare la precisione di lavorazione di un collimatore laser bisogna montarlo, al contrario, nel focheggiatore del telescopio e puntarlo verso una parete (con il motore del telescopio spento). Fatto questo, basta semplicemente ruotare il collimatore nell'oculare. Se è tutto a posto, mentre si ruota il collimatore, il

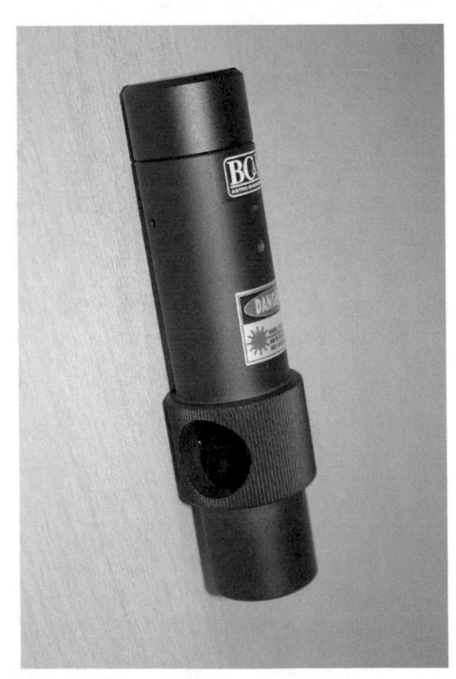

Figura 3.3B. Il collimatore della BC&F Astro-Engineering combina un collimatore laser con un "Cheshire", così si può vedere esattamente dove cade il raggio laser di ritorno. Immagine: Jamie Cooper.

punto sulla parete non dovrebbe spostarsi. Se il punto del laser si sposta, allora il collimatore è scadente, a meno che non sia possibile regolare in qualche modo la collimazione meccanica del fascio.

Il test precedente è più facile da eseguire se si monta un focheggiatore di ricambio su un banco da lavoro, in modo che sia ben fissato quando si ruota il collimatore laser al suo interno. Dopo avere verificato che il collimatore laser è senza difetti di costruzione, basta rimuovere lo specchio e il sostegno del secondario e vedere dove cade il raggio laser su lato opposto del tubo del telescopio. In questo modo si può verificare se il focheggiatore è veramente ortogonale al tubo. Personalmente, non sono mai stato molto attratto dai collimatori laser. Per quanto mi riguarda, la collimazione a occhio seguita dalla collimazione su una stella è la migliore sequenza operativa. I collimatori laser, sono spesso considerati strumenti indispensabili per la collimazione, ma se non si tengono presenti i loro limiti, i benefici sono ridotti (non credete a tutto quello che scrivono i produttori). Sfortunatamente, collimare su una stella è un'operazione che può essere ostacolata dal cattivo *seeing*: questo è il motivo per cui mi piace il dispositivo che ora descrivo.

Il Picostar della BC&F Astro-Engineering, mostrato nella Figura 3.3C, è un generatore di stelle artificiali che, usando una fibra ottica, produce una sorgente puntiforme di 50 micrometri di diametro. Il dispositivo consente una grande varietà di livelli d'illuminazione e, a patto di avere un giardino abbastanza lungo e un telescopio che resta collimato quando viene spostato, è una vera manna. Perché il dispositivo possa lavorare correttamente, deve essere posto abbastanza lontano dal telescopio, in modo tale che il diametro di 50 micrometri sia al di sotto del limite di diffrazione del telescopio. In pratica, questo significa che con uno strumento di 200 mm di diametro il Picostar deve stare ad almeno 20 m e con uno strumento di 300 mm ad almeno 30 m. In pratica, per molti telescopi il dispositivo dovrà stare lontano: in caso contrario, non si potrà mettere a fuoco l'immagine. Con un Newton può esserci bisogno di un tubo di prolunga prima di ottenere il fuoco. Ho sentito dire che questo tipo di adattatore viene indicato come un "tubo per pervertiti", dato che permette a un Newton di andare a fuoco sulle finestre delle case vicine. Non sarà una sorpresa sapere che anche io ne possiedo uno.

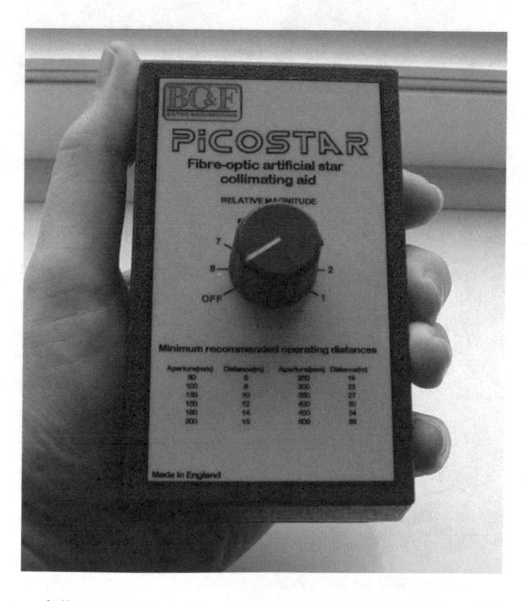

Figura 3.3C. Il Picostar della BC&F Astro-Engineering è un dispositivo per la creazione di una stella artificiale con una sorgente di 50 micrometri di diametro. Immagine: Martin Mobberley.

Nelle pagine precedenti ho discusso a lungo la tecnica per la collimazione di base di un riflettore Newton, da compiere durante il giorno. Questo perché in un Newton, sia autocostruito sia commerciale, tutte le componenti sono mobili e facilmente accessibili.

Sotto questo aspetto il Newton è uno strumento quasi unico. Con altri tipi di telescopi, specie quelli prodotti in serie, le cose vanno diversamente. I rifrattori sono collimati una volta per sempre. Infatti, le piccole ottiche a lungo fuoco dei rifrattori commerciali sono per lo più fisse, così come sono fisse le ottiche dei piccoli Maksutov (anche se, in alcuni casi, sarebbe meglio se fossero regolabili). Anche l'onnipresente Schmidt-Cassegrain, sia Meade che Celestron, non permette la regolazione del primario. Come abbiamo già visto, gli specchi primari degli SCT si inclinano spesso di 1-2 primi d'arco quando il telescopio viene spostato, e diventa necessaria la ricollimazione notturna. Di solito, l'asse ottico dello specchio principale di uno Schmidt-Cassegrain commerciale non collimato finisce entro alcuni millimetri dal centro del secondario, e agendo per alcuni minuti sulle viti di regolazione di questo specchio, si otterrà una collimazione perfetta, almeno fino a quando il primario non si sposterà di nuovo attorno al suo supporto centrale. Con uno Schmidt-Cassegrain, la collimazione diurna prevede un solo passo, la regolazione delle tre viti dello specchio secondario (Figura 3.4) fino a quando la riflessione del primario nel secondario è concentrica, se vista attraverso il tubo di focheggiatura. Per quanto riguarda lo spostamento degli specchi degli SCT, secondo la mia esperienza, quanto

Figura 3.4. Le viti di collimazione di uno Schmidt-Cassegrain si trovano sul contenitore del secondario montato sulla lastra correttrice. Immagine: Martin Mobberley.

maggiore è il diametro dello SCT tanto più è probabile che questo accada. Però vorrei dire una cosa a favore della collimazione degli SCT. La maggior parte dei telescopi Newton e Cassegrain han sistemi di collimazione del tipo premi-tira. In altre parole, bisogna giocherellare con due viti per ottenere la collimazione: allentare una vite e quindi stringere l'altra in contatto con lo specchio principale. Questa operazione può essere difficile da compiere al buio. Invece, in uno SCT, anche se si può regolare solo il secondario, lo specchio è leggero e le viti di regolazione sono tenute da una molla. Quindi, ruotando anche solo una delle tre viti (meglio se le viti hanno un pomello), lo specchio si sposta. Non c'è nessuna coppia di viti come quelle dello specchio principale dei Newton. I fabbricanti di telescopi ne prendano nota! Gli SCT sono almeno facili da ricollimare, anche se raramente restano collimati.

Collimazione con una stella

Dopo la collimazione diurna, il passo successivo è la collimazione su una stella. Se avete un Newton, un giardino molto lungo e un dispositivo per creare una stella artificiale, non dovete preoccuparvi delle stelle reali o sperare in una notte serena. Una stella artificiale ha un enorme vantaggio rispetto a una reale: non risente del *seeing* atmosferico. Le figure di diffrazione saranno sempre da manuale anche se, a causa delle correnti interne al tubo e al calore proveniente dal suolo, non saranno mai perfette. Sia per i Newton sia per gli Schmidt-Cassegrain, la collimazione visuale su una stella è cento volte più facile se viene impiegato un assistente, in modo tale che voi possiate guardare attraverso l'oculare mentre il vostro assistente regola le viti degli specchi. Tuttavia, come ho già detto, è molto più facile collimare con una *webcam* e una Barlow. Ma la scelta è vostra. Nell'uno o nell'altro modo, avete bisogno di sapere che cosa vedere.

Probabilmente il primo stadio della collimazione con una stella non è necessario se è stata già eseguita un'attenta calibrazione diurna. Semplicemente, si tratta di osservare una stella di prima magnitudine con un ingrandimento decoroso (diciamo 250×), ben sfocata, per controllare che il disco nero (l'ombra dello specchio secondario) sia nel mezzo del disco sfocato della stella. La Figura 3.5 mostra l'immagine reale di una stella sfocata, ripresa da Mike Brown con un Newton ben collimato. Notare che le immagini reali saranno un po' diverse dalla simulazione riprodotta nella Figura 3.6. Questa figura, come la maggior parte delle immagini sulla collimazione, è stata prodotta utilizzando un *software* di simulazione: *Aberrator* (scaricabile dal sito web: **http://aberrator.astronomy.net/**).

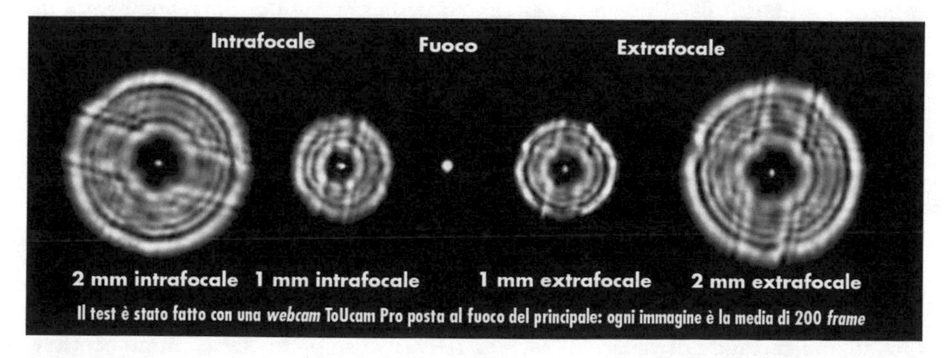

Figura 3.5. Uno star test di un Newton di qualità di 200 mm di diametro prodotto dall'inglese Orion Optics. La stella è esaminata sia in intrafocale che in extrafocale. Immagine: Mike Brown.

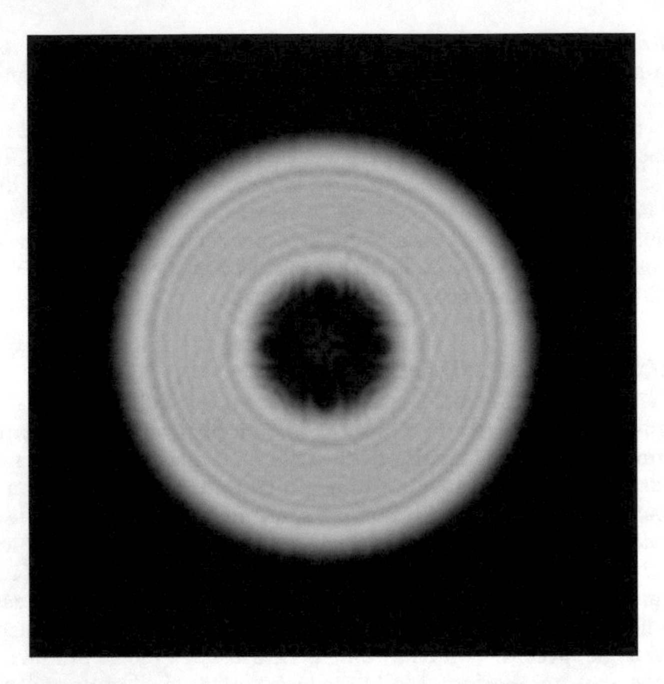

Figura 3.6. Una stella completamente sfocata in un telescopio perfetto; simulazione fatta utilizzando il *software Aberrator* di Cor Berrevoets.

Se l'ombra del secondario non è nel mezzo della stella sfocata, siete fuori collimazione, quindi dovrete agire sulle viti di regolazione dello specchio principale fino a quando l'ombra non è perfettamente centrata.

Il secondo stadio nella collimazione con una stella è di gran lunga più difficoltoso e può essere eseguito solo quando le condizioni del *seeing* sono ragionevoli (o usando una stella artificiale). Di solito, per un'apertura di 200-300 mm viene scelta una stella di seconda o terza magnitudine, ben alta sopra l'orizzonte così che la turbolenza atmosferica sia minima. Bisogna utilizzare un ingrandimento molto alto (600× o più per l'osservatore visuale e una scala dell'immagine di circa 0,1 secondi d'arco per *pixel* se si usa la *webcam*) e sfocare la stella in intra- ed extrafocale esaminando gli anelli di diffrazione. Al centro dell'immagine ci dovrebbe essere un punto luminoso circondato da una serie di anelli concentrici luminosi e oscuri. Dato che si agisce sulla manopola di messa a fuoco, questa struttura dovrebbe aprirsi e chiudersi in modo fluido e simmetrico (la Figura 3.7 mostra una stella piuttosto sfocata). Se fallisce questo test, bisogna agire dolcemente sulle viti che regolano lo specchio in modo da riprodurre la situazione attesa. Naturalmente, ogni volta che si toccano le viti, la stella si sposterà e dovremo riportarla al centro del campo di vista. Appena le figure in intra- ed extrafocale mostreranno anelli di diffrazione da manuale, si potrà passare al terzo passo.

Il terzo e ultimo passo verso la collimazione perfetta può essere eseguito solo quando le condizioni del *seeing* sono quasi perfette, un evento raro, ma possibile. La configurazione è la stessa del passo 2, salvo che ora la stella è perfettamente a fuoco. Ora stiamo cercando di vedere il disco di Airy, il cosiddetto "falso" disco centrale, circondato dagli anelli di diffrazione di luminosità decrescente (Figura 3.8) dall'interno verso l'esterno. Se il primo anello non è uniforme o è incompleto (come nella

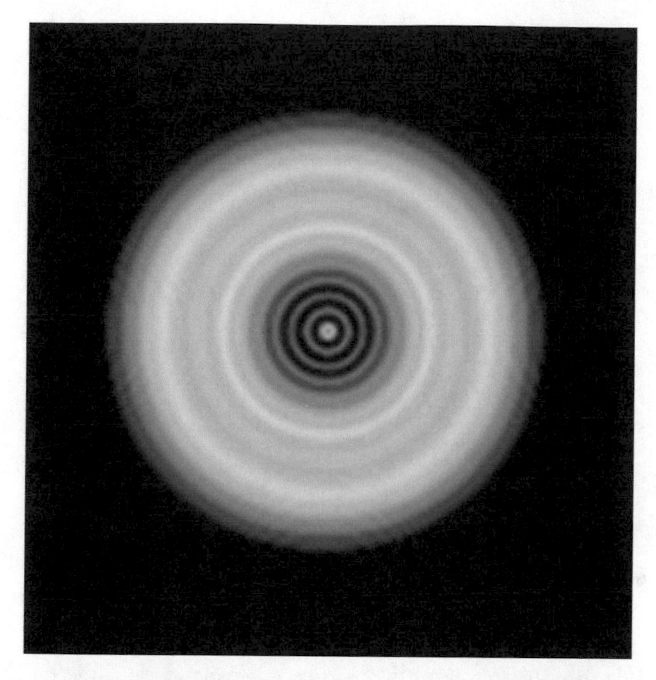

Figura 3.7. Una stella sfocata vista con un telescopio ideale; simulazione fatta utilizzando il *software Aberrator* di Cor Berrevoets.

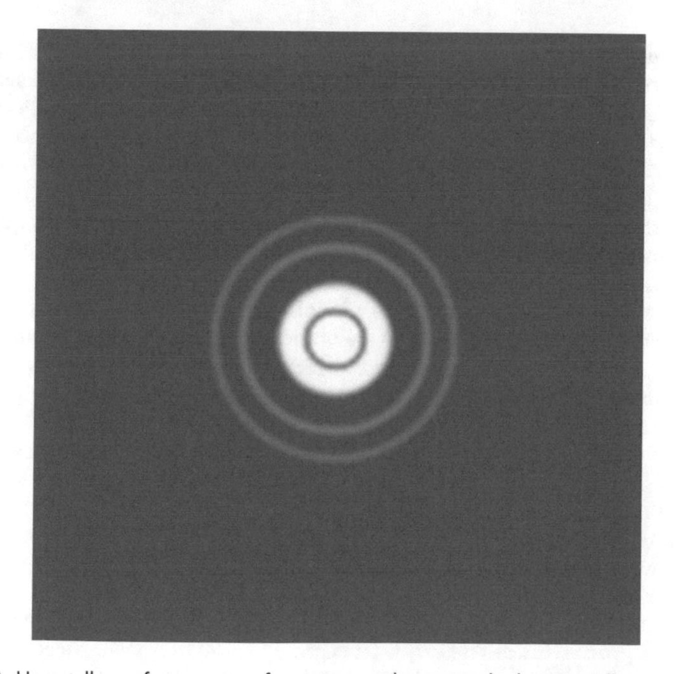

Figura 3.8. Una stella perfettamente a fuoco in un telescopio ideale, con collimazione perfetta! Per vedere questa struttura è necessario un ingrandimento molto alto, abbinato a una notte con un *seeing* eccellente.

Figura 3.9. Una stella perfettamente a fuoco in un telescopio ideale ma leggermente fuori collimazione. Notate la differenza fra questa e la Figura 3.8. Per vedere questa struttura è necessario un ingrandimento molto alto, abbinato a una notte con un *seeing* eccellente.

Figura 3.9), bisogna ruotare le viti di collimazione di una quantità minuscola per ottenere un primo anello completo e uniforme. Quest'ultimo test è così sensibile che anche solo spostare il telescopio nel cielo modificherà la situazione! Gli osservatori planetari duri e puri prima di iniziare a riprendere immagini regolano la collimazione del loro telescopio fino al passo finale, e continuano a farlo per tutta la notte.

Giunti a questo punto, con la collimazione abbiamo finito, ma va sottolineato che nello star test le figure di diffrazione non assomiglieranno per niente a quelle riportate nei manuali, a meno che la notte sia perfetta oppure che stiate utilizzando una stella artificiale. Se volete vedere figure di diffrazione da manuale, in una notte qualsiasi, provate a guardare attraverso un piccolo rifrattore o un Maksutov di qualità una stella molto luminosa. Questo vi permetterà di familiarizzare con quello che dovrebbe essere visto. Gli utenti dei grossi Newton, con diametri pari o superiori ai 40 cm, devono accettare il fatto che non potranno mai vedere una figura di diffrazione perfetta o un disco di Airy da manuale, a meno che non diaframmino lo strumento. Non solo le colonne d'aria stabili (spesso chiamate "celle") con diametro superiore ai 30 cm sono molto rare, ma i grandi telescopi impiegano molto tempo per portarsi alla temperatura ambiente.

Naturalmente, se in una notte buona, quando le stelle non scintillano, i dischi di Airy appaiono distorti anche se il telescopio è stato collimato con attenzione, bisogna prendere atto di avere ottiche di scarsa qualità. Per essere onesti, è molto raro che accada una cosa del genere, specialmente se l'ottica proviene da uno qualunque dei principali produttori di telescopi. La competizione in questo mercato è spietata, e le società non possono correre il rischio di perdere la faccia con ottiche di scarsa qualità. Tuttavia, se si sta utilizzando un vecchio telescopio, con uno specchio di un produttore minore o uno strumento di seconda mano dalle incerte origini, l'ottica potrebbe essere a rischio. In ogni caso, secondo la mia esperienza, sono numerosi i casi di astrofili che si lamentano della scarsità delle loro ottiche, quando semplicemente non sono riusciti a collimarle con la precisione richiesta per ottenere visioni dei pianeti *diffraction-limited* (limitate dalla sola diffrazione, ossia perfette). Inoltre, spesso anche la cella dello specchio primario è la causa di immagini stellari non perfette perché la pressione delle viti è eccessiva e l'ottica si deforma .

Può essere affascinante esaminare una stella artificiale con un Newton perfettamente collimato. Il solo atto di togliere il cappuccio antipolvere dalla cella del primario, modificando così le correnti nel tubo, può causare notevoli cambiamenti nella figura di diffrazione della stella e fa apprezzare quanto siano importanti le proprietà termiche di un telescopio.

Considerazioni termiche

Se qualcuno vi dicesse che avere una ventola elettrica montata sul telescopio è la decisione più importante che potete prendere nella vostra carriera osservativa, probabilmente lo considerereste un pazzo! Ma, con il trascorrere del tempo (e osservo pianeti da più di trent'anni), sono sempre più convinto che la capacità di un telescopio di raggiungere rapidamente la temperatura dell'aria notturna sia assolutamente cruciale per l'ottenimento di buoni risultati. Negli anni '70, l'ottico francese Jean Texereau ha affermato che una differenza di temperatura di 1/7 di grado centigrado nel tubo di un telescopio potrebbe modificare in modo sensibile le prestazioni dello strumento. Questo non mi sorprende. Per quanto riguarda il raffreddamento dell'ottica all'aria aperta, ci sono sostanzialmente due sorgenti di disturbo. In primo luogo, la turbolenza creata dentro il tubo del telescopio, specialmente vicino allo specchio primario; in secondo luogo, la distorsione degli stessi componenti ottici, a mano a mano che la loro temperatura scende. Prima della metà del XX secolo, la maggior parte degli specchi dei telescopi amatoriali era di vetro comune (quello usato per le bottiglie e i bicchieri), con coefficienti di dilatazione termica considerevoli. In quegli anni, per un costrutture di telescopi era prassi comune sottocorreggere leggermente gli specchi parabolici dei Newton (correggere, in questo contesto, significa passare da uno specchio sferico a uno con una superficie parabolica) cosicché il raffreddamento notturno del vetro potesse contrarre lo specchio fino a portarlo alla forma parabolica ideale per l'osservazione. Tuttavia, dopo l'introduzione del vetro Pyrex, la contrazione degli specchi dei telescopi non è più stato il problema principale, a meno che non si stia ancora utilizzando uno strumento storico, con un vecchio specchio di vetro. In anni recenti, si è reso disponibile (anche se a caro prezzo) il vetro Zerodur, che permette di avere telescopi amatoriali con specchi a coefficiente di espansione nullo. Stando così le cose, quando parliamo di effetti termici dannosi per lo specchio di un telescopio del XXI secolo, stiamo parlando esclusivamente del problema della turbolenza interna al tubo e non della forma dello specchio.

Nel 2004 ho acquistato un eccellente riflettore Newton di 250 mm di diametro a f/6,3 dal produttore inglese Orion Optic. Questo strumento, caratterizzato da uno specchio primario relativamente leggero (per gli standard classici), con un rapporto diametro/spessore pari a 8/1, è montato in un tubo di metallo poco massiccio, mentre nella cella dello specchio principale è incorporata una ventola di raffreddamento (Figura 3.10). Il solo tubo ottico pesa 11 kg. Sono rimasto sbalordito (e lo sono tuttora) dalle prestazioni di questo telescopio. Precedentemente avevo posseduto due riflettori di 36 e 49 cm di buona qualità ottica, così come SCT di 30 e 35 cm, ma questo Newton, dall'apertura relativamente modesta, mi ha fornito visioni planetarie molto più nitide di uno qualunque dei telescopi più grandi. Per quanto posso giudicare, tre sono le ragioni delle prestazioni lunari e planetarie di questo telescopio. In primo luogo, la qualità ottica; lo

Figura 3.10. La ventola di raffreddamento posta sul retro del Newton Orion Optic di 250 mm f/6,3 dell'autore. Lo specchio ha uno spessore di soli 3 cm e si porta alla temperatura ambiente notturna in circa un'ora di raffreddamento con la ventola. Immagine: Martin Mobberley.

specchio principale ha un RMS (Root Mean Squared, scarto quadratico medio della superficie dello specchio dalla forma corretta) di l/45 di lunghezza d'onda, verificato con un'interferometro Zygo (su questo argomento dirò qualcosa di più fra poche pagine). Lo specchio ha anche uno "*Strehl ratio*" di 0,981 (lo *Strehl ratio* è un indice globale della qualità dello specchio: uno *Strehl ratio* di 1,0 si ha in uno specchio primario perfetto, dove l'84% della luce di una stella entra nel disco di Airy e il 16% negli anelli di diffrazione; 0,981 è un valore molto buono). In secondo luogo, l'apertura è l'ideale per sfruttare al massimo la migliore risoluzione ottenibile dalla Gran Bretagna. Non ho mai avuto bisogno di diaframmare l'apertura e raramente ottengo immagini multiple, anche con *seeing* scarso. Queste ultime, invece, erano comuni nei riflettori di 36 e 49 cm. In terzo luogo, il telescopio ha una massa termica bassa. Ritengo che questo terzo punto sia cruciale e, probabilmente, importante come gli altri due, dato che con questo telescopio il *seeing* si è sempre mostrato molto buono. Ciò indica che molti dei miei problemi di *seeing* con i telescopi più grandi sono strumentali, non atmosferici.

Telescopi con un'apertura più grande di circa 25 cm tendono a soffrire di gravi problemi di raffreddamento, particolarmente di sera, quando la temperatura dell'aria notturna può abbassarsi anche molto rapidamente. Uno specchio più spesso di circa 30 mm avrà difficoltà ad adattarsi alla temperatura dell'aria, che può diminuire di numerosi gradi centigradi/ora dopo il tramonto. La massa dello specchio di un telescopio, assumendo che lo spessore cresca proporzionalmente al valore dell'apertura, aumenta con il cubo del suo diametro. Tuttavia, l'area della superficie dello specchio, di importanza vitale per irradiare il calore, aumenta solo con il quadrato del diametro. Così, a meno che lo spessore dello specchio del telescopio non sia fissato a, diciamo, 30 mm (ma è necessario un sofisticato sistema di supporto per evitare che specchi grandi e sottili non si deformino), i problemi termici più gravi si presenteranno per specchi di apertura pari o superiore a 30 cm. Questo problema è stato indagato in dettaglio negli anni '60 dal costruttore britannico di specchi Jim Hysom. Hysom ha trovato che la temperatura della parte centrale di uno specchio con spessore di 30, 45 e 76 mm diminuisce con velocità tipiche rispettivamente di 3,3, 1,6 e 0,9 °C per ora dopo l'inizio della notte. Tenendo presente che la temperatura dell'aria può diminuire di più di 3 °C per ora in prima serata, si vede che gli specchi più spessi di 30 mm non possono fare coincidere la temperatura delle facce anteriore e posteriore con quella dell'aria, a meno che non si utilizzi il raffreddamento forzato con la ventola. Una soluzione a questo problema è usare specchi conici, come quelli utilizzati negli SCT. In questi specchi, che pesano solo il 60% di uno convenzionale, il retro ha una struttura a nido d'ape con i bordi più sottili del centro. Con questa progettazione si possono sostenere, appoggiandoli solo al centro, specchi fino a 40 cm di apertura, e il raffreddamento è due volte più rapido che con uno specchio convenzionale. Il rinomato ottico americano William Royce offre specchi di questo tipo anche per i Newton.

La soluzione più comune al problema termico dello specchio e alle correnti nel tubo è utilizzare ventole leggere senza vibrazioni. Nel mio Newton di 250 mm, questa ventola è posta dietro lo specchio principale. Tuttavia, una soluzione leggermente migliore è impiegare una coppia di ventole aggiuntive, dotate di filtro antipolvere, poste ai lati del tubo del telescopio, in modo che soffino e aspirino aria solamente nella regione davanti allo specchio principale, dove c'è la turbolenza peggiore. I telescopi Newton sono noti per avere correnti d'aria nel tubo, ma se il tubo e l'ottica del telescopio sono tutti alla stessa temperatura queste correnti tendono a scomparire. Ci sono due scuole di pensiero su cosa fare per risolvere il problema del raffreddamento del tubo del telescopio. Un possibile approccio (come nel mio strumento di 250 mm) consiste nell'avere un tubo di metallo molto sottile (1 mm nel mio caso), che si porta rapidamente alla temperatura ambiente. Un altro approccio è avere il tubo di un materiale con proprietà isolanti, in modo che irradi il calore molto lentamente. Storicamente, sono stati usati tubi di mogano internamente ricoperti di sughero. Se può interessarvi, le piastrelle di sughero auto-adesive si trovano in vendita nei grandi magazzini. Indipendentemente da questo, è buona norma avere il tubo del telescopio con un diametro molto più grande dello specchio principale, con un foro al centro del tubo in modo da lasciare spazio per la circolazione dell'aria. I tubi completamente aperti sono eccellenti dal punto di vista termico, ma terribili per quanto riguarda il deposito di rugiada, di polvere e l'ingresso insetti. Inoltre, consentono al calore del corpo dell'osservatore di interferire con il percorso ottico. Il mio tubo di metallo sottile sembra essere un buon compromesso, inoltre è anche leggero. Per il controllo della temperatura ho messo alcune termocoppie sia sul tubo del telescopio che sul bordo dello specchio principale (Figura 3.11). Dopo circa 30 m di raffreddamento con la ventola il telescopio è in equilibrio termico e le visioni lunari e planetarie possono essere eccellenti. Ho impiegato circa trent'anni per apprezzare quanto sia importante il raffreddamento del telescopio e per capire perché gli specchi più grandi di 250 mm soffrano di problemi termici. Per fortuna, l'atmosfera terrestre raramente consente di ottenere risoluzioni migliori di 0,5 secondi d'arco, cosicché, nell'era della *webcam*, un telescopio di 250 mm è quasi tutto ciò di cui c'è bisogno. Per inciso, vorrei aggiungere che, recentemente, il noto osservatore planetario Maurizio Di Sciullo (Florida, USA) mi ha detto che utilizza una ventola di 20 cm sul suo Newton di 250 mm (specchio spesso 40 mm) per raffreddare lo strumento fino alla temperatura ambiente. Inoltre, Di Sciullo ha concluso che l'unico modo per raffreddare, entro la durata di una notte, il suo nuovo telescopio planetario di 360 mm di diametro (con uno specchio spesso 60 mm) è raffreddare ad acqua il primario; il raffreddamento ad aria non è sufficiente! Come si vede, il raffreddamento dello specchio può essere un problema molto serio.

I diversi modelli di telescopi hanno proprietà termiche differenti. I telescopi Newton possono comportarsi molto male se il tubo dopo lo specchio principale è sigillato. Una

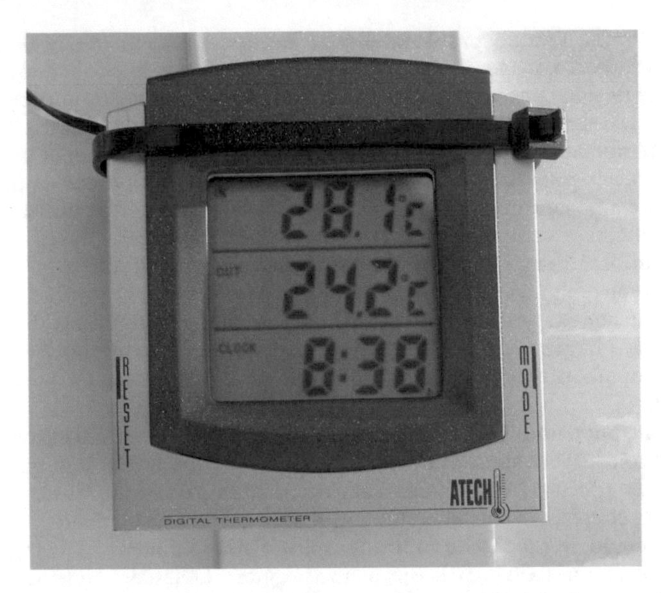

Figura 3.11. Per misurare la temperatura di uno specchio, quella del tubo o quella dell'aria al suo interno può essere utilizzato un economico termometro per interni/esterni collegato al telescopio. Questi dispositivi sono così economici e leggeri che se ne possono impiegare diversi ovunque nel telescopio. Immagine: Martin Mobberley.

progettazione con la cella dello specchio aperta, con il retro dello specchio di vetro direttamente all'aria aperta, è essenziale. Sul mio Newton, c'è una notevole differenza se si osserva una stella con o senza tappo sulla parte posteriore dello specchio!

Non appena il flusso d'aria scorre liberamente attraverso il tubo, la figura di diffrazione della stella, nelle notti buone, diventa quasi perfetta. Con il tappo dietro lo specchio, le stelle vengono distorte in una forma a lacrima, a causa delle correnti d'aria che cercano una via d'uscita. I grandi telescopi Schmidt-Cassegrain e Maksutov (al di sopra di 250 mm di apertura) possono immagazzinare considerevoli quantità di calore, sia nei loro componenti ottici sia nell'aria intrappolata dentro lo strumento. Per alleviare questo problema, un produttore ha anche progettato una sonda che può essere inserita nel barilotto di un oculare con un dispositivo in grado di sostituire l'aria intrappolata all'interno dello strumento con l'aria fresca proveniente dall'esterno. Tuttavia, avendo studiato i video AVI fatti con la *webcam* da Damian Peach e Dave Tyier, ottenuti con Schmidt-Cassegrain Celestron di 235 e 280 mm d'apertura, direi che i tubi sigillati degli SCT abbiano gli stessi vantaggi dei tubi chiusi dei rifrattori, in cui sono eliminate le correnti del tubo tipiche dei Newton convenzionali (si comportano come un Newton all'equilibrio). I Maksutov sono strumenti con proprietà termiche differenti, specie se l'apertura è maggiore di 20 cm. In uno strumento di 25 cm si possono avere cronici problemi di raffreddamento, visto che la lente correttrice frontale pesa tanto quanto lo specchio primario, e l'intero strumento può trasformarsi in un gigantesco thermos. Per questo motivo, i Maksutov con apertura maggiore di 20 cm, privi di ventole di raffreddamento, sono assolutamente da evitare. Nel 2005 Damian Peach ha acquistato uno strumento del genere (molto costoso) e ha concluso che era totalmente inadeguato per il lavoro planetario. Le ottiche erano buone ma lo strumento immagazzinava calore come un forno, e non era in grado di smaltirlo durante la notte. Uno SCT Celestron da 9,25 pollici di apertura, venduto a un ottavo del prezzo, ha dimostrato di essere uno strumento planetario molto superiore perché si raffredda più rapidamente!

I problemi termici non sono limitati al solo telescopio. Di Osservatori poco indicati sotto il profilo termico ne esistono in abbondanza. Di solito, si tratta di Osservatori con pareti in mattoni, una cupola con base massiccia, una fessura della cupola molto stretta e nessun sistema di ventilazione. Tali strutture, dopo una giornata di Sole, possono rendere virtualmente impossibile l'osservazione dei pianeti in alta risoluzione. I telescopi planetari hanno un rendimento di gran lunga migliore se sono all'aria aperta: quindi, una casetta scorrevole o una coperta di tela cerata è preferibile a un edificio con una cupola enorme. Infine, siete sicuri di non stare contribuendo voi stessi ai problemi termici? Gli esseri umani disperdono molto calore dal corpo, e quando acquisite immagini con la *webcam* ricordate che dovete stare ben lontani dall'apertura del telescopio.

La messa a fuoco

Anche se l'elevata velocità di acquisizione delle immagini delle *webcam* rende la messa a fuoco planetaria molto più facile che con le comuni macchine fotografiche, è ancora difficile mettere accuratamente a fuoco un'immagine planetaria, specialmente quando il pianeta si increspa e distorce in continuazione, seguendo i capricci dell'atmosfera. In condizioni di *seeing* tipiche, il pianeta sembra che sia ora a fuoco, ora sfocato. In queste condizioni, come si fa a decidere dove si trova il vero punto di fuoco? La risposta migliore a questa domanda non sembrerà molto utile: semplicemente è "provate a fare del vostro meglio"! Se siete veramente disperati potete sfruttare alcune delle tecniche utilizzate per mettere a fuoco le stelle. I due metodi più popolari sono la cosiddetta "maschera di Hartmann" e la tecnica degli *spike* (punte di diffrazione). Con il primo metodo, l'apertura del telescopio è ricoperta da un disco contenente due o più aperture circolari. Ad esempio, un telescopio di 30 cm potrebbe essere coperto da una maschera di cartone del diametro di 30 cm, in cui vengono praticati due fori del diametro di 7 cm situati ai bordi opposti. Una volta installato, questo dispositivo produrrà le immagini di due telescopi di 7 cm. Quando il telescopio è sfocato, appariranno due immagini del pianeta che si sovrappongono leggermente. Quando il fuoco è perfetto, le due immagini si fonderanno insieme. Sfortunatamente, questo metodo funziona abbastanza bene per le stelle, per lavori a bassa risoluzione, mentre per i pianeti vogliamo la risoluzione più alta possibile. La risoluzione del telescopio sarà ostacolata seriamente dalla maschera di Hartmann, dato che, anche quando mettiamo a fuoco, la maschera causerà notevoli effetti di diffrazione. Peggio ancora, i pianeti particolarmente deboli, come Saturno, avranno un aspetto spettrale quando visti attraverso la maschera, e sarà difficile raggiungere il fuoco ottimale. Anche la tecnica degli *spike* di diffrazione funziona bene con stelle puntiformi e luminose. Utilizzando questo metodo, sono i supporti dello specchio secondario di un Newton che vengono impiegati come un indicatore di quanto sia esatto il fuoco: basta visualizzare una stella molto luminosa e usare la definizione degli spike di diffrazione della stella per valutare la bontà del fuoco (per i non-newtoniani si possono applicare supporti artificiali sull'apertura, in modo da creare comunque gli *spike* di diffrazione). Sfortunatamente, questa tecnica funziona realmente bene solo per le lunghe esposizioni su oggetti del profondo cielo.

Ma allora, c'è una soluzione al problema della messa a fuoco planetaria? Prima di tutto, una priorità dell'osservatore planetario con la *webcam* deve essere una messa a fuoco motorizzata. Anche con la montatura più solida, i leggeri tocchi della mano sul focheggiatore trasmetteranno vibrazioni al telescopio. Il miglior focheggiatore motorizzato per l'astronomia amatoriale è fatto dalla JMI (Jim's Mobile Industries), e ogni buon osservatore planetario che conosco ne utilizza uno (Figura 3.12). Una volta installato un focheggiatore motorizzato, vi potete sedere in una posizione comoda davanti allo schermo del vostro PC, fiduciosi che le oscillazioni del pianeta saranno dovute solo all'atmosfera (e al motore del telescopio) e non alle vibrazioni della vostra mano. Non c'è bisogno di dire che quanto più fluido è il motore di trascinamento del telescopio, tanto

Figura 3.12. Un eccellente focheggiatore motorizzato della JMI. Questo è un NGF DX progettato per i riflettori Newton. Con questo dispositivo le vibrazioni della messa a fuoco sono eliminate. Immagine: Martin Mobberley

meglio è.

Nel flusso video grezzo di una *webcam* i dischi della maggior parte dei pianeti appaiono come palle dai contorni distorti e dall'interno informe. Anche Giove mostra solo due caratteristiche evidenti, cioè le fasce equatoriali nord e sud. Questo può essere frustrante per il principiante, ma non bisogna preoccuparsi, perché tutte le immagini grezze assomigliano a queste. Tuttavia, con dettagli così evanescenti, su che cosa si può focalizzare? Marte e la Luna sono gli unici corpi planetari con caratteristiche abbastanza nitide su cui focalizzare facilmente. La Luna è un bersaglio facile, specialmente vicino al terminatore giorno/notte, dove il contrasto è alto. Con Giove, come riferimento per il fuoco io impiego le sue quattro lune principali. È vero che sono minuscoli dischetti e non sorgenti puntiformi, tuttavia, sono di gran lunga migliori di qualsiasi altra cosa. In una notte tipica, con il guadagno della *webcam* abbastanza alto e un riflettore di 25 cm, le lune di Giove saranno facilmente registrabili a 10 o 15 *frame* al secondo. Le lune, tuttavia, anche quando sono a fuoco, raramente appariranno come piccoli dischi. Invece saranno a forma di uovo, di chiazza, di ragno o di linea a seconda di come l'atmosfera interferisce sulla luce in arrivo. La cosa migliore che si può fare è spendere dieci minuti spostando avanti e indietro il punto di fuoco in modo da individuare quale sia la migliore posizione di fuoco ottenibile. Tutto questo può sembrare poco scientifico e, a essere onesti, lo è: ma l'*imaging* planetario è un po' come un'arte magica. Il focheggiatore motorizzato della JMI ha come opzione la lettura digitale della posizione. Di solito, questa opzione vi informa dove si trova il fuoco entro 0,01 mm. Questo può essere di grande aiuto quando si prova a ricordare in che punto il pianeta sembrava più nitido. Ritornando alle lune di Giove: ce n'è sempre una a una distanza ragionevole da Giove? La risposta è sì. Spostando Giove a est o a ovest, fino a quando non tende a uscire dalla finestra della *webcam*, quasi sempre individuerete una sua luna se il guadagno della *webcam* è sufficientemente alto. La luna galileiana Io è la più vicina e non si allontana mai più di 3,5 primi d'arco da Giove. Con questa e con le altre tre lune non sarete mai a corto di bersagli per il fuoco. Naturalmente, quando il *seeing* è eccellente, sarete in grado di focalizzare le lune gioviane come minuscoli dischi. Ma questo potrebbe verificarsi solo poche volte all'anno. Per fortuna, Saturno ha un'eccellente caratteristica su cui focheggiare: gli anelli. In modo più specifico, l'intervallo tra gli anelli A e B, cioè la Divisione di Cassini, è un vero "regalo" del cielo su cui mettere a fuoco. La messa a fuoco non è una cosa che possa essere fatta precipitosamente. Dopo un po' svilupperete un sesto senso per stabilire quando qualcosa è a fuoco oppure no e, a quel punto, potrete cominciare a salvare il video proveniente della *webcam* sul disco fisso del vostro PC.

Un altro punto cruciale da tenere presente è questo: la messa a fuoco motorizzata può spostare il punto di fuoco con incrementi abbastanza piccoli da sfruttare le condizioni di *seeing* migliori? Ho già detto che una lettura digitale può registrare la posizione del fuoco entro 0,01 mm, ma spesso non è possibile dare un tocco così breve sui pulsanti di comando del focheggiatore per spostarlo di una distanza così piccola. Gli incrementi necessari per focalizzare un'immagine planetaria con la massima precisione sono microscopici quando si sta lavorando con i rapporti focali tipici di un Newton. Con uno Schmidt-Cassegrain f/10, una breve pressione su un pulsante della messa a fuoco motorizzata, montata sul retro del telescopio, sarà abbastanza precisa. Ma con un Newton f/5 non sarà così: anche una breve pressione ci porterà troppo dentro o troppo fuori rispetto alla posizione di fuoco ottimale. Un Newton di 25 cm a f/5 in teoria può risolvere circa mezzo secondo d'arco.
Questo equivale a 3 micrometri nel fuoco Newton (un micrometro è 1/l000 di millimetro). Questo, a sua volta, equivale a 15 micrometri di tolleranza sul fuoco, pari a 0,015 mm. Non fa alcuna differenza mettere una lente di Barlow dopo il fuoco, a meno che non si possa montare il focheggiatore stesso dopo la Barlow. Anche usando il miglior focheggiatore motorizzato, è una vera lotta posizionare il fuoco con questa precisione e, anche se fosse possibile, ci sarà bisogno di premere i pulsanti per un periodo di tempo impercettibile. Nel mio caso, ho contattato i produttori del focheggiatore e mi hanno detto quale resistore potevo cambiare per rendere più piccoli gli incrementi per la messa a fuoco. L'unica alternativa pratica è spendere ancora più tempo andando avanti e indietro attraverso il punto di fuoco fino a quando non si è soddisfatti del risultato, oppure passare a un telescopio con un rapporto focale molto più alto. Qui gli Schmidt-Cassegrain hanno sicuramente un certo vantaggio, soprattutto se si aggiunge una messa a fuoco motorizzata al tubo porta oculari, dove il cono di luce ha una comoda apertura a f/10.

C'è un altro punto che vorrei citare nel contesto della focheggiatura, in modo da aggiungere un'ulteriore arma all'arsenale dell'osservatore planetario. Vi avviso che per metterla in pratica avrete bisogno di molto spazio sul disco rigido! Se non si può determinare esattamente dove si trova il punto di miglior fuoco sulle immagini grezze, le possibilità di trovarlo aumentano se si riprendono quanti più video possibile con la *webcam*. Tra una ripresa e l'altra si può premere leggermente il pulsante per la messa a fuoco, così che: 1) si può essere fortunati e ottenere un fuoco migliore di prima, 2) il tubo del telescopio potrebbe essersi contratto con il calo della temperatura e 3) il *seeing* può migliorare, rendendo più facile la focheggiatura. Controllando poi le registrazioni, si vedrà che un filmato è migliore degli altri. Quando si sommeranno ed elaboreranno le immagini di questo filmato, si potrà ottenere un'eccellente immagine finale. Tuttavia, come già detto, tenete presente che è necessario avere un grande disco fisso. I video delle immagini planetarie possono avere dimensioni di 1 o 2 gigabyte ciascuno. Se durante la notte ne vengono ripresi una dozzina, sono necessari 15-30 Gb di spazio sul disco rigido.

Oltre a tutte queste considerazioni, sull'alta risoluzione ci sono anche quelle riguardanti l'elaborazione delle immagini. Ne parleremo abbondantemente nei Capitoli 8 e 9.

Prima di lasciare i fondamenti dell'alta risoluzione, è tempo di occuparci del dibattito su quale sia il migliore strumento per ottenerla.

Il migliore telescopio planetario

La discussione è vecchia come il mondo. Qual'è lo strumento ideale per l'osservazione planetaria? Ammesso che esista, che cosa vogliamo dire esattamente quando parliamo di "ideale"? Ho già toccato questo argomento quando ho discusso i pregi del mio Newton e dei newtoniani a lungo fuoco. Un modo per rispondere a questa domanda è semplicemente guardare quali telescopi utilizzano i migliori osservatori planetari a livello mondiale. Tuttavia, quando lo si fa, si trova solo uno spaccato delle quote di mercato dei vari modelli di telescopi. Damian Peach, probabilmente il miglior *imager* planetario del mondo, ha ottenuto grandi successi con gli Schmidt-Cassegrain della Celestron da 9,25 pollici (diametro di 235 mm) e 11 pollici (diametro 280 mm), operando a rapporti focali di f/40 (Figure 3.13 e 3.14). A suo dire, le ottiche degli SCT Celestron sono eccellenti: l'unico svantaggio di progettazione, come per tutti gli SCT, è che non si mantiene la collimazione. Su questo argomento, un controllo notturno sul campo e un po' di scetticismo

Figura 3.13. Il Celestron da 9,25 pollici, rinomato per le prestazioni in campo planetario. Probabilmente è il telescopio planetario con il miglior rapporto prezzo/prestazioni. Rispetto agli altri SCT, ha uno specchio primario con un rapporto focale leggermente maggiore (f/2,5 invece di f/2,0) e un secondario con un "ingrandimento" minore (4× invece di 5×). Queste caratteristiche rendono meno critica la lavorazione delle ottiche e ne favoriscono le buone prestazioni. Immagine: Damian Peach.

Figura 3.14. Un telescopio planetario ben progettato e usato. Si tratta del Celestron 11 di 280 mm accoppiato al 150 mm Intes Maksutov-Cassegrain di Dave Tyler, posti su una montatura equatoriale alla tedesca autocostruita. Il telescopio più piccolo è indispensabile per puntare il telescopio principale sui piccoli dischi planetari. Immagine: Dave Tyler.

sono sempre necessari. Damian ha utilizzato montature sia Celestron sia Losmandy per sostenere il suo tubo ottico (o OTA, Optical Tube Assemblye). Lo SCT è il telescopio amatoriale più popolare, ma non è evidente perché lo sia. Dal punto di vista ottico è una cosa intermedia: non è specializzato per l'osservazione ad alti ingrandimenti o per l'osservazione a grande campo. Tuttavia, ha due vantaggi enormi: è estremamente compatto, e la produzione di massa lo ha reso uno strumento conveniente dal punto di vista del prezzo. Un telescopio compatto è facile da utilizzare, perché è portatile e leggero, così basta una montatura anche modesta per sorreggerlo. Inoltre, con tubi pesanti 15 kg o meno (salvo i modelli più grandi) lo strumento può essere alloggiato all'interno dell'abitazione: così non occorre avere un Osservatorio. Damian Peach, per esempio, non ha mai posseduto un proprio Osservatorio. Il suo telescopio è portato all'esterno ogni singola notte, anche se ci sono piccoli squarci fra le nubi. Questa "scocciatura" notturna sarebbe impossibile da ripetere per anni e anni se lo strumento fosse meno compatto di uno SCT.

La qualità ottica

A questo punto, può essere appropriato dire una o due parole sulla qualità ottica dei telescopi. Spesso i produttori utilizzano il termine "*diffraction limited*" (limitato dalla diffrazione) per dire che le ottiche sono abbastanza buone da essere limitate solo dalle leggi della fisica, in particolare dalla diffrazione delle onde elettromagnetiche. Sono i fenomeni di diffrazione che limitano la risoluzione di tutti gli strumenti, ottici o radio che siano.

Quanto più è grande lo specchio, rispetto alla lunghezza d'onda della radiazione elettromagnetica raccolta, tanto migliore sarà la risoluzione spaziale ottenibile dallo strumento. Per essere "limitato dalla diffrazione", un telescopio deve avere ottiche che si allontanano dalla forma perfetta per non più di un quarto della lunghezza d'onda della luce. In altre parole, dalla valle più profonda al di sotto della curva perfetta, al "picco" più alto, ci dovrebbe essere una distanza di meno di un quarto di lunghezza d'onda. La luce verde ha una lunghezza d'onda di circa 550 nanometri, cosicché un quarto d'onda è circa 140 nanometri. Questo è ciò che vuole dire la frase "un quarto d'onda PV" (PV = *peak to valley*, da picco a valle). Se lo specchio è lavorato con minor precisione, i dettagli planetari saranno poco nitidi e a basso contrasto. Un quarto d'onda PV equivale a una precisione della superficie di un ottavo di lunghezza d'onda in più o in meno. Un altro fattore da considerare è la RMS o scarto quadratico medio. Questa quantità è un indicatore di quanto è liscio, in media, lo specchio del telescopio, invece che considerare solamente i picchi e le depressioni estreme. Gli specchi commerciali dei tipici Schmidt-Cassegrain tendono a essere lavorati a un quarto d'onda PV o a un sesto d'onda in esemplari molto buoni (come i modelli C 9,25 della Celestron). In altre parole, sono limitati dalla diffrazione. Occasionalmente, però, si trovano anche "bidoni" commerciali, lavorati con mezza lunghezza d'onda PV. Le ottiche commerciali prodotte in massa hanno RMS da l/20 a l/30 d'onda ma una buona ottica Newton può avere RMS di l/40 d'onda e un PV di l/8 d'onda o migliore. Queste sono ottiche di cui essere orgogliosi.

Negli anni '70 e '80 del secolo scorso, gli SCT avevano una scarsa reputazione in fatto di prestazioni ottiche. Un fattore citato spesso dai critici degli SCT era la dimensione dello specchio secondario, cioè l'ostruzione centrale. Il consiglio tradizionale degli esperti era che un telescopio, per non degradare la visione, doveva avere un'ostruzione minore del 20% del diametro dello specchio principale. L'effetto di qualsiasi ostruzione nel percorso ottico di un telescopio è di ridurre il contrasto al limite delle capacità del telescopio. In un telescopio privo di ostruzione la grande maggioranza della luce proveniente da una sorgente puntiforme come una stella viene concentrata in un punto centrale, mentre la rimanente viene distribuita in una serie di anelli che diventano sempre più deboli a mano a mano che ci si sposta lontano dal punto centrale. All'aumentare dell'ostruzione centrale, l'intensità del punto centrale si riduce, mentre l'intensità degli anelli aumenta. Come ne vengono influenzate le prestazioni planetarie? Senza fare analisi matematiche troppo complicate e tralasciando di parlare di "MTF" (*modulation transfer function*) e Strehl, gli osservatori visuali citano spesso una regola empirica, cioè che un telescopio di apertura x con un'ostruzione di apertura y rivela caratteristiche planetarie come se fosse uno strumento di apertura $(x - y)$. In altre parole, uno SCT di 30 cm con un'ostruzione di 10 cm si comporterà come un rifrattore apocromatico (un rifrattore senza aberrazione cromatica visibile) di 20 cm. La maggior parte degli osservatori planetari pensa che questa regola sia corretta anche se, per l'osservazione della Luna, dove il contrasto disponibile è molto elevato, una grande ostruzione centrale non sia un vero problema. Naturalmente, c'è un'altro fattore da tenere presente. Uno strumento di 30 cm con un'ostruzione di 10 cm ha ancora due volte la capacità di raccogliere luce di un rifrattore di 20 cm. Con più luce a disposizione si ha un rapporto segnale/rumore più alto nelle immagini della *webcam* (a parità di scala dell'immagine) e si può scegliere un'esposizione più breve per congelare meglio la turbolenza atmosferica. Per le grandi aperture ci sono anche alcuni aspetti negativi, perché lo strumento sarà più pesante e difficile da manovrare, con una massa termica notevole e che, comunque, raramente sarà in grado di raggiungere il suo limite teorico. Se volete simulare le prestazioni ottiche di un telescopio, vi consiglio caldamente di scaricare un *freeware* eccellente scritto da Cor Berrevoets. Questo *software* è chiamato *Aberrator* ed è disponibile all'indirizzo **http://aberrator.astronomy.net/**.

Quando cominciai a occuparmi di astronomia amatoriale ero convinto che "grande" fosse sinonimo di "migliore". Volevo il telescopio più grande che potessi acquistare. Alla fine, sono arrivato ad avere un massiccio Newton con un'apertura di 49 cm. Tuttavia, con il passare degli anni, mi è diventato chiaro che il telescopio migliore è quello facile da utilizzare. Un telescopio facile da utilizzare, di qualità, con una montatura affidabile, una buona ottica, che possa essere collimato facilmente, è tutto ciò che occorre. Questo è particolarmente vero nelle osservazioni planetarie, per le quali raramente l'atmosfera consente di vedere dettagli molto più piccoli di 0,5 secondi d'arco. Nel corso degli anni, ho discusso con molti dei più importanti osservatori e *imager* planetari su quale che pensano sia la più grande apertura utile per un telescopio. Molti di loro hanno utilizzato telescopi estremamente grandi, posti ad alte quote e con specchi fino a 1 m d'apertura. Più o meno sono tutti d'accordo sul fatto che un telescopio di 25 cm mostrerà tutto quello che c'è bisogno di vedere nel 95% delle notti, anche quando il pianeta è a 50° o 60° d'altezza sull'orizzonte. È vero che, forse una volta all'anno, ci sono notti eccezionali in cui anche un telescopio di 30, 35 o 40 cm potrebbe essere sfruttabile. Tuttavia, la scarsa maneggevolezza di tali strumenti può avere un effetto negativo sulla voglia di fare dell'osservatore: alla fine, è meglio uno strumento più piccolo, ma maggiormente sfruttabile. Inoltre, le proprietà termiche e la presumibile qualità ottica dei grandi strumenti rendono più difficile trarre vantaggio dall'uso di questi telescopi. Uno dei "Santi Graal" dell'osservazione planetaria è vedere l'elusiva Lacuna di Encke nell'anello A di Saturno. L'oggettiva difficoltà nell'osservare questa caratteristica, anche con grandi aperture, è una testimonianza del fatto che raramente i grandi diametri danno qualche vantaggio all'osservatore planetario. La Lacuna di Encke (da non confondere con il minimo di Encke, che è semplicemente un sottile effetto di ombreggiatura tra le parti interne ed esterne dell'anello A) è una caratteristica che richiama un capello umano, al limite di visibilità degli strumenti amatoriali. Ha uno spessore di 1/20 di secondo d'arco, al di sotto della risoluzione di strumenti con apertura inferiore ai 2 m. Tuttavia, può essere percepita, anche in strumenti di 15 o 20 cm, perché ha un buon contrasto con la parte interna dell'anello A. Malgrado tutto questo, è stata necessaria una notte con un *seeing* perfetto e il rifrattore Lick di 36 pollici per poterla osservare la prima volta nel gennaio del 1888. L'osservazione, definitiva e indiscutibile, fu fatta da James Keeler. La Lacuna di Encke è una caratteristica elusiva anche nell'era delle *webcam*. Tuttavia, usando strumenti di 20 cm con la *webcam*, può essere osservata in condizioni di *seeing* perfetto nelle anse degli anelli di Saturno (cioè nelle "curve" est ed ovest), quando questi sono ben inclinati verso la Terra.

Penso di avere fornito parecchie prove sul fatto che strumenti di grande apertura, di 35 o 40 cm di diametro, non sono necessari per l'osservazione planetaria. Infatti, la loro scarsa maneggevolezza può alla fine risultare intollerabile per l'astrofilo. Ma esiste realmente il telescopio planetario perfetto? Si tratta di una domanda complessa. Tutto quello che posso fare per cercare di rispondere è una lista di alcuni telescopi commerciali che sono stati utilizzati con profitto dai migliori osservatori del mondo, sia usando la *webcam* sia usando il CCD.

Come ho già detto, Damian Peach ha ottenuto immagini sorprendentemente buone con gli SCT della Celestron da 11 e 9,25 pollici (28 e 23,5 cm di diametro). Il C 9,25 gode della fama di essere il migliore SCT planetario che sia possibile comprare. Il motivo è che ha uno specchio principale con un rapporto focale più lungo degli altri SCT (f/2,5 rispetto a f/2,0), il che abbassa sensibilmente la probabilità di avere difetti e aberrazioni ottiche. Inoltre, ha anche un'apertura ideale per sfruttare al meglio quello che l'atmosfera può offrire, ed è assemblato in un tubo ottico leggero e con una bassa massa termica. Conosco molti osservatori che hanno posseduto dei C 9,25 e nessuno ne è rimasto deluso. Il famoso osservatore planetario francese Thierry Legault ha ottenuto risultati impressionanti usando uno SCT Meade LX200 di 30 cm su una montatura equatoriale alla tedesca della Takahashi, combinando così la buona qualità ottica con una guida accurata. Gli SCT hanno solo due svantaggi rilevanti: lo spostamento dello specchio principale con la perdita della collimazione e la formazione di rugiada sulla lastra correttrice (quando la condensazione si verifica sul lato interno, il che può avvenire in condizioni di umidità elevata, può essere molto frustrante perché resta un alone di umidità anche molto tempo dopo che la rugiada è scomparsa). Uno dei migliori strumenti conosciuti per l'*imaging* planetario è il Takahashi Mewlon 250, di tipo Dall-Kirkham Cassegrain. A differenza dei telescopi SCT, i Dall-Kirkham non hanno la lastra correttrice, cosicché le loro ottiche sono esposte all'aria notturna e vanno in equilibrio termico più velocemente. Il Mewlon 250 ha anche la cella dello specchio primario staccabile, e questo consente allo specchio di raffreddarsi molto più rapidamente. Il telescopio è in grado di sfoggiare *performance* eccellenti, ma è molto più costoso di uno SCT della stessa apertura. Tan Wei Leong, che osserva da Singapore, ha ottenuto ottimi risultati usando il suo Mewlon. Anche Don Parker, astrofilo veterano della Florida, ben noto per il suo massiccio Newton di 40 cm f/6, possiede un Mewlon 250. In Gran Bretagna, la Orion Optics produce un eccellente Maksutov planetario chiamato OMC 200, che gode di buona reputazione fra gli astrofili (Figura 3.15). I Maksutov-Cassegrain più recenti (i modelli OMC 300/350) sono destinati sia al lavoro planetario sia a quello sul profondo cielo. Per coloro che hanno un debole per i telescopi russi, la società Intes-Micro produce alcuni Maksutov-Cassegrain e Maksutov-Newton con diametri modesti, ma che sono strumenti eccellenti (Figura 3.16). Il Maksutov-Newton è un progetto particolarmente interessante, perchè combina la qualità di uno specchio Newton a lunga focale con una lastra correttrice per ridurre le aberrazioni tipiche dei newtoniani. Un tale strumento ha un campo di buona definizione di dimensioni simili a quelle di un Newton a lungo fuoco. Tuttavia, altrettanto importante della qualità ottica è come uno strumento si comporta all'atto pratico, quando si trova sotto il cielo notturno. Uno strumento può avere un'ottica perfetta ma se, ad esempio, l'operazione di collimazione è quasi impossibile, allora è ben poco utile. Alcuni dei maggiori Maksutov-Newton in circolazione hanno un'eccellente ottica russa Intes-Micro, ma montata in tubi realizzati da rivenditori meno competenti: acquirenti, fate attenzione! Il sito **web http://www.cloudynights.com** è molto utile da visitare se ci si vuole fare un'idea di come siano i telescopi durante l'utilizzo pratico sul campo, lontano dalle sirene pubblicitarie.

Figura 3.15. L'eccellente Maksutov OMC 200 di 20 cm f/20 della Orion Optics. Un ottimo telescopio compatto. Immagine: Orion Optics.

Figura 3.16. Un altro eccellente telescopio planetario: l'Intes Micro MN78, un Maksutov Newton di 18 cm f/8 con un'ostruzione del secondario bassa e il tubo chiuso. Immagine: Jamie Cooper.

Se avete molti soldi a disposizione, un rifrattore apocromatico di 20 o 25 cm è, probabilmente, il massimo per l'osservatore planetario. Ma considerate questa possibilità solo se siete disposti a spendere 20 o 30 mila euro per il solo tubo ottico. Molte grandi società, specializzate nella costruzione di rifrattori, saranno liete di svuotarvi il portafoglio e fornirvi un tale strumento.

Per quanto mi riguarda, come ho già detto in precedenza, il mio strumento planetario favorito è il Newton di 250 mm f/6,3 della Orion Optics (Figura 3.17). Ha ottiche eccellenti, facili da collimare (RMS di 1/45 d'onda), l'oculare collocato a un'altezza comoda per l'osservatore e una ventola di raffreddamento dietro lo specchio primario. Il tubo, dello spessore di 1 mm, si raffredda velocemente fino alla temperatura ambiente ed è ancora abbastanza rigido da tenere tutto il sistema ottico collimato. Il telescopio si caratterizza anche per un insolito doppio cerchio che sorregge il secondario ed elimina le punte di diffrazione (*spike*) attorno alle stelle più luminose (Figura 3.18). L'unica modifica che ho fatto è stata l'aggiunta di un focheggiatore motorizzato della JMI. Solo il tubo ottico pesa 11 kg. Tuttavia, anche questo sistema non è perfetto. La montatura Sphinx con cui il telescopio è stato fornito è al suo limite di carico massimo e il lungo tubo del Newton è molto sensibile ai colpi di vento e alle vibrazioni, specialmente se l'osservatore cambia i filtri durante l'uso. Un Newton di un certo peso, per evitare problemi di vibrazioni, ha bisogno di una montatura molto più robusta rispetto a uno Schmidt-Cassegrain dello stesso peso. Una soluzione a questo tipo di problema, e di gran lunga più a buon mercato di una montatura robusta, è il cosiddetto "montante di Hargreaves". Questa modifica, chiamata così in onore dell'astrofilo britannico F. James Hargreaves costruttore di telescopi e presidente della BAA in tempo di guerra per rinforzare il sistema telescopio+montatura impiega un montante (con giunti universali) posto tra la fine del tubo del telescopio e il braccio del contrappeso della montatura

Figura 3.17. L'autore e il suo Newton SPX di 250 mm f/6,3 della Orion Optics. Immagine: Martin Mobberley.

Figura 3.18. L'insolito sostegno dello specchio secondario del Newton dell'autore. Questa progettazione elimina gli *spike* di diffrazione intorno alle stelle più luminose. Immagine: Martin Mobberley.

equatoriale alla tedesca, in modo da ridurre le vibrazioni.

Indubbiamente, i migliori "telescopi planetari" sono quelli progettati e costruiti dallo stesso astrofilo per il proprio uso. L'ATM (Amateur Telescope Making), cioè l'autocostruzione di un telescopio, è stato un *hobby* in declino per tutti gli anni '80 e '90 del secolo scorso e anche oggi è poco praticato. Questo stato di cose è in gran parte causato della produzione di massa dei telescopi amatoriali e dal poco tempo libero che lascia il lavoro. Tuttavia, c'è anche un altro aspetto che va considerato. Molti fanatici dell'ATM sono di gran lunga più interessati alla costruzione dei telescopi che al loro utilizzo. L'ATM è la loro passione, non l'osservazione. Per quanto mi riguarda, è il contrario. Il telescopio è lo strumento per svolgere il lavoro. Il mio *hobby* è l'*imaging* di oggetti astronomici, non costruire telescopi, quindi preferisco spendere tempo all'oculare o all'elaborazione delle immagini che lavorare dietro a un tornio. Però, mentre l'astrofilo medio con un lavoro e la famiglia al seguito, semplicemente non ha il tempo per fare l'ottica del telescopio o un telescopio *ex novo*, il tubo del telescopio è qualcosa che si può personalizzare. Il Newton è il tubo più facile da modificare, e miglioramenti eccezionali possono essere ottenuti semplicemente aggiungendo ventole di raffreddamento, costruendo un sistema di supporto del secondario più sottile o, più importante di tutto, rendendo il sistema più rigido e facile da collimare. Come ho già detto in precedenza, decenni fa, gli astrofili per i loro Newton usavano tubi di mogano piuttosto che di alluminio per evitare che il metallo generasse correnti d'aria lungo il cammino ottico. Spesso, l'interno del tubo era ricoperto con sughero per ridurre ulteriormente le correnti termiche. Se il tubo del Newton è solo poco più largo dello specchio primario, le correnti termiche durante il raffreddamento del tubo sono molto più fastidiose. Un tubo Newton dovrebbe avere un raggio di alcuni centimetri più grande di quello dello specchio. Tuttavia, abbiamo visto che quando un tubo diventa più "aperto" verso l'esterno è più probabile che si formi la rugiada sugli specchi, sia il principale che il secondario. La rugiada può essere facilmente rimossa con un asciugacapelli, ma impedire che si formi è senz'altro meglio. D'altra parte, però, usare una fascia anticondensa può introdurre una turbolenza permanente lungo il percorso ottico, mentre il flusso d'aria di un asciugacapelli è momentaneo e la turbolenza si dissolverà in fretta. Naturalmente, non appena il principale o il secondario tornano a raffreddarsi, la rugiada inizierà a formarsi di nuovo e bisognerà ripetere l'operazione. A proposito di Newton planetari fatti su ordinazione, va citato il Newton planetario a lungo fuoco di Mike Brown (astrofilo di York, U.K.). Questo telescopio è mostrato nella Figura 3.19, mentre la cella del suo specchio è visibile nella Figura 3.20. Lo strumento rimarrà collimato a vita perché il campo di buona definizione "*diffraction-limited*" è molto più grande della norma per questo tipo di strumenti.

Visto che il telescopio dell'osservatore planetario con *webcam* non deve essere di grande diametro, la costruzione di un semplice Osservatorio è alla portata anche del *bricoleur* meno entusiasta. Per il mio Newton di 250 mm ho pensato a lungo quale poteva essere il riparo migliore, facile da utilizzare e poco ingombrante. Alla fine, sono arrivato al progetto mostrato nella Figura 3.17.

Dato che per un osservatore planetario non è essenziale un preciso allineamento polare, il telescopio scivola su rotaie uscendo da una struttura simile a una cuccia per il cane, collegata alla parete sud-est della casa. Il tutto può essere attivato e reso funzionante in pochi minuti, e la parte più pesante che deve essere spostata è proprio lo strumento.

Prima di finire questo capitolo, vorrei dire alcune parole sulle ottiche scadenti. La Figura 3.21 mostra il grafico ottenuto con un interferometro Zygo su uno specchio di 40 cm di diametro, pubblicizzato per una lavorazione di 1/10 PV ma che in effetti arriva solo a mezz'onda! Questo specchio è stato prodotto da un costruttore minore che dichiarava che i suoi specchi erano superiori a quelli prodotti in serie. In effetti, sono di qualità inferiore. Per fortuna, questo costruttore non ha proseguito a lungo la sua atti-

Figura 3.19. Il Newton di 250 mm f/9,3 di Mike Brown (York, Gran Bretagna). Lo strumento al fuoco Newton ha un campo, limitato solo dalla diffrazione, di quasi 18 mm di diametro. Immagine: Mike Brown.

Figura 3.20. Una cella ben progettata per lo specchio principale di un Newton è quella realizzata da Mike Brown per il suo telescopio di 250 mm. Notare i tre triangoli con i nove punti di appoggio e la struttura aperta che consente la circolazione dell'aria. Un'attenzione considerevole è stata posta per rendere la cella concentrica con i fori di montaggio sul tubo. Immagine: Mike Brown.

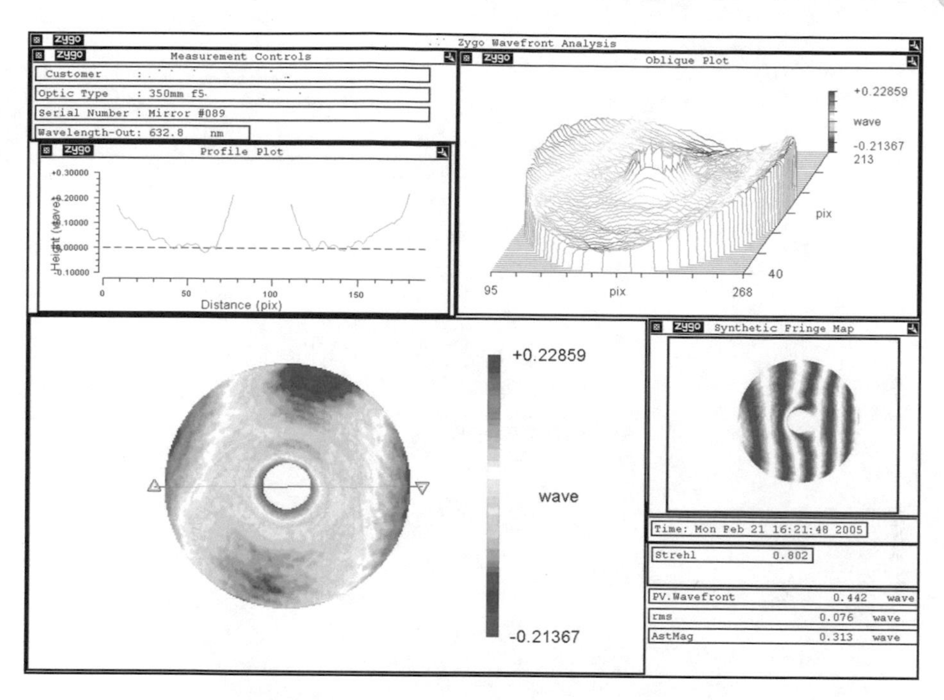

Figura 3.21. Uno specchio spacciato per "1/10 PV" è risultato essere corretto a 0,442 lunghezze d'onda, ossia 4,4 volte peggio di quanto pubblicizzato. In questo strumento le immagini delle stelle erano notevolmente poco incise e quelle planetarie deludenti per uno strumento di 350 mm di diametro. Immagine: Orion Optics.

vità, perché ha dovuto fare i conti con la potenza di un interferometro Zygo.

Infine, prima di terminare il capitolo sull'alta risoluzione, vorrei che esaminaste la Figura 3.22, che è un'immagine, ripresa da Damian Peach, delle figure di diffrazione intra- ed extrafocale viste in un Maksutov di 25 cm f/12,5 di buona qualità ottica, ma progettato piuttosto male. Il tubo ottico, malgrado il costo elevato, è stato ventilato in modo così scarso che non potrà mai fornire risultati di qualità. Infatti, confrontato con uno SCT di 23,5 cm della Celestron, che costa un ottavo del prezzo del Maksutov, dava prestazioni nettamente inferiori. Ricordatevi che pagare un prezzo elevato non significa automaticamente sfoderare buone *performance* ottiche!

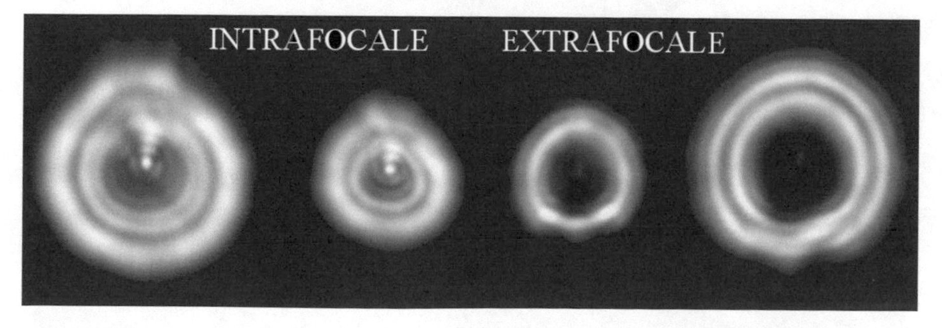

Figura 3.22. I problemi termici di un costoso Maksutov-Cassegrain sono evidenti quando se ne esamina la figura di diffrazione in infra- ed extra focale. La distorsione segnala un problema con la dissipazione del calore. Immagine: Damian Peach.

CAPITOLO QUATTRO

Gli *imager* planetari

Nonostante la facilità con cui si possono ottenere ottime immagini dei pianeti, gli *imager* planetari sono pochi rispetto al resto degli astrofili. In tutto il mondo solo dieci o dodici *imager* planetari ottengono risultati abbastanza buoni da poter essere utilizzati anche dagli astronomi professionisti. Indubbiamente, il motivo di questa situazione è la difficoltà di avere un buon *seeing* e un cielo limpido, per non parlare della dedizione e delle conoscenze che si richiedono per ottenere buoni risultati. Tuttavia, quella sparuta pattuglia persevera nella sua scelta e può essere interessante soffermarsi a studiare i metodi di ciascuno. Il maggior esperto del mondo di *imaging* planetario è Donald Parker di Coral Gables, Florida (USA). Parker si è formato nel periodo in cui si praticava ancora la fotografia planetaria e le sue fotografie di Marte, Giove e Saturno sono state, per molti anni, qualcosa a sé. Per avere un'idea dei risultati ottenuti sui pianeti dagli astrofili degli anni '80, utilizzando solo le pellicole, leggete il libro di Parker-Dobbins-Capen *Observing and Photographing the Solar System*, pubblicato dalla Willmann-Bell nel 1988.

Il primo telescopio fotografico di Parker era un Newton di 32 cm f/6,5 ma per molti anni il suo strumento principale fu un massiccio Newton di 40 cm f/6, mostrato nella Figura 4.1. Parker ha però utilizzato anche un 40 cm Meade LX200 f/10 (messo successivamente su una montatura Paramount) e un Takahashi Mewlon di 25 cm, usato nelle notti dove non erano richieste l'apertura e la risoluzione del 40 cm. La località da dove osserva Don Parker presenta notevoli vantaggi per l'osservazione dei pianeti. La Florida, infatti, è un'area umida degli Stati Uniti sud-orientali, non lontano dai Caraibi; l'area è rinomata per il *seeing* stabile, specialmente sulla costa, vicino al mare, ove prevale un flusso d'aria laminare. Una volta, un noto produttore di telescopi e oculari dichiarò che il *seeing* nelle Florida Key (la catena di isole che dalla Florida meridionale si allunga verso sud-ovest, n.d.t.) era così stabile che non aveva bisogno di un laboratorio con una stella artificiale per i test sugli strumenti. Inoltre, la Florida è a 26° di latitudine nord: quindi i pianeti possono arrivare ad altezze sull'orizzonte che molti di noi (me incluso) possono solo sognare. Quando si trovano alle loro massime declinazioni settentrionali, Marte, Giove e Saturno qui passano praticamente allo zenit. Naturalmente c'è lo svantaggio che, purtroppo, si tratta di una zona regolarmente battuta dagli uragani! Negli anni '80 del secolo scorso, la posizione e la lati-

Figura 4.1. Il Newton di 40 cm f/6 di Donald Parker a Coral Gables, Florida. Probabilmente il telescopio planetario più produttivo di tutti i tempi, uno dei pochi strumenti che ha attraversato indenne l'era fotografica e quella con CCD e *webcam*! Immagine: Donald Parker.

tudine favorevole di Parker (così come la sua grande dedizione) lo hanno posto in vantaggio rispetto agli altri astrofili, ma l'avvento dell'era dei CCD e delle *webcam* ha ridotto, almeno in parte, questo vantaggio. Infatti, nell'era della fotografia planetaria, un *seeing* scarso (condizione prevalente in molte località, specialmente quando i pianeti sono bassi sull'orizzonte) costituiva una barriera insuperabile per l'osservatore; per fortuna, le *webcam* e la loro capacità di congelamento del *seeing* hanno significativamente ridotto il divario fra siti diversi. Inoltre, usando le tecniche digitali, gli effetti della dispersione atmosferica possono essere ridotti riallineando i diversi colori di cui è composta un'immagine. Oggigiorno, Parker utilizza il suo Newton a grande apertura semplicemente per ottenere immagini con un migliore rapporto segnale/rumore rispetto al resto degli astrofili. Per i pianeti viene utilizzata una lente di Barlow 2,3×, per portare il 40 cm a un rapporto focale di f/14. Il sistema, utilizzato con una ToUcam Pro, ha una lunghezza focale abbastanza modesta, solo 5600 mm. L'anno scorso, Parker ha cominciato a lavorare con una *webcam* a colori AtiK, con *pixel* di 7,4 micrometri a f/22, che fornisce una scala dell'immagine di 0,17 secondi d'arco per *pixel*.

Alla fine degli anni '80, l'astrofilo giapponese Isao Miyazaki produceva fotografie planetarie di qualità pari alle migliori fatte da Don Parker. Per la ripresa, Miyazaki utilizzava un massiccio e professionale Newton di 40 cm f/6, alloggiato sul tetto del suo appartamento sull'isola di Okinawa. Miyazaki è arrivato sulla scena contemporaneamente alla comparsa sul mercato della pellicola 2415 della Kodak che, con la sua grana ultrafine, ha aiutato notevolmente a migliorare la qualità delle immagini planetarie. Inoltre, Okinawa è alla latitudine di 27° nord, non troppo diversa da quella della Florida. Ora il Newtoniano di Miyazaki è alloggiato in una bella cupola, come mostrato nella Figura 4.2.

Alla fine degli anni '90 due *imager* CCD hanno portato la qualità delle immagini planetarie a un livello senza precedenti. Il primo è Frenchman Thierry Legault che, utilizzando un 30 cm Meade LX200 e una camera CCD Hi-Sis 22, è riuscito a raggiungere risultati sor-

Figura 4.2. Il magnifico Newton di 40 cm f/6 di Isao Miyazaki di Okinawa, Giappone. Miyazaki è uno degli osservatori planetari più esperti del mondo. Il telescopio è stato costruito da Yasuyuki Nagata nel 1988. Le ottiche sono di Ichirou Tasaka. Immagine: Isao Miyazaki.

prendenti. Probabilmente, Legault è stato il primo fra gli *imager* moderni a considerare tutti i fattori coinvolti nella ripresa digitale: la perfezione nella collimazione ottica del telescopio, la messa a fuoco, la somma di dozzine di immagini e l'elaborazione accurata erano il suo marchio caratteristico. Le immagini di Saturno con la Lacuna di Encke hanno lasciato senza parole astrofili e professionisti.

Con la fine del XX secolo è emerso un altro *imager* planetario di prima classe (che peraltro opera da siti impossibili): l'inglese Damian Peach (Figura 4.3). Benché il *seeing* della Gran Bretagna non sia peggiore di quello che si trova in molte altre località del mondo, l'Inghilterra meridionale è alla latitudine di 50°-52° nord e nella stragrande maggioranza le notti sono nuvolose. Tuttavia, alle soglie del XXI secolo, sia Giove che Saturno erano a declinazioni settentrionali e Damian, dal suo appartamento al settimo piano di Norfolk, è riuscito a sfruttare appieno la nuova tecnologia e le tecniche CCD. Dopo essere stato nel Kent per un breve periodo, Damian decise che doveva lasciarsi dietro i cieli nuvolosi dell'Inghilterra e, nel 2002, si trasferì sull'isola di Tenerife (con Giove e Saturno quasi allo zenit). Con il trasferimento, Damian passò da un 30 cm LX200 della Meade a un 28 cm

Figura 4.3. Damian Peach, probabilmente il miglior *imager* planetario del mondo. Damian ha alzato la qualità e imposto nuovi standard per l'*imaging* planetario. Qui viene mostrato accanto al famoso Newton di 38 cm f/6 di Patrick Moore a Selsey, Gran Bretagna. Immagine: Martin Mobberley.

della Celestron e i risultati che ha ottenuto nel 2002 e nel 2003 hanno innalzato i già notevoli standard qualitativi raggiunti dai suoi predecessori. Inoltre, la grande esperienza di Damian, che deriva dall'avere osservato in ogni notte serena, sia in Inghilterra sia a Tenerife, ha prodotto conclusioni interessanti. Per prima cosa, Damian ha capito che Tenerife è lontano dall'essere un sito ideale per quanto riguarda il *seeing*. Infatti, ha incontrato notti con le immagini dei pianeti molto agitate, per lo più quando si trovava sul lato sottovento del Monte Teide e l'aria turbolenta scorreva ricadendo all'indietro sul suo lato della montagna. Sicuramente, l'isola di Tenerife è una postazione osservativa migliore dell'Inghilterra, ma più per il gran numero di notti serene e per l'altezza dei pianeti sull'orizzonte che per il *seeing*. L'altro enorme vantaggio, naturalmente, consisteva nella confortevole temperatura notturna, ben lontana da quella delle rigide notti invernali a cui era abituato Damian in Gran Bretagna. Damian ha ottenuto un successo straordinario con gli Schmidt-Cassegrain Celestron 11 e Celestron 9.25 e, per molti aspetti, è il successore dell'inglese Terry Platt, che ha aperto la strada dell'*imaging* CCD inglese grazie alla sua società, la Starlight Xpress. Prima di Terry, il migliore fotografo planetario inglese era il leggendario costruttore di specchi Horace Dall. È incredibile che due dei migliori *imager* planetari del mondo vivano a distanza di un paio di chilometri l'uno dell'altro, vicino a Loudwater (Inghilterra): il primo è Peach e l'altro è Dave Tyler (Figura 4.4), ora proprietario del Celestron 11 che fu di Damian, che sta producendo ancora fantastiche immagini planetarie.

In questi ultimi anni sono emersi due astrofili dell'Estremo Oriente, specializzati nell'*imaging* planetario. Si tratta di Eric Ng di Hong Kong e di Tan Wei Leong di Singapore. Entrambi hanno osservato da appartamenti cittadini, utilizzando un'apparecchiatura relativamente modesta. Tan Wei Leong ha ottenuto immagini eccellenti usando un Celestron

Figura 4.4. L'*imager* inglese Dave Tyler con il suo Celestron 11 (prima posseduto da Damian Peach) e un Maksutov di 15 cm. Immagine: Dave Tyler.

11, prima di passare a un Takahashi Mewlon 250 di ottima qualità. Leong ha anche utilizzato un riflettore Cassegrain di 40 cm, del Singapore Observatory, durante l'opposizione di Marte del 2003. Per ottenere i suoi notevoli risultati in campo planetario Eric Ng (Figura 4.5), utilizza dei semplici riflettori Newton di 25 e 32 cm di diametro, aperti a f/6. I suoi riflettori hanno gli specchi fatti dall'ottico americano William Royce, un famoso costruttore di specchi astronomici.

Anche Ed Grafton, di Houston, Texas (Figura 4.6) per molti anni è stato uno degli *imager* planetari *leader* nel mondo, benché abbia in gran parte resistito alla rivoluzione delle *webcam*, preferendo l'utilizzo di una camera CCD, la SBIG ST5c. La scelta controcorrente di Grafton ha queste motivazioni: quando ci si trova in condizioni di *seeing* eccellente, non viene sfruttato il principale vantaggio di una *webcam*, ossia la capacità di riprendere migliaia di immagini in poche decine di secondi (in tale modo una certa frazione sarà abbastanza buona da poterla sommare in un'immagine finale meno rumorosa). Se il telescopio si trovasse nello spazio (quindi in condizioni di *seeing* assolutamente perfetto), come nel caso del Telescopio Spaziale "Hubble", sarebbe sufficiente riprendere una singola immagine e questa sarebbe una vera istantanea del pianeta (piuttosto che una composizione di immagini riprese nel corso di alcuni minuti). Generalmente, le camere CCD astronomiche hanno una maggiore efficienza quantica delle *webcam*; inoltre, hanno la possibilità di fare esposizioni più lunghe e sono raffreddate a bassa temperatura. Tutto questo implica che le singole immagini CCD sono molto meno rumorose rispetto a quelle ottenute con la *webcam*. In questo modo, una buona immagine con una camera CCD raffreddata può essere ottenuta sommando anche solo alcune dozzine o, al massimo, un centinaio di *frame* grezzi, piuttosto che centinaia o migliaia di *frame*. È stato proprio questo l'approccio di Ed Grafton con il suo Celestron 14, e la tecnica ha funzionato bene. Come Don Parker, che sta 1600 km più ad est, opera negli Stati Uniti meridionali, alla latitudine di 30° nord: anche qui i pianeti transitano a un'altezza sull'orizzonte più che discreta.

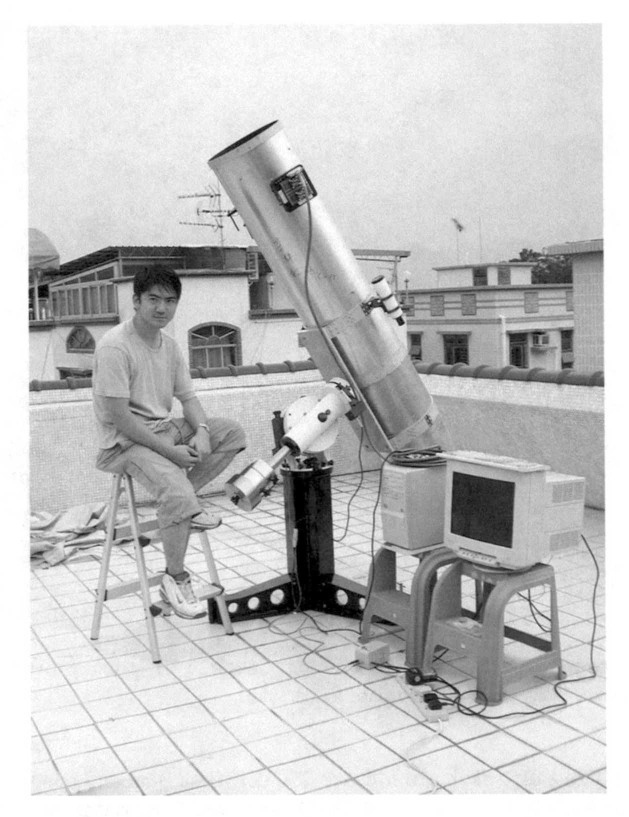

Figura 4.5. Eric Ng di Hong Kong con il suo Newton di 32 cm f/6, con ottiche William Royce e una montatura Astrophysics. Immagine: Eric Ng.

Figura 4.6. Ed Grafton (sinistra) e Don Parker (destra) posano davanti al Celestron di 35 cm di Grafton nel suo Osservatorio di Houston. Immagine: Ed Grafton.

Figura 4.7. L'osservatore francese Christophe Pellier, uno degli *imager* planetari più attivi del mondo, con il suo modesto ma produttivo Newton di 180 mm. Immagine: Christophe Pellier.

Christophe Pellier (Figura 4.7) è un altro *imager* degno di essere citato. Osservando dalla Francia, Christophe ha ottenuto ottime immagini planetarie con aperture sorprendentemente piccole, per esempio con un Newtoniano di soli 180 mm di apertura.

Un suo compatriota, Bruno Daversin, ha adottato l'approccio contrario, utilizzando un massiccio Cassegrain di 60 cm del Ludiver (l'Osservatorio Planetario del Cap de la Hague) per ottenere le immagini lunari più nitide mai riprese dalla Terra. Per inciso, vale la pena sottolineare che la Francia ha sempre avuto un buon numero di ottimi osservatori planetari, anche se non tutti francesi di nascita. Nell'era della fotografia dominava la scena Jean Dragesco che, nel 1995, scrisse un ottimo libro, intitolato *High Resolution Astrophotography*. Dragesco ha osservato da molte località eccellenti durante la sua carriera astrofotografica, ma ora si è ritirato a vivere nella Francia meridionale. Un'altra "leggenda" astrofotografica francese degli anni '70 e '80 era Christian Arsidi, che ha ottenuto ottimi risultati sulla Luna utilizzando un Takahashi Mewlon Dall-Kirkham Cassegrain di 250 mm e un Cassegrain di 310 mm. Negli anni '80 e '90, un altro parigino, Gerard Therin, ha sbalordito gli astrofili con le sue immagini della Luna riprese con uno Schmidt-Cassegrain Celestron di 203 mm. Per un certo tempo, Arsidi e Therin hanno anche collaborato fra loro. Infine, ricordo Georges Viscardy (che sono andato a trovare nel 1989), che ha costruito un Osservatorio impressionante sulle colline a nord di Nizza, caratterizzato da un massiccio Cassegrain di 51 cm e da un Newton di 30 cm f/7. Viscardy ha pubblicato un poderoso atlante fotografico lunare durante gli anni '80, naturalmente della più alta qualità.

Subito prima dell'era delle *webcam*, un altro *imager* della Florida, Maurizio Di Sciullo, utilizzando un Newton di 25 cm f/8, è diventato famoso per la ripresa di immagini che mostravano dettagli sui satelliti di Giove! Ricordo la prima volta che ho visto una delle sue immagini di Giove, in cui si riconoscevano dettagli sul satellite Ganimede: rimasi senza parole. Maurizio, per la sua immagine, ha utilizzato una camera CCD monocromatica della Starlight Xpress, dotata di una ruota porta-filtri. La Figura 4.8 mostra il Newton di 250 mm f/8 di Maurizio, che ha innalzato la qualità delle immagini planetarie a livelli senza precedenti.

Nell'era delle *webcam* sono emersi numerosi *imager* planetari, ma quelli di alta qualità sono piuttosto rari. In Portogallo, Antonio Cidadao si è specializzato nell'*imaging* planetario con filtri, come la ripresa di immagini di Giove nella banda del metano. Tale lavoro trae un notevole beneficio dall'uso di grandi aperture, e Antonio utilizza uno Schmidt-Cassegrain LX200 di 35 cm. In Italia, Paolo Lazzarotti ha ottenuto ottime immagini lunari e planetarie, e in Spagna Gesù Sanchez per molti anni è stato il migliore *imager* planetario del Paese. Nelle Filippine, Chris Go ha raggiunto risultati notevoli usando un 20 cm della Celestron, mentre Jim Phillips negli Stati Uniti utilizza due TMB apocromatici di 20 e 25 cm. In Giappone, Toshihiko-Ikemura è probabilmente il più prolifico *imager* planetario per quanto riguarda Marte.

Molti di questi osservatori vivono in posizioni favorevoli, ma non tutti. Tuttavia, anche se si vive in un sito spesso nuvoloso e ad alta latitudine, non tutte le speranze sono perse. Un bel viaggio all'estero, anche usando una strumentazione relativamente modesta, può produrre risultati eccellenti, come vedremo ampiamente nel prossimo capitolo.

Figura 4.8. Un telescopio che ha innalzato il livello dell'*imaging* planetario: il Newton di 250 mm f/8 di Maurizio Di Sciullo, caratterizzato da un'ottica eccellente e da un tubo ricoperto di sughero con una vernice estremamente riflettente. Immagine: Maurizio Di Sciullo.

CAPITOLO CINQUE

Viaggiare con la *webcam*

Gli osservatori planctari posti alle alte latitudini settentrionali e meridionali hanno un enorme svantaggio rispetto ai loro colleghi più vicini all'equatore. Prendete la mia situazione, ad esempio. Vivo alla latitudine di +52° nord, così, anche nel caso più favorevole, la massima altezza dei pianeti sopra il mio orizzonte meridionale (quando sono alla declinazione di + 23°) è di 90° - 52° +23° = 61°. Il più delle volte, però, i pianeti sono ad altezze molto inferiori: diciamo che un'altezza di 40° è già buona per i pianeti visti dall'Inghilterra. Quando però si portano a declinazioni negative, si resta senza speranza. Marte, nelle opposizioni perieliche, è particolarmente sfavorito dalla Gran Bretagna, dato che si alza sull'orizzonte meridionale di soli 20°. Anche se per avere immagini decorose si possono usare filtri a banda stretta, specialmente nel rosso lontano, i filtri non sono un valido sostituto di una buona altezza sull'orizzonte. Le basse altezze non solo causano la dispersione della luce nei colori fondamentali, ma scontano anche un *seeing* più povero (perché è maggiore lo strato d'aria che deve essere attraversato dalla luce) e un forte degrado dell'immagine nella parte blu dello spettro.

Tuttavia, a questo problema c'è una soluzione, compatibile con l'utilizzo di una *webcam*, un computer portatile e un modesto telescopio: consiste nel viaggiare all'estero per un paio di settimane (o più) in coincidenza con il periodo di opposizione del pianeta. I voli aerei non sono mai stati così economici e la strumentazione planetaria non è mai stata così trasportabile. Ma quali sono i posti migliori in cui è possibile recarsi e cosa bisogna portarsi dietro?

Le località per la vacanza

Naturalmente, la destinazione dipende da dove si vive; è improbabile che un astrofilo negli Stati Uniti preferisca una destinazione mediterranea a una caraibica, a meno che non voglia combinare un viaggio turistico con un po' di astronomia. In ogni caso, il requisito fondamentale è dirigersi il più possibile verso l'equatore, in modo che il pianeta sia il più in alto possibile sull'orizzonte. Inoltre, è essenziale scegliere una località che abbia cieli limpidi per gran parte del tempo, così come un sito rinomato per il buon *seeing*. Dato che ci stiamo preparando a raggiungere una località vicina all'equatore, dovremo preoccuparci delle temperature notturne, a meno che non siamo abbastanza fortunati da avere accesso a una posizione d'alta quota: è infatti sorprendente quanto diminuisca la temperatura, rispetto al livello del mare, quando si sale di alcune migliaia di metri. Se state pianificando una sessione ad alta quota, tenete presente che potranno sorgere problemi se lavorerete sopra i 2000-2500 m. Purtroppo, negli anni scorsi, si sono registrati anche alcuni casi fatali quando esploratori o astrofili impreparati sono saliti ad alta quota di notte, hanno sofferto il freddo, che li ha confusi e disorientati, e hanno tentato di scendere per strade di montagna gelate, con il parabrezza ghiacciato. Non sopravvalutate mai la vostra capacità di lavorare in alta quota e con temperature basse. Assicuratevi sempre che l'abbigliamento termico sia a prova di vento e adatto all'ambiente (Figura 5.1). Per le osservazioni planetarie, dove la trasparenza del cielo non è un parametro critico, sono meglio le basse quote. Se non altro, le piacevoli temperature notturne che si hanno al livello del mare vicino ai tropici vi permetteranno di lavorare più a lungo e di ottenere buoni risultati prima che la fatica abbia il sopravvento (Figura 5.2).

Le località che si trovano vicino al mare sono favorite spesso dal buon *seeing*

Figura 5.1. L'abbigliamento, leggero ma caldo, usato da Dave Tyler per le lunghe notti fredde all'aperto. Notate l'asciugacapelli per rimuovere la rugiada: un accessorio notturno essenziale per la maggior parte dei climi. Immagine: Dave Tyler.

Figura 5.2. Damian Peach, quando risiedeva a Tenerife, apprezzava le serate molto più calde rispetto a quelle inglesi. Notate l'apparecchiatura modesta e trasportabile. Immagine: Damian Peach.

(ammesso che non ci si trovi sul lato sottovento di un'isola, direttamente sotto l'aria turbolenta che proviene dalle colline o dalla montagna centrale). Come posizione è di gran lunga consigliabile essere sul lato dell'isola colpito direttamente dal flusso d'aria laminare proveniente dal mare: bisogna collocarsi sul lato sopravento. Per la verità, sarebbe meglio trovarsi in un sito dove non ci sono venti, dal livello del suolo fino ad alta quota, perché è questa la situazione che garantisce un *seeing* ottimale. Per fortuna, il mare si comporta come un enorme serbatoio di calore e tende a mitigare le escursioni termiche fra la notte e il giorno, condizione essenziale per avere un *seeing* ottimo. In un mondo ideale, l'isola dei sogni dell'*imager* planetario dovrebbe avere sempre la stessa temperatura sul mare, nell'aria e al suolo, giorno e notte. Quando si è completamente circondati dall'acqua, si è notevolmente agevolati in tal senso.

La Florida, specialmente lungo la regione costiera, è rinomata per l'ottimo *seeing*. La punta meridionale si allunga fin quasi a una latitudine di 25° nord, ma per chi viene da nord meglio ancora sarebbe arrivare fino alle isole dei Caraibi: paradisi tropicali, con i pianeti ancora più alti sull'orizzonte e un *seeing* eccellente. Che cosa volere di più?

Naturalmente, se andate alla ricerca delle migliori località sulla Terra per buon *seeing* e cieli limpidi, non dovete fare altro che recarvi dove si trovano i migliori Osservatori professionali. Gli astronomi professionisti spendono anni nella ricerca del miglior sito per *seeing*, scarse precipitazioni, bassa umidità e cielo buio. La maggior parte di queste postazioni di alta quota sono eccellenti per osservazioni planetarie, tranne che per l'accessibilità, la scarsità di ossigeno e le rigide temperature notturne (incidentalmente, un'umidità elevata è spesso ideale per le osservazioni planetarie, ma l'umidità bassa è indicativa di un clima asciutto, senza pioggia e senza nubi). Di solito, l'Osservatorio dell'ESO sul Cerro Paranal, posto nel deserto cileno di Atacama, ha un *seeing* di 0,6 secondi d'arco; in Europa, anche l'Osservatorio del Pic du Midi, nei Pirenei francesi, ha un buon *seeing*. Jean Dragesco, nel suo libro *High Resolution Astrophotography*, ha sottolineato che i climi di molti Paesi dell'Africa equatoriale sono eccellenti per la fotografia planetaria, anche se molto dipende dalla stagione e da dove è situato esattamente l'osservatore.

Per l'astrofilo dell'Europa settentrionale, l'isola di Tenerife è una meta per vacanze economiche, con voli regolari, e ospita un Osservatorio professionale sulle pendici del monte Teide. Come ho già avuto modo di dire, Damian Peach ha passato un anno a Tenerife e ha ripreso alcune delle migliori immagini amatoriali di Giove e Saturno mai ottenute dal suolo. Tuttavia, in parecchie notti il *seeing* era lontano dall'essere eccellente. Il vero vantaggio di Tenerife rispetto all'Europa è costituito dal gran numero di notti serene e dal fatto che i pianeti sono più alti sull'orizzonte e quindi la dispersione atmosferica non è un problema. Nel periodo in cui ha osservato Damian, sia Giove sia Saturno erano a una declinazione di +20°, cosicché passavano praticamente allo zenit di Tenerife. La vicina isola di La Palma è una postazione anche migliore, sebbene sia raggiunta da un minor numero di voli perché non è un centro turistico al livello di Tenerife. Il William Herschel Telescope è collocato in un sito ad alta quota di La Palma e il *seeing* è eccezionalmente buono. Se potete recarvi in un sito vicino a un Osservatorio professionale, potete stare sicuri che le condizioni di *seeing* saranno buone; tuttavia, prima, dovrete ottenere l'autorizzazione. Non è strano che i principali Osservatori astronomici del mondo abbiano regolamenti molto rigidi, per esempio sull'uso di torce nelle loro vicinanze, specialmente quando stanno provando a riprendere stelle di magnitudine +27 o +28! Se vivete in Inghilterra e controllate regolarmente il tempo in attesa di un sistema di alta pressione o di un periodo di buona stabilità atmosferica, non vi sarà sfuggito che le Azzorre godono spesso di condizioni meteo caratterizzate proprio dalla presenza di sistemi di alta pressione. Infatti, molto spesso gli addetti alle previsioni del tempo fanno riferimento "all'alta pressione delle Azzorre". In inverno i sistemi di alta pressione difficilmente si stabiliscono sull'Europa continentale e semmai sono accompagnati da nubi d'alta quota e da aria molto fredda proveniente da nord. In ogni caso, i sistemi di alta pressione prediligono le Azzorre! A latitudini un poco inferiori, ma non troppo lontano da Tenerife, si trova l'isola di Madeira. A partire dal 1800, quest'isola è stata a lungo la meta prediletta dagli osservatori planetari. Madeira ha forse il più stabile di qualsiasi altro luogo dell'Oceano Atlantico. Infatti, durante tutto l'anno, le temperature diurne (e notturne) al livello del mare raramente scendono al di sotto dei 20 °C o salgono al di sopra dei 30 °C. Nel 1877, l'astronomo britannico Nathaniel Green fece un viaggio a Madeira per osservare la grande opposizione di Marte (la stessa durante la quale Schiaparelli dall'Osservatorio di Brera a Milano scoprì i famosi "canali di Marte", n.d.t.). Green osservò Marte dalle colline a est di Funchal, la capitale di Madeira (posta a una quota di 360 m): lo osservò 26 volte su 47 notti, e per 16 notti Green descrisse il *seeing* come buono, eccellente o superbo. Se nel 1877 Green poté trasportare a Madeira un massiccio riflettore di 33 cm di diametro, forse noi astrofili del XXI secolo non dovremmo lamentarci dei nostri leggeri Schmidt-Cassegrain.

A differenza del 1877, oggi l'astrofilo deve solo passare alcune notti su Internet scaricando le statistiche meteo del sito in cui si vuole recare, per farsi un'idea di quanto sia adatta la località prescelta per le sue osservazioni planetarie. Inoltre, è molto probabile che altri *imager* più esperti possano fornire preziose informazioni sulle condizioni meteo e sul *seeing* della maggior parte dei siti più noti e accessibili.

L'equipaggiamento per il viaggio

In un viaggio ideale dedicato all'*imaging* planetario, dovrete trasportare verso la vostra destinazione un'apparecchiatura fragile e costosa: quindi, per prima cosa, avrete bisogno di un'assicurazione adeguata. Quasi sicuramente, l'assicurazione di base fornita dalla maggior parte delle compagnie di viaggio sarà insufficiente. Inoltre, va tenuto ben presente che se si verifica un problema durante l'osservazione, non si può tornare a casa per prendere qualche strumento in grado di risolverlo. Quindi, pensate attentamente a tutto quello che potrebbe servirvi, senza trascurare i possibili imprevisti. Prendete nota degli strumenti e degli accessori che utilizzate a casa, prima di volarvene all'estero: eviterete preoccupazioni, e i risultati saranno senz'altro migliori. Considerate quali sono le parti più delicate del vostro telescopio, quelle che si possono rompere durante il viaggio e, se possibile, portatevi alcuni pezzi di ricambio. Dimenticare anche un solo pezzo importante potrebbe significare non riuscire a ottenere alcun risultato, neppure nella migliore delle notti. Ma di cosa sto parlando? Tanto per cominciare, l'accessorio più importante è un asciugacapelli; si tratta di un'apparecchiatura assolutamente vitale per affrontare il clima di molte delle nostre notti. Anche usando le fasce anticondensa disponibili in commercio, ci sono notti in cui solo un asciugacapelli può impedire la condensazione dell'umidità atmosferica. Purtroppo, gli osservatori planetari devono evitare qualunque cosa che generi calore; in questo caso la tecnica migliore consiste nel fare evaporare l'umidità con l'asciugacapelli, lasciare che tutto si porti di nuovo alla stessa temperatura, e riprendere le immagini prima che si formi di nuovo la condensa. Questa tecnica ci porta a prendere in considerazione un altro punto. Se state osservando da soli in una località d'alta quota, lontano dalla vostra casa, avrete bisogno di molte batterie e, purtroppo, non conosco nessun asciugacapelli che funzioni in modo decoroso se alimentato a batteria. Per questi motivi, il posto migliore da cui osservare è un balcone posto ad una buona altezza dal suolo; preferibilmente orientato verso sud (o verso nord se siete nell'emisfero australe). L'accesso alla corrente di rete diventa un'esigenza prioritaria quando il telescopio continua ad inseguire per tutta la notte, ora dopo ora. Inoltre, contrariamente a quello che si potrebbe pensare, il calore emesso dagli edifici non è poi così temibile per l'osservatore planetario. Infatti, già il suolo stesso su cui ponete il vostro telescopio è una sorgente di calore. Un balcone rivolto a sud, di facile accesso e con tutti i *comfort* è il migliore Osservatorio che possiate avere. In mancanza di questo, collocate il telescopio all'aria aperta e usate cavo e adattatori elettrici per raggiungere le prese elettriche all'interno dell'abitazione. Attenzione a non dimenticare le nozioni di sicurezza elementari: l'erba umida e l'alta tensione non vanno molto d'accordo. Inoltre, avete bisogno di conoscere il tipo di alimentazione e i modelli di presa elettrica presenti nella località della vostra vacanza, e non dimenticate di portare molti adattatori. La tensione elettrica è a 240 o 115 volt? Il vostro telescopio può lavorare con entrambe le tensioni? Quanto misura esattamente lo spazio fra i poli della presa elettrica? Nel 1995 e nel 1998 sono andato in India per partecipare a due spedizioni, una per osservare l'eclisse di Sole e l'altra per la pioggia delle Leonidi. In entrambe le occasioni, dovetti usare dei fiammiferi per bloccare la spina nella presa della parete. Se vi capita, ricordatevi che l'India è abbastanza famosa per l'imprevedibilità delle prese elettriche da parete. Un mio amico stava in un hotel nel quale gli interruttori della sua camera erano nella camera vicina e viceversa! Per accendere o spegnere la luce della sua camera doveva battere sulla parete e i vicini provvedevano!

Avere un balcone nella propria camera da cui osservare è una vera fortuna. Se in prima serata è nuvoloso potete approfittarne per dormire, e balzare dal letto più tardi per vedere se la situazione è migliorata. Non dovete nemmeno portarvi dietro la strumentazione: è sul balcone, già pronta per essere utilizzata. Non preoccupatevi per l'allineamento polare. Dovete farlo solo una volta e marcare la posizione del treppiede: per la volta successiva, basta rimettere il treppiede sopra i segni tracciati e il telescopio è allineato. Tuttavia, individuare il polo celeste può essere problematico se siete vicino all'equatore e non potete vedere la Polare. Osservare il movimento delle stelle quando si spostano vicino all'orizzonte o in meridiano vi dirà quanto è preciso l'allineamento al polo. Per fortuna, l'orientamento polare non è un parametro critico per l'osservazione dei pianeti: anche un allineamento approssimativo, entro pochi gradi del polo, permetterà di ottenere buone immagini planetarie. Con un allineamento approssimativo, lo svantaggio sarà che i pianeti tenderanno a uscire fuori dal campo di vista della *webcam* dopo 5 o 10 minuti; tutto sommato, un di-sagio sopportabile, che non influenza la qualità dei risultati.

Visto che stiamo parlando di montature equatoriali, vale la pena di ricordare che è bene simulare (alcuni mesi prima della partenza) come si comporta il telescopio quando l'asse polare è quasi sul piano orizzontale. Nel caso peggiore, la montatura potrebbe non essere adattabile alle basse latitudini o, più semplicemente, sbilanciarsi e cadere! Infatti, alle alte latitudini ci si trova in una situazione di carico ideale, perché il centro di massa del telescopio grava direttamente sulla montatura. Alle basse latitudini, invece, il sistema è molto più sbilanciato e la massa del telescopio potrebbe addirittura capovolgere il treppiede con la montatura; in queste condizioni correte il rischio che il telescopio vi cada dal balcone. Anche questi scenari da incubo vanno presi in considerazione quando si progetta il viaggio.

Ora c'è il problema di assicurarsi che il telescopio arrivi integro e non come un mucchio di vetri rotti e di plastica contorta. Anche se gli addetti ai bagagli di una qualsiasi linea aerea non sono persone sconsiderate, ciononostante trattano le valigie e i bagagli personali in un modo non troppo diverso da un giocatore di rugby. Un telescopio deve essere trasportato all'interno di una valigia rigida, che va etichettata molto chiaramente sulle facciate esterne con scritte del tipo FRAGILE, DO NOT DROP, THIS SIDE UP e GLASS (in inglese!). Gli addetti al bagaglio non sono maghi; non sanno quello che c'è in una scatola, a meno che non ci sia sopra un'etichetta ben visibile. Dentro la valigia ci dovrebbe essere uno strato di polistirolo espanso, in modo da poter alloggiare il tubo ottico in modo che non abbia possibilità di movimento. Una valigia tipo quelle usate dai fotografi professionisti è l'ideale (quelle in alluminio leggero dotate di serratura), ma può andare bene anche una valigia fatta in casa, purché sia rigida, a prova di ammaccatura e riempita di polistirolo sagomato in modo tale da ospitare di misura il tubo ottico del telescopio. Un telescopio Newton, se necessario, può essere completamente smontato per il trasporto. Il pesante specchio principale può essere imballato nel proprio contenitore compatto in modo tale che il suo peso non lo faccia uscire dalla cella portaspecchio (questo può succedere anche quando il Newton è imballato dai rivenditori professionisti). Di solito, gli specchi principali di modeste dimensioni (al di sotto dei 30 cm di diametro) pesano meno di 10 kg e possono essere ospitati, protetti da una scatola, nella valigia che contiene i nostri abiti. Nessun problema per gli specchi secondari dei Newton, perché sono incollati ai loro supporti e non possono muoversi. Nel caso in cui non siano incollati, prendete in considerazione l'idea di rimuoverli per il viaggio (non si sa mai!). Un elemento essenziale per i viaggi all'estero è un *set* completo di cacciaviti, chiavi inglesi e brugole per ogni componente della strumentazione che potrebbe svitarsi o avere bisogno di una regolata. Gli astrofili, quando viaggiano all'estero, devono sempre pagare un prezzo supplementare per il bagaglio a mano, dato che, di solito, superano il limite di peso consentito Assicuratevi di conoscere in anticipo il peso massimo consentito per il bagaglio e a quanto corrisponde il sovrapprezzo per ogni chilogrammo extra. Nel momento in cui scrivo, bagagli con un peso superiore a 32 kg sono vietati da alcune linee aeree a basso costo, indipendentemente dal fatto che il viaggiatore acconsenta a pagare un extra o meno. È possibile che una volta arrivati in alcuni Paesi con un'apparecchiatura costosa contenuta nella sua confezione originale i funzionari della dogana vi contestino l'importazione clandestina. In questo caso, dovrete firmare moduli in cui dichiarate il contrario e conservarli fino all'uscita dal Paese. Fate attenzione perché in caso contrario potreste avere molte difficoltà con la dogana!

Un accessorio non strettamente necessario e molto pesante è il contrappeso del telescopio. Tuttavia, se si fa una buona pianificazione non è necessario portarlo. I contrappesi originali possono essere lasciati a casa e al loro posto si possono portare più pratici e leggeri cilindri metallici vuoti. Questi ultimi, una volta sul posto, possono essere riempiti di sabbia, risparmiando così molti chilogrammi di bagaglio in eccesso.

Gli astrofili, quando viaggiano all'estero, devono sapersi adattare. Conosco un astrofilo tedesco che, usando una semplice ascia in occasione dell'eclissi del 1991 in Messico, ha costruito un'efficiente montatura pseudo-Dobson ricavandola dalla spalliera del suo letto in hotel. Evito di riferire la reazione dei gestori dell'hotel. Durante la permanenza in Paesi caldi, in precarie condizioni igieniche dovete bere molta acqua (per evitare la disidratazione), ma assicuratevi che sia imbottigliata o bollita per evitare infezioni. Inoltre, evitate di mangiare insalate, creme, gelato o qualsiasi cosa che non sia ben cotta. I problemi di stomaco e dell'apparato digerente possono rovinarvi la vacanza e impedirvi di osservare. Durante le osservazioni in Paesi caldi è probabile che abbiate a che fare con insetti notturni voraci e molto seccanti. Dovete fare attenzione specialmente alle zanzare: alcune specie portano la malaria. Per questo motivo, dovete sottoporvi a vaccinazioni che siano adatte per l'area geografica che intendete visitare. Spesso è necessario adottare più di una strategia repellente contro gli insetti (vedi la Figura 5.3).

Nei Paesi caldi si possono avere seri problemi per il surriscaldamento del tubo del telescopio. Un problema di questo tipo si è presentato a Damian Peach durante un viaggio all'estero. Per risolverlo era necessario smontare il tubo e raffreddarlo dentro casa con un paio di ventilatori, come mostrato nella Figura 5.4. Il lato positivo è che questi Paesi hanno temperature notturne molto piacevoli (Figura 5.5). Per inciso, Damian, nell'aprile 2005, ha passato tre settimane alle Barbados vivendo al piano terra di una villa affittata nella parte sud dell'isola e ha sempre trovato cieli limpidi e un buon *seeing* in 19 notti su 21. L'escursione termica giorno-notte è di gran lunga inferiore a quella continentale e Damian ha dichiarato che l'isola è un posto "veramente ideale, con *seeing* quasi perfetto". Secondo Damian, era necessario uno strumento di 35 cm di apertura per sfruttare al meglio le condizioni del *seeing*, benché, naturalmente, le aperture maggiori abbiano problemi termici più accentuati rispetto agli strumenti più piccoli.

Tutte le volte che ho partecipato a una spedizione per l'osservazione di un'eclisse solare o altro ho sempre fatto diverse prove, a casa, con l'apparecchiatura che avevo intenzione di portarmi in viaggio. È incredibile quello che si può trascurare. Per esempio, nella pianificazione di un'eclisse totale di Sole, molti neofiti dimenticano che, a mano a mano che si avvicina la totalità, il buio cala molto rapidamente e che all'improvviso non si può più vedere la propria strumentazione! Questo è solo un esempio fra i tanti. Chiaramente, prima di partire per il viaggio è necessario portare all'aperto la strumentazione che verrà usata e provarla nell'oscurità per prendere confidenza e vedere se funziona tutto. Se scoprite che avete bisogno di qualcosa che non avevate previsto, scrivetevi un appunto. Dimenticare qualcosa di vitale può essere disastroso quando vi trovate a centinaia di chilometri da casa. Alcuni mesi

Figura 5.3. Damian Peach, armato fino ai denti con deterrenti antizanzara, pronto per una notte di osservazione alle Barbados. Immagine: Damian Peach.

prima della partenza è utile cominciare a redigere una lista di controllo della strumentazione e, appena ci si accorge che manca qualcosa, aggiornarla.

Liste di controllo per la strumentazione planetaria

Come punto di partenza per la vostra, ecco la mia lista personale per le vacanze astronomiche:

- passaporto valido e biglietti;
- telescopio posto in una cassa da imballaggio di qualità;
- etichette: Fragile/Glass/This Way Up;
- cavi per il telescopio e tutti gli accessori;
- adattatori elettrici per il Paese di destinazione;
- cavi di prolunga e prese multiple;
- batterie di riserva per il focheggiatore motorizzato;

- oculari, lenti di Barlow e Powermate; fascia anticondensa e asciugacapelli per la rugiada;
- tappo copriottiche; effemeridi varie;
- accessibilità ad Internet dall'hotel o dall'appartamento/Internet café;
- torce elettriche e relative batterie di ricambio;
- strumenti per la collimazione del telescopio;
- cacciaviti e chiavi inglesi per ogni possibile necessità;
- CD vuoti per l'archiviazione delle immagini migliori (in caso di danno al disco rigido) o un disco rigido portatile esterno;
- *webcam* di ricambio; filtri e ruota portafiltri (se utilizzati);
- repellenti per insetti notturni;
- nastro adesivo, colla, forbici, corde ed elastici;
- cellofan rosso (per applicarlo alle torce);
- orologio (di riserva) con sveglia e quadrante illuminato;
- tappi per le orecchie (così potete dormite durante il giorno);
- numeri di telefono di astrofili locali o amici a casa che possano spedirvi materiale in caso di emergenza;
- un telefono cellulare che funzioni nel Paese dove state per andare.

Il computer portatile

Ovviamente, l'astrofilo planetario itinerante dovrà avere un computer portatile per i viaggi all'estero, invece che un PC da tavolo. Tuttavia, se state acquistando un computer portatile per il viaggio (o per l'*imaging* planetario a casa vostra) vi consiglio di investire in una macchina dotata di uno schermo di alta qualità. Il motivo è il seguente. I produttori di computer portatili vivono in un mondo estremamente competitivo. In un computer, ciascun cliente cerca il maggior numero di caratteristiche a un prezzo basso e i produttori, per risparmiare qualche centesimo, utilizzano componenti economici (credetemi sulla parola, lavoravo nell'industria elettronica!). Una delle caratteristiche più trascurate in un PC portatile è la qualità dello schermo, che tuttavia è cruciale per focalizzare con cura l'immagine del pianeta proveniente dalla *webcam*. Per stare sul sicuro, acquistate il portatile con lo schermo più nitido, a risoluzione più alta e di maggiore qualità che potete permettervi. Non rimpiangerete mai questo acquisto: lo farete solo se comprerete un portatile con uno schermo economico.

C'è anche il problema di quanto debba essere grande il disco fisso del vostro computer portatile. I filmati AVI planetari sono *file* grandi: di solito hanno una dimensione di 1 o 2 Gigabyte. In una notte favorevole potete riprendere una dozzina di AVI, e tenete presente che, ai Caraibi, potreste farlo per 14 notti di fila. Se vi dedicate prevalentemente all'*imaging* planetario e prevedete di elaborare le immagini solo al vostro ritorno a casa avrete bisogno di un grande disco fisso! Per fortuna, i dischi fissi esterni con presa USB o Firewire possono essere acquistati a basso costo: approfittatene. In questo modo, i filmati AVI possono essere trasferiti sull'unità esterna liberando il disco fisso principale per nuove acquisizioni. Si tratta di un piccolo investimento, ma molto utile per l'*imager* planetario.

Figura 5.4. Le alte temperature diurne possono richiedere tecniche refrigeranti estreme se il tubo ottico diventa troppo caldo. In questo caso, si tratta di un tubo Celestron 9.25 che viene raffreddato con ventilatori posti all'interno di una casa alle Barbados. Immagine: Damian Peach.

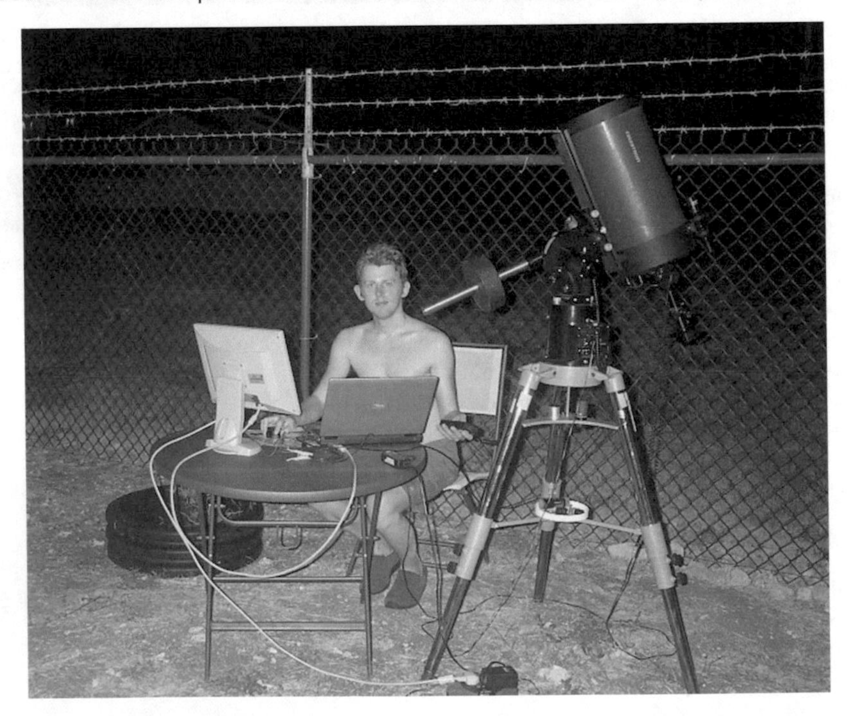

Figura 5.5. Damian Peach mentre osserva con un Celestron 9.25 in un periodo di vacanza di tre settimane alle Barbados. Nella maggior parte delle notti le condizioni del *seeing* erano quasi perfette. Immagine: Damian Peach.

CAPITOLO SEI

Le *webcam* planetarie e le alternative

In questo inizio del XXI secolo, la tecnologia per l'*imaging* digitale sta facendo passi da gigante. D'altra parte, una volta che si investono milioni di dollari in una qualsiasi forma di tecnologia, e questa è sostenuta come prodotto di consumo da un numero rilevante di utenti, i progressi non possono mancare. Nel 1989 sono comparse sul mercato le prime camere CCD amatoriali. Un decennio più tardi, è iniziata la produzione di massa delle prime macchine fotografiche digitali e delle *webcam* con prestazioni decorose. Nel 2004-2005, la Canon ha commercializzato la 300D, la prima macchina fotografica reflex digitale per il grande pubblico a un prezzo molto conveniente. Ho fatto questa premessa per fissare le idee, perché è probabile che nel tempo richiesto per stampare questo libro vengano fatti ulteriori passi in avanti. Tuttavia, penso che un prodotto come la *webcam* dominerà l'*imaging* planetario ancora per molti anni a venire. Si tratta solo di stabilire quanto sofisticate e convenienti saranno le *webcam* del futuro. Mentre la ToUcam Pro e i modelli di *webcam* equivalenti (con lo stesso *chip* CCD) vanno bene per l'*imager* planetario di oggi, le linee di prodotti cambiano rapidamente con il tempo ed è buona norma mantenersi aggiornati usando sempre le *webcam* con le *performance* migliori disponibili sul mercato. La maggior parte dei più provetti osservatori planetari del mondo utilizzano *webcam* modificate *ad hoc* per ottenere i migliori risultati. Ad esempio, utilizzano la tecnica LRGB con CCD monocromatici o usano esposizioni di qualche secondo per riprese nell'infrarosso e nell'ultravioletto. Alcune di queste *webcam* "astronomiche" possono essere utilizzate anche per la ripresa di immagini del profondo cielo: è come prendere due piccioni con una fava!

La cosa più importante per l'*imaging* planetario è avere un sistema con un rivelatore sensibile, veloce e con il più basso rumore possibile nell'elettronica. I CCD Sony, montati sulle migliori *webcam*, hanno già *chip* con una buona *efficienza quantica* (QE) e un basso rumore di fondo, ma raggiungere una QE del 100% è lo scopo finale. Una volta conseguito questo obiettivo, sarà importante ridurre, per quanto possibile, il rumore di lettura e quello termico. A questo scopo, nelle camere per lunghe esposizioni si raffredda il sensore CCD ma sembra improbabile che questa tecnica venga implementata di serie sulle *webcam* commerciali, perché è specialmente il rumore di lettura, e non quello termico, che domina nelle brevi esposizioni. Tuttavia, sul mercato ci sono già *webcam* per astronomia raffreddate ad aria, anche se, francamente, che ci sia il raffreddamento o meno, non fa molta differenza per l'*imaging* planetario. Infatti, conosco astrofili che hanno tagliato i comandi del ventilatore e hanno sigillato il retro della *webcam* per ridurre l'ingresso di polvere, senza avere problemi di rumore eccessivo nell'immagine. La velocità di scaricamento è un altro campo dove possono essere conseguiti notevoli miglioramenti. Ricordate l'imperativo dell'*imager* planetario: "Registrare il maggior numero di *frame* di alta qualità, prima che il pianeta abbia ruotato più della risoluzione del telescopio". Nelle *webcam* il collegamento con il PC è tramite la porta USB 1.1 o USB 2.0, e una piccola compressione dell'immagine avviene già a 5 o 10 *frame* per secondo, mentre esposizioni di 1/10 di secondo sono necessarie per ottenere immagini con un buon rapporto segnale/rumore, specialmente con Saturno. In questo modo, esposizioni con tempi inferiori a 1/10 o 1/5 di secondo, quindi con un *frame rate* superiore a 10 *frame* al secondo, non sono ottenibili senza un'elevata compressione dell'immagine (con conseguente perdita di qualità). Un altro problema è rappresentato dall'utilizzo dei dischi rigidi. Con una *webcam* USB 2.0 possono essere trasferiti sul disco fisso molti più dati rispetto alla USB 1.1 e in pochi minuti si può saturare l'intero disco! Inoltre *Registax*, il *software* per l'elaborazione degli AVI planetari, può gestire circa 10.000 *frame*, pari a 2 Gigabyte alla volta (anche se possono essere lanciate in parallelo elaborazioni multiple). I PC più vecchi (come quelli utilizzati negli Osservatori) hanno sistemi operativi che possono gestire la metà di questa memoria, quindi è possibile che dobbiate limitare la lunghezza del vostro filmato AVI a 2000 *frame* e processare un filmato alla volta. Queste sono considerazioni importanti, che vanno fatte prima di passare a *webcam* con collegamento USB 2.0 o Firewire. Siete sicuri di avere realmente bisogno di un tale sistema di acquisizione dati? È vero che la velocità di trasferimento dati consentita dall'USB 2.0 permette di avere maggiori sfumature per *pixel*, senza compressione (quindi con maggiori livelli di luminosità e colore) e che può essere molto utile per congelare il *seeing* su soggetti molto luminosi (come Venere nell'ultravioletto, la Luna, Marte o il Sole). Tuttavia, tenete presente che anche sommando centinaia o migliaia di *frame* con una *webcam* USB 1.1 e un PC di media potenza si ottengono ottimi risultati a prezzi molto convenienti. Nel momento in cui scrivo, la ToUcam Pro, malgrado sia una *webcam* a basso costo progettata per il grande pubblico e non per gli astrofili, è ancora il migliore dispositivo per l'*imaging* planetario a colori che possa utilizzare l'osservatore dei pianeti. Con un adattatore per il telescopio, un filtro che blocchi l'infrarosso e un *software* di elaborazione come *Registax* avete tutto quello che serve per iniziare!

I CCD Sony si trovano in tutte le *webcam* più sensibili. Questi CCD sono noti come "CCD Interlinea", un tipo di sensore utilizzato ampiamente nei dispositivi video per uso domestico. In questi *chip* i circuiti per portare la carica elettrica accumulata nel *pixel* al convertitore analogico/digitale si trovano sulla superficie del *chip* stesso. La presenza dell'elettronica al di sopra della superficie fotosensibile fa sì che i dispositivi interlinea siano di gran lunga meno sensibili di altri modelli, perché una parte dei fotoni viene bloccata prima di essere convertita in una carica elettrica misurabile. Tuttavia, negli ultimi anni, la Sony ha perfezionato l'uso di microlenti sulla superficie dei *pixel*. Queste microlenti raccolgono la luce prima che venga assorbita dal circuito elettrico e la convogliano nel centro del *pixel*, dove può essere usata per generare il segnale. In questo modo, i CCD Interlinea di ultima generazione sono *chip* sensibili ed economici, ideali per essere usati sulle *webcam* e le telecamere astronomiche. I possibili *chip* alternativi ai Sony, come i Kodak KAF utilizzati nelle camere CCD della SBIG, sono molto più costosi. I *chip* Sony nelle *webcam* utilizzabili in astronomia hanno il prefisso ICX. Naturalmente, ci sono molti sottotipi come la serie ICX098 (con i suffissi AK, BQ, AL e BL) e la serie ICX424 (con suffissi AQ e AL). Altri modelli Sony della serie ICX, come quelli con suffisso 254, 255 e 414 sono stati utilizzati dagli autocostruttori per creare *webcam* modificate, La ditta Astromeccanica, per la sua telecamera planetaria KC381, utilizza il *chip* ICX 409AL. Tutti i dispositivi con suffisso L sono *chip* monocromatici con *pixel* senza filtri, quindi ideali per le telecamere in bianco/nero. La sensibilità di questi CCD monocromatici (cioè la tensione prodotta per una data illuminazione) non è superiore a quella del CCD dello stesso tipo, ma dotato di filtri (di solito è circa 2,5 volte superiore).

Nella Tabella 6.1 viene proposto un riepilogo delle caratteristiche dei CCD Sony, fra quelli utilizzati da astrofili e costruttori di *webcam* astronomiche.

Visto che stiamo parlando di *webcam* CCD, va citata anche la *suite* LPI della Meade. Questo dispositivo di ripresa è stato commercializzato nel 2003 ed è stato presentato sia come *webcam* per riprese lunari e planetarie, sia come dispositivo di autoguida per il telescopio. Pur avendo un buon rapporto prestazione/prezzo, il *chip* dell'LPI è di tipo CMOS (non CCD) ed è molto rumoroso e poco sensibile se paragonato a quello della ToUcam Pro; inoltre anche il tempo di scaricamento delle immagini è molto più lungo. Nessun *imager* planetario, fra quelli che conosco, fa uso di questo dispositivo, ma può andare bene per i principianti che desiderino un "pacchetto" completo.

I produttori di *webcam* astronomiche

Negli ultimi anni sono nate molte ditte per rispondere all'esigenza degli astrofili con *budget* limitati di avere dispositivi di ripresa CCD a basso costo. In molti casi, i prodotti offerti sono semplici *webcam* con circuiti modificati, quindi in grado di fare lunghe esposizioni che, anche se rumorose, aprono all'astrofilo la possibilità di fare *imaging* anche del cielo profondo. Con pose entro i 30 secondi e sommando centinaia di *frame*, il rumore si riduce a livelli accettabili, permettendo di ottenere immagini belle da vedere. Per ridurre il problema del rumore termico che si ha con le lunghe esposizioni, sono stati introdotti prodotti simili alle *webcam* modificate, ma che includono il raffreddamento ad aria o con un modulo Peltier. Alcuni di questi prodotti sono interessanti anche per l'*imager* planetario, specialmente quando viene sostituito al CCD a colori commerciale un *chip* monocromatico molto

Tabella 6.1. Riepilogo dei CCD Sony adatti per uso planetario.

Sigla *chip*	Colore	N. *pixel*	Dim. del *pixel* (micrometri)	Sensibilità*	Esempi di *webcam*
ICX098BQ	Sì	640 × 480	5,6 × 5,6	100%	Philips ToUcam Pro Logitech QC Pro 3000/4000 ATiK1C/Celestron NexImage
ICX098BL	Mono	640 × 480	5,6 × 5,6	250%	ATiK–1HS II
ICX098AK	Sì	640 × 480	5,6 × 5,6	75%	Vesta Pro/Vesta 675
ICX424AQ	Sì	640 × 480	7.4 × 7,4	75%	ATiK–2C/Lumenera 075 Colour
ICX424AL	Mono	640 × 480	7,4 × 7,4	180%	ATiK–2HS/Lumenera 075 B&W
ICX254AL	Mono	500 × 480	9,6 × 7,5	310%	SAC–8.5
ICX409AL	Mono	740 × 570	6,5 × 6,3	370%	Astromeccanica KC381

* La sensibilità è stata calcolata dall'autore considerando i dati forniti dalla Sony. Si tratta di un indicatore approssimativo della sensibilità relativa dei *chip* CCD con un pianeta che copra lo stesso numero di *pixel*. Alla ToUcam Pro è stato assegnato il valore 100%, assunto come standard. Non sorprende che i CCD monocromatici siano i più sensibili dato che sono senza filtri. In pratica, questi CCD saranno filtrati dall'utente per ottenere un'immagine con la tecnica RGB o LRGB. I CCD monocromatici ICX254AL e ICX409AL sono i più sensibili, che vengano utilizzati per le *webcam* astronomiche: purtroppo, hanno lo svantaggio di avere *pixel* rettangolari e necessitano di un ricampionamento *software* da parte degli utenti.

sensibile. La NexImage della Celestron (Figura 6.1) è un "pacchetto" che ha riscosso un buon interesse, anche se, elettronicamente, si tratta solo di una ToUcam Pro. Il dispositivo viene fornito con un adattatore per il telescopio di 31,7 mm e con il *software Registax*. Non è difficile acquistare adattatori o scaricare *Registax* (che è un *software freeware*), ma molti astrofili, specialmente i principianti, sono più attratti da un prodotto comprensivo di tutto il necessario e subito pronto all'uso. Ma quali sono le alternative, disponibili sul mercato, alle *webcam* economiche come la ToUcam Pro, la Logitech QC Pro 3000/4000 e la NexImage?

Probabilmente il dispositivo più interessante è la camera ATK-1HS II della ATiK Instruments (Figura 6.2). Si tratta essenzialmente di una ToUcam Pro monocromatica, dove però il *chip* Sony ICX098BQ è stato sostituito con un CCD ICX098BL a cui è stata aggiunta una ventola per il raffreddamento. Di primo acchito sembra che la sensibilità extra, guadagnata con il sensore monocromatico, serva a poco. Dopo tutto, se per avere un'immagine a colori bisogna filtrare la luce che giunge sul *chip* monocromatico, è come tornare ad avere un *chip* a colori, non è vero? No, le cose non stanno proprio così. Basta ricordarsi che i migliori *imager* del mondo, come Damian Peach, utilizzano la tecnica LRGB e non la RGB. I colori dell'immagine sono ottenuti filtrando la luce, ma la luminanza L può essere non filtrata o ripresa nella banda dove il pianeta ha il contrasto maggiore (ad esempio nel rosso, per Marte), ottenendo così un'immagine finale a colori più contrastata rispetto alla normale RGB. Inoltre, bisogna tenere presente che i CCD B/N sono molto sensibili alla parte rossa e infrarosssa dello spettro, dove il *seeing* è migliore che nel blu. Per finire, nei CCD a colori, la Matrice di filtri Bayer (Figura 6.3) e il sistema YUV di decodifica/compressione utilizzato nelle *webcam* portano ad avere un'immagine blu molto rumorosa e, in generale, una risoluzione per il colore inferiore alla risoluzione della luminanza.

Figura 6.1. La NexImage della Celestron è sostanzialmente una *webcam* sensibile fornita con un adattatore per il telescopio e il *software* di elaborazione. Immagine: Celestron.

Figura 6.2. La ATiK–1HS dell'autore, un'eccellente *webcam* molto sensibile e con CCD monocromatico. Un dispositivo a basso costo sia per le riprese planetarie (tramite USB) sia per il *deep sky* (su porta parallela). Immagine: Martin Mobberley.

Figura 6.3. Una Matrice Bayer. I filtri dei *pixel* in un tipico CCD a colori sono disposti come in figura. Ogni blocco due per due contiene un filtro rosso, due filtri verdi e un filtro blu. Il *chip* di elaborazione di cui sono dotate le *webcam* commerciali comprime sempre di più i dati sul colore (e la luminanza) a mano a mano che si aumenta il *frame rate*. Inoltre, il sistema di codifica video YUV degrada il segnale nel blu.

Infine, le *webcam* monocromatiche possono essere facilmente utilizzate in modalità RAW (vedi il Capitolo 8), cioè all'immagine non sono applicati algoritmi di compressione e per aumentare la nitidezza. Alla fine, quello che si ottiene è un *frame* di gran lunga meno rumoroso delle versioni a colori. Quando avrete occasione di confrontare un'immagine rumorosa di Saturno ripreso a f/40 con una *webcam* ToUcam Pro, con la stessa immagine che fornisce una ATiK–lHS II, capirete quello che voglio dire. L'immagine monocromatica sarà di gran lunga meno rumorosa. Un'immagine a colori RGB contiene molti più dati per *pixel* rispetto a una ottenuta con CCD dotato di Matrice Bayer. Infatti, per ogni *pixel* ci sono 24 *bit* (3 colori, ciascuno con 8 *bit*) o anche 30 *bit* (3 colori, ciascuno con 10 *bit*), senza compressione o interpolazione dei dati, specialmente se si usa un dispositivo dotato di porta USB 2.0. Detto questo, va sottolineato che riprendere un'immagine a colori con un sensore B/N è molto più difficile perché il pianeta può ruotare rapidamente. Nel caso di Giove, ad esempio, la finestra di ripresa ha una durata di soli due o tre minuti (vedi il Capitolo 13). Tuttavia, le *webcam* monocromatiche hanno anche altri vantaggi. Dal punto di vista scientifico si possono ottenere risultati importanti a patto di riprendere i pianeti nelle bande agli estremi dello spettro visibile. Ad esempio, Giove può essere ripreso nelle bande del metano a 619, 727 o 890 nanometri (nm); la banda a 890 nm è quella dove il metano assorbe maggiormente la luce e si trova nella parte infrarossa dello spettro, una vera sfida anche per i CCD molto sensibili nel rosso. Le nubi di Venere mostrano dettagli solo se osservate all'altro estremo dello spettro visibile, cioè nell'ultravioletto. Per questo tipo di lavoro è richiesto l'utilizzo di un solo filtro per volta (e non di tre come nell'RGB) e quindi usare un rivelatore monocromatico è l'ideale. I filtri colorati che coprono ogni blocco di 2×2 *pixel* nei CCD Sony sono il rosso (un *pixel*), il verde (due *pixel*) e il blu (un *pixel*). In questo modo, la luce che arriva su ogni singolo *pixel* viene filtrata e il blocco di 4 *pixel* fornisce l'informazione sul colore complessivo dell'oggetto che si sta riprendendo. Aggiungere un filtro a banda stretta centrato agli estremi dello spettro a un CCD a colori vuol dire abbassare in modo drastico il segnale in uscita, mentre altrettanto ne soffrirà un CCD monocromatico, che quindi è molto più adatto per un lavoro scientifico con filtri a banda stretta.

Uno dei punti di forza di una *webcam* come la ToUcam Pro è la leggerezza. Anche il telescopio con la montatura più esile non ha bisogno di essere bilanciato quando si usa una ToUcam. Tuttavia, quando si comincia ad aggiungere una ruota portafiltri (necessaria per l'*imaging* LRGB) e si scelgono i diversi filtri fra una ripresa e l'altra, un sistema poco robusto tenderà a vibrare parecchio, specialmente quando il campo di vista è limitato a qualche primo d'arco; anche la forza più debole, se applicata a un telescopio posto su una montatura esile, specialmente se si tratta del lungo tubo di un Newton, può spostare il pianeta fuori dal campo di ripresa.

Il sistema ATiK prevede come accessorio un portafiltri leggero ed economico che può essere inserito tra la camera e il tubo di focheggiatura del telescopio. Naturalmente, qualsiasi aumento del cammino ottico tra la Barlow/Powermate e il *chip* CCD aumenta la focale equivalente del sistema: quindi, quanto più sottile è la ruota porta filtri, tanto meglio è. Una ruota porta filtri leggera e motorizzata è il sistema migliore per ottenere immagini a colori usando un CCD B/N.

Un ulteriore vantaggio del sistema ATiK è che, usando la connessione sulla porta parallela fornita con la camera, si possono ottenere esposizioni con durate di alcuni secondi, ideali per le riprese planetarie tramite filtri a banda stretta o per la registrazione delle lune dei pianeti (se state comprando un moderno computer portatile, ricordatevi di controllate che abbia anche la porta parallela, specialmente se avete una camera che usa questa interfaccia; molti computer moderni non ne sono dotati ed è necessario usare un replicatore di parallela su porta USB, ma non è detto che questo funzioni senza problemi).

La ATiK offre quattro modelli diversi di "*webcam* modificate". Oltre alla ATK–1HS II, che può essere paragonata a una ToUcam monocromatica raffreddata ad aria, c'è anche la ATK–1C II, sempre con *pixel* da 5,6 micrometri. Quest'ultima camera è simile alla ToUcam Pro (infatti è a colori) ma in più è raffreddata ad aria, dotata di un adattatore per il telescopio e con la capacità di fare lunghe esposizioni. Le due restanti camere della ATiK sono caratterizzate dall'essere versioni delle camere precedenti con *pixel* di 7,4 micrometri. Si tratta della ATK–2HS (monocromatica) e della ATK–2C (a colori). Questi *chip* sono del tipo 424 e, a parità di numero di *pixel*, hanno un'area del 75% maggiore di quella dei *chip* 098. La dimensione fisica è di 4,7 × 3,6 mm, che risulta molto adatta anche per l'*imager* che vuole riprendere il profondo cielo. Tuttavia, nonostante i *pixel* maggiori, questi sensori CCD non sono più sensibili di quelli con i *pixel* da 5,6 micrometri.

Un'altra coppia di camere molto interessanti per l'osservatore di pianeti, sempre basate sui CCD Sony e con connessione USB, sono la SAC 8.5 e la SAC II, prodotte da una azienda della Florida (USA). La SAC 8.5 utilizza il *chip* monocromatico e ultrasensibile della Sony ICX254AL EX-VIEW HAD, circa del 20% più sensibile dell'ICX098BL. Tuttavia, l'ICX254AL ha i *pixel* che non sono quadrati e, per alcuni, ciò può rappresentare un problema perché si otterranno immagini deformate lungo una direzione. Ricampionare i *pixel* per produrre immagini con il corretto rapporto fra altezza e larghezza è una mera formalità per un *software* di grafica, ma molti preferiscono usare *pixel* quadrati, in modo tale da avere la stessa risoluzione sia in orizzontale che in verticale. Come la ATiK 1–HS II, anche la SAC 8.5 può ospitare dei filtri per l'*imaging* RGB, LRGB, CYM e LCYM: anzi, nel caso della SAC, viene usata una vera ruota portafiltri, così ci sono meno vibrazioni dell'immagine quando si cambia il filtro (e si riducono le probabilità di lasciarne cadere uno per errore). Come le camere della ATiK, anche la SAC 8.5 può essere utilizzata sia per l'*imaging* planetario, con un *download* rapido dei filmati AVI, sia per la ripresa di immagini del profondo cielo. Inoltre, il costo di questa camera è molto inferiore rispetto a quello delle camere basate sui *chip* Kodak di tipo interlinea. La SAC 8.5 ha la caratteristica, abbastanza insolita per la sua fascia di prezzo, di essere raffreddata attraverso uno stadio Peltier, invece che con il più comune raffreddamento ad aria. Una camera ancora più economica, specificatamente concepita per l'*imaging* planetario, è la SAC II: può produrre immagini a colori a 24 *bit* e il prezzo è molto favorevole.

Le telecamere

Le *webcam* non sono gli unici dispositivi in grado di congelare la turbolenza atmosferica. Molti anni prima dell'avvento delle *webcam* venivano usate videocamere e telecamere di sorveglianza, che avevano anche il vantaggio di salvare i filmati su nastro magnetico. Questi dati possono essere memorizzati su una grande varietà di formati nastro e anche sui DVD. Infatti, le due tecnologie (nastro e disco) stanno convergendo, e ora sono disponibili sul mercato videoregistratori per uso domestico dotati di disco fisso con elevata capacità di memorizzazione. Questo libro riguarda l'*imaging* lunare e planetario con le *webcam*, ma penso che sarebbe sbagliato trascurare completamente le possibilità offerte dalle riprese con videocamere. Prima di tutto, non si può mai sapere con certezza dove porterà lo sviluppo tecnologico e, in secondo luogo alcuni osservatori si trovano più a loro agio utilizzando le videocamere, specialmente per riprendere oggetti luminosi o per registrare eventi dove riportare il tempo di ripresa del singolo *frame* è importante, come nell'occultazione di una stella da parte di un asteroide.

Una telecamera adatta per l'*imager* planetario è la KC381, prodotta dalla ditta Astromeccanica, gestita da Paolo Lazzarotti. La KC381 utilizza un CCD Sony di tipo interlinea della serie ICX: più esattamente, si tratta dell'ICX409AL (Figura 6.4), il *chip* più sensibile, ma con i *pixel* leggermente rettangolari, con dimensioni di 6,5 × 6,3 micrometri. Ancora, mentre la differenza di risoluzione dovuta ai *pixel* rettangolari si corregge facilmente via *software*, alcuni *astroimager* preferiscono usare *pixel* quadrati. La KC381 è una telecamera con sensore monocromatico: quindi per riprendere a colori è necessario l'utilizzo di appositi filtri.

Una videocamera che ha dimostrato di funzionare bene su soggetti astronomici luminosi è la Neptune 100, prodotta dalla società giapponese Watec. Dal costo di poche centinaia di

Figura 6.4. La videocamera CCD KC381 di Astromeccanica. Immagine: cortesia Paolo Lazzarotti.

euro, la Neptune 100 è una videocamera molto sensibile (fino a 0,001 lux), e con un *range* di sensibilità spettrale che va dal visibile fino al vicino infrarosso, con limite a 940 nm. Per l'*imaging* di Sole, Mercurio, Venere e Luna, si tratta di una buona scelta, specialmente per quelli che preferiscono salvare singoli *frame* video da 1/60 di secondo, invece di saturare il disco rigido del PC con un filmato AVI. Naturalmente, per avere immagini a colori, anche qui è necessario l'uso di un *set* di filtri colorati.

Altre possibili scelte nel campo delle videocamere sono la Lumenera Lu070 e la Lu075 con risoluzione VGA e interfaccia USB 2.0 (Figura 6.5). Lumenera è una società con sede a

Figura 6.5. La videocamera modello LU 075, con interfaccia USB 2.0, della Lumenera. Con questo dispositivo è possibile scaricare un elevato numero di *frame* senza compressione. Immagine: cortesia Paolo Lazzarotti.

Ottawa, Ontario, Canada. La serie 070/075 della Lumenera attualmente comprende quattro modelli (colore, monocromatico e versioni modulari di ciascuno dei due), con cui si possono acquisire *frame* non compressi a 8 o a 10 *bit*, ognuno composto da 640 × 480 *pixel*, con un *rate* di 60 *frame* al secondo, arrivando così a usare tutti i 480 Mbit/secondo della connessione USB 2.0 (dite addio al vostro spazio libero sul disco rigido!). Per il salvataggio dei *frame* con questo dispositivo non è richiesta alcuna scheda aggiuntiva: i *frame* che compongono il video vengono salvati usando il solo cavo USB. Come nel caso della Neptune 100, la possibilità di riprendere *frame* con una esposizione di 1/60 secondo è molto utile quando si tratta di oggetti luminosi, perché si ha la possibilità di congelare gli istanti di ottimo *seeing*. Le videocamere della Lumenera memorizzano i loro video sul disco fisso utilizzando il formato SEQ. Il *software* in dotazione alla telecamera Lumenera (Streampix) può convertire facilmente questo video in formato AVI (che può essere letto da *Registax*), con una velocità di conversione di circa 1000 *frame* al minuto. Secondo alcuni test eseguiti da Damian Peach, c'è poca differenza fra le immagini riprese a 8 e a 10 *bit*, mentre i file SEQ a 8 *bit* sono di circa il 25-30% più piccoli dell'equivalente AVI. Una caratteristica molto interessante di cui è dotato il *software* della Lumenera è che, durante la registrazione dei video, si può fare una pausa in qualsiasi momento, il che significa che se passa una nube davanti all'oggetto si può interrompere la registrazione video e riprenderla quando la nube è scomparsa. Dai test eseguiti da Damian Peach, utilizzando una telecamera Lumenera LU 075 durante l'osservazione di Giove dalle Barbados, è risultato che le prestazioni della LU 075 sono superiori a quelle della ATiK-1HS (che però ha un collegamento di tipo USB 1.1). La LU 075 può riprendere facilmente da 18 a 34 *frame* al secondo e fornire immagini prive di rumore, mentre l'ATiK fornisce risultati accettabili a 5 o 10 *frame* al secondo. Una cosa da tenere presente è che la Lumenera ha *pixel* quadrati con lato di 7,4 micrometri (da confrontare con i 5,6 micrometri della ToUcam/ATiK), quindi la lunghezza focale del sistema di ripresa deve essere aumentata del 32% per avere la stessa risoluzione che si ottiene usando *webcam* dotate di *pixel* più piccoli. Inoltre, va considerato che queste pur eccellenti telecamere hanno prezzi notevolmente più elevati rispetto alle normali *webcam* o a quelle modificate.

La Adirondack Video Astronomy (AVA) è uno dei migliori rivenditori di materiale astronomico degli Stati Uniti. La AVA è caratterizzata da una forte spinta all'innovazione, quindi non sorprende che presso di loro si possano trovare gli ultimi prodotti in fatto di nuovi dispositivi CCD e *webcam-like* (come le ATiK). Vale la pena di visitare frequentemente il loro sito web, **http://www.astrovid.com**. La AVA ha in catalogo un paio di telecamere, le Astrovid Color Planetcam, che possono essere utilizzate per l'*imaging* planetario. Anche se queste piccole videocamere (pesano solo 190 grammi) non offrono grandi vantaggi rispetto alla concorrenza, hanno molte caratteristiche che possono essere interessanti per il principiante. In primo luogo, hanno *pixel* quadrati piccoli, con lati da 4,2 micrometri. In questo modo, a un principiante la ripresa video della Luna con una scala, poniamo, di 0,4 secondi d'arco per *pixel*, richiederà una lunghezza focale di soli due metri. Quindi uno SCT di 20 cm f/10 andrà benissimo, senza bisogno di usare alcuna lente di Barlow o Powermate. Una semplice lente di Barlow 2× sarà in grado di fornire al neofita tutta la risoluzione di cui ha bisogno, anche nelle notti di *seeing* perfetto. Queste telecamere offrono anche la possibilità di visualizzare sul monitor del computer le immagini in negativo del pianeta (naturalmente *live*), una caratteristica piuttosto insolita che può aiutare a vedere meglio i dettagli nelle regioni più luminose. Il modello più avanzato dell'Astrovid Color PlanetCam, la versione "Computer Controlled EEPROM", permette di controllare le impostazioni (guadagno, gamma, nitidezza, bilanciamento dei colori, esposizione) a distanza tramite il PC, e per ogni pianeta ripreso si possono impostare settaggi diversi. Questa possibilità è una caratteristica molto utile, specialmente per l'osservazione dal vivo dei pianeti. Tuttavia, malgrado queste caratteristiche uniche, probabilmente l'*imager* planetario (specialmente quello più entusiasta) preferirà l'approccio tramite la *webcam*, con la quale basta sommare centinaia di *frame* per avere un'immagine finale dettagliata: il suo scopo, del resto, non è compiere una sessione di osservazione dei pianeti con il pubblico davanti.

CAPITOLO SETTE

Introduzione all'uso della *webcam*

Penso che molti dei lettori di questo libro saranno principianti nell'uso della *webcam*. Se vi riconoscete nella categoria non mancate di leggere questo capitolo prima di imbarcarvi nell'avventura della ripresa planetaria. Come abbiamo già visto, tutto ciò di cui avete bisogno per iniziare a riprendere è un PC dotato di porta USB, una *webcam* e un adattatore da interporre fra la *webcam* e il telescopio (quest'ultimo possibilmente con un diametro pari o superiore a 20 cm). Inutile dire che il telescopio deve avere una buona qualità ottica ed essere ben collimato, altrimenti i risultati saranno di bassa qualità. Se avete bisogno di chiarimenti, ricordo che la procedura di collimazione di un telescopio è stata descritta nel Capitolo 3.

Dal punto di vista dell'astrofilo, le *webcam* e il *software* di elaborazione sono, senza ombra di dubbio, le cose migliori che siano mai state inventate. Perché faccio un'affermazione del genere? Perché anche quando l'atmosfera terrestre fa "ribollire" le immagini dei pianeti, si possono riprendere migliaia di *frame* e, se anche solo il 10% di quelli raccolti risulta abbastanza nitido, si può ottenere un'immagine ben definita del pianeta, senz'altro migliore di quelle ottenibili a livello professionale prima del lancio del Telescopio Spaziale "Hubble"!

Come trovare le porte USB e acquistare una *webcam*

Per chi vuole dedicarsi all'*imaging* planetario, la prima cosa da fare è controllare di avere un PC dotato di porte USB. Se il computer è un po' vecchiotto, probabilmente non sarà dotato di tali porte di comunicazione: in questo caso, si può installare un'economica scheda PCI dotata di porte USB per risolvere il problema. Una porta USB si presenta come una piccola apertura nel *case* del PC (possono stare sia davanti che dietro, cercate con cura), d'aspetto completamente diverso dalle porte seriali e paralleli usate per collegare i *modem* analogici e le stampanti. Inoltre, se il sistema operativo del PC è precedente a Windows 98, non c'è il supporto USB, e lo stesso W98 necessita dell'installazione di *driver* specifici per poter controllare queste porte. Per fortuna, i sistemi operativi della famiglia Windows successivi a W98 non hanno bisogno di *driver* specifici per far funzionare le porte USB (sono già inclusi). I sistemi operativi antecedenti al 1998 semplicemente non funzioneranno con una *webcam* USB. Non preoccupatevi se il PC non è dotato di porte USB 2.0 ad alta velocità: anche l'USB 1.1 può andare bene per usare una *webcam*.

Se possedete un PC di ultima generazione, esso è sicuramente dotato di un buon numero di porte USB e si può procedere all'acquisto della *webcam*. Nel momento in cui scrivo, la migliore *webcam* economica utilizzabile per l'*imaging* lunare e planetario è la Philips ToUcam Pro (Figura 7.1). Si tratta di un modello di *webcam* molto sensibile (il sensore è un autentico *chip* CCD, non CMOS) ed è per questo che fornisce buone immagini. La versione 2005 di questa *webcam* si chiama esattamente "Philips ToUcam Pro II PCVC 840K" ed è in grado di funzionare sotto Microsoft Windows 98, 2000, ME e XP. Nel 2006 è stato immesso sul mercato un modello leggermente diverso, la Philips ToUcam Pro III SPC 900 NC, con prestazioni planetarie analoghe al modello precedente. Naturalmente, la tecnologia progredisce continuamente, quando uscirà questo libro la ToUcam Pro potrebbe non essere più la migliore scelta possibile. Per questo motivo, è sempre una buona idea controllare su Internet per vedere con che cosa sono state riprese le migliori immagini planetarie del momento. Mentre scrivo questo libro, le *webcam* con *chip* CCD forniscono prestazioni superiori rispetto alle versioni dotate di CMOS, che sono molto meno performanti in termini di rapporto segnale/rumore.

Le mie ToUcam Pro II le ho ordinate entrambe *on-line*, spendendo circa 100 euro per ognuna. Dal punto di vista dell'elettronica la ToUcam Pro I, dalla forma a uovo di colore bianco, e la nuova ToUcam Pro II di colore argento sono identiche.

Una volta acquistata la *webcam*, per poterla usare con un telescopio è necessario procurarsi un apposito adattatore. Un estremo dell'adattatore deve avere un tubo di circa 31,5 mm di diametro (in modo da potersi inserire nel tubo portaoculari del telescopio, che è di 31,7 mm di diametro), mentre all'altro estremo ci dovrà essere un cilindro filettato, di diametro molto più piccolo, in grado di avvitarsi al posto del minuscolo obiettivo della *webcam* (che va tolto). Per

Figura 7.1. La *webcam* Philips ToUcam Pro II con la lente dell'obiettivo rimossa. All'interno si intravede il minuscolo chip CCD. Immagine: Martin Mobberley.

fortuna, ci sono molti fornitori di adattatori per *webcam*, parecchi dei quali si fanno pubblicità sulle riviste divulgative di astronomia come *Sky & Telescope*, *Le Stelle* o *Nuovo Orione*. Infatti, la ToUcam Pro è così popolare che può essere acquistata direttamente anche dai rivenditori di materiale astronomico e già completa di adattatore. Ad esempio, il Celestron NexImage è semplicemente l'elettronica di una ToUcam Pro racchiusa in un *case* compatibile con il telescopio e dotato dei necessari pacchetti *software*.

Un accessorio indispensabile (facoltativo solo per il principiante) è un filtro "IR-Cut", in grado di bloccare la radiazione infrarossa (a cui un CCD è molto sensibile) e restituire così colori molto più naturali.

A questo stadio, un'altra cosa a cui pensare è come ingrandire l'immagine di un pianeta che si proietta sul *chip* CCD. L'ingrandimento voluto si ottiene allungando la focale equivalente del telescopio. Un buon punto di partenza per il principiante è aumentare il rapporto focale del telescopio fino ad ottenere valori attorno a f/20: in altre parole, la lunghezza focale equivalente deve essere pari a 20 volte il diametro del telescopio. Per ottenere questo risultato con uno Schmidt-Cassegrain f/10, bisogna acquistare una lente di Barlow 2×. Con un Newtoniano, diciamo aperto a f/5 o f/6, c'è bisogno di qualcosa di più potente, come una TeleVue Powermate; il modello 5× della Powermate è ottimo (Figura 7.2) e, visto che è piccolo, con un diametro di 31,7 mm, è di gran lunga più economico del modello 4× che invece ha un diametro di 50,8 mm. Dopo avere accumulato maggiore esperienza, si potranno utilizzare rapporti focali più spinti come f/30 o f/40 ma, per iniziare, f/20 è un valore ragionevole. Va tenuto presente che il rapporto focale ottenibile con una data Barlow dipende anche dalla distanza dalla lente a cui viene proiettata l'immagine. Una lente di Barlow 3× che proietti l'immagine a una distanza di 100 mm oltre il bordo dell'unità diventerà una Barlow 5×; quindi una Powermate 5× può diventare una Barlow 8×.

Considerazioni sulla scala dell'immagine

Ora esamineremo in dettaglio i problemi connessi alla scelta appropriata della scala dell'immagine, un punto cruciale dell'*imaging* planetario. La maggior parte delle *webcam* più

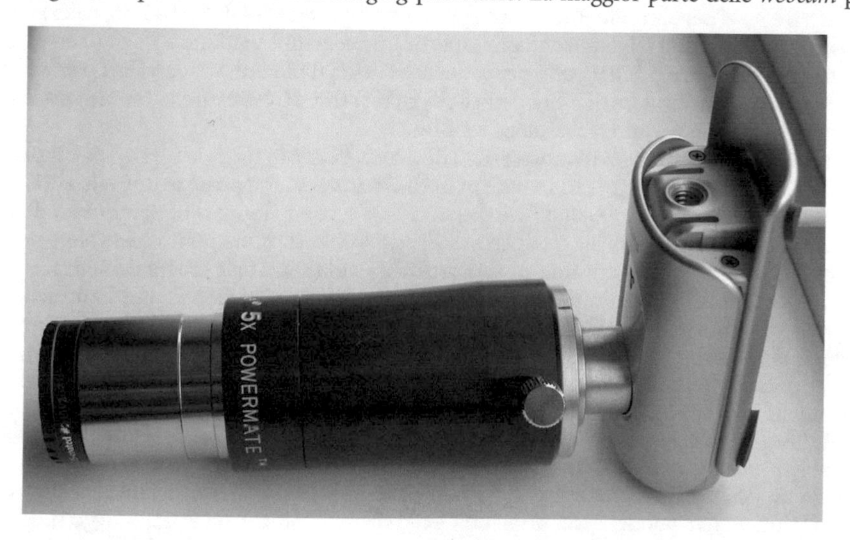

Figura 7.2. Una lente di Barlow TeleVue Powermate 5× a cui è collegata una *webcam* ToUcam Pro, pronta per essere inserita nel tubo di focheggiatura del telescopio. Immagine: Martin Mobberley.

utilizzate in campo planetario hanno *chip* CCD formati da matrici di 640×480 *pixel.* Di solito, i *pixel* sono quadrati con lato di 5,6 micrometri, quindi l'intero *chip* ha dimensioni di 3,6×2,7 mm. Le formule standard che si usano per il calcolo del potere risolutivo di un telescopio in secondi d'arco sono: 138/*D* (limite di Rayleigh) o 116/*D* (limite di Dawes), dove *D* è il diametro del telescopio espresso in mm. La prima formula si basa sugli effetti teorici della diffrazione per la lunghezza d'onda della luce verde, mentre la seconda si fonda su misure pratiche (eseguite dal Rev. Dawes) della capacità dei rifrattori di sdoppiare visualmente le stelle doppie strette. Nelle considerazioni che seguono adotterò la formula 116/*D* per il potere risolutivo teorico di un telescopio. In sostanza, la formula del limite di Dawes ci dice che un telescopio con apertura di 116 mm risolverà le due componenti di uguale luminosità di una stella doppia solo se la separazione è di almeno 1 secondo d'arco. Naturalmente, un telescopio con un'apertura doppia, cioè 232 mm, separerà due stelle fino a 0,5 secondi d'arco. La domanda a cui vogliamo rispondere è: se vogliamo catturare tutti i dettagli che il telescopio è in grado di risolvere teoricamente, quale lunghezza focale dobbiamo utilizzare? A questa domanda la risposta non è così facile come si potrebbe pensare. Anche se la formula del limite di Dawes è ben nota e usata nella letteratura astronomica, molti astrofili sono stati in grado di vedere sulla superficie lunare dettagli molto più piccoli e ad alto contrasto di quelli previsti (come i solchi lunari), così come sui pianeti (la Lacuna di Encke negli anelli di Saturno). Risolvere le due componenti di uguale luminosità di una stella doppia, quando i dischi di Airy sono a contatto, è un caso particolare e ci dice poco su quanti *pixel* siano necessari per catturare ogni dettaglio di un'immagine planetaria. A questo proposito, un riferimento molto citato è il *teorema del campionamento di Nyquist*: per avere un buon campionamento di un segnale periodico con frequenza più alta pari a *f*, bisogna campionarlo con una frequenza pari al doppio di *f*. Il teorema vale in generale per il campionamento dei segnali nell'ambito delle comunicazioni elettroniche. Tuttavia, preso alla lettera, ci dice che se un telescopio è in grado di risolvere 1 secondo d'arco, bisogna campionare l'immagine con una scala di due *pixel* per secondo d'arco. Tuttavia, i *pixel* sono strutture a due dimensioni e la loro diagonale è 1,414 volte più lunga del lato, quindi il campionamento lungo la diagonale è 1,414 volte troppo grossolano. Ma allora, per un telescopio di 116 mm di apertura, bisogna campionare a tre *pixel* per secondo d'arco invece che a due? In effetti, con un telescopio simile e con una *webcam* con *pixel* di 5,6 micrometri di lato, un campionamento a due o tre *pixel* per secondo d'arco corrisponde a rapporti focali di f/20 o f/30, valori molto prossimi a quelli usati dagli astrofili più esperti. I principianti tendono a iniziare con valori attorno a f/20, mentre i più esperti, per catturare i dettagli più fini, usano valori pari a f/30 o superiori. Anche un valore di f/40 è plausibile, se ci si trova a osservare in buone condizioni di *seeing* e con una *webcam* abbastanza sensibile.

In questo contesto vanno tenute presenti due cose. Prima di tutto, le immagini dei pianeti sono formate da una miriade di immagini di diffrazione, sovrapposte le une alle altre, provenienti da tutti i punti della superficie planetaria; in secondo luogo, l'*imager* dotato di *webcam* farà la somma di centinaia o migliaia di singoli *frame*. Il primo punto è il motivo per cui è possibile vedere piccole strutture ad alto contrasto sulla superficie lunare come le *rimae* (o "solchi"), mentre il secondo punto fornisce un vantaggio statistico su cui nemmeno un osservatore con una vista d'aquila può contare. Infatti, quando si sommano centinaia di *frame* e si elabora l'immagine risultante, possono emergere dettagli molto fini; così, una caratteristica elusiva come la Lacuna di Encke negli anelli di Saturno può diventare facile da riprendere se il *seeing* è abbastanza buono. Tenendo presente tutto questo, che rapporto focale bisogna usare quando si osserva in condizioni ideali? È sufficiente anche un f/30? A questo proposito, nel 2004 Damian Peach ha eseguito alcuni esperimenti interessanti, usando un rifrattore apocromatico di 80 mm di apertura della Vixen con una qualità ottica eccezionale. Per rispondere alla domanda precedente, Damian ha ripreso oggetti ad alto contrasto, come la Luna e le macchie solari. Utilizzare un'apertura di soli 80 mm, specie se in condizioni di *seeing* eccellenti, equivale ad eliminare in pratica gli effetti negativi dell'atmosfera terrestre. Le immagini lunari che Damian ha ottenuto in queste condizioni, quando era temporaneamente senza uno strumento di grande apertura, lasciano a bocca aperta.

Ora permettetemi una piccola digressione. Molti anni fa ho conosciuto il leggendario fotografo, lunare e planetario, Horace Dall, inventore del telescopio di tipo Dall-Kirkham. All'epoca era il migliore nella fotografia della Luna e dei pianeti, attività che conduceva utilizzando un Dall-Kirkham di 39 cm di diametro. Ho confrontato le migliori immagini lunari ottenute da Dall, riprese negli anni '60 e '70, con le migliori immagini di Damian, ottenute utilizzando la *webcam* e il suo apocromatico di 80 mm. La risoluzione delle immagini di Damian è superiore a quella delle immagini di Dall, nonostante il fatto che il telescopio di Dall avesse una risoluzione teorica quasi 5 volte maggiore e una capacità di raccogliere luce 20 volte superiore! Dettagli come la Rima di Hadley sono chiaramente visibili sulle immagini di Damian, anche se lo spessore della *rima* non supera il secondo d'arco e la risoluzione teorica del telescopio è di soli 1,45 secondi d'arco. Damian ha concluso che, nel suo caso, per sfruttare al massimo il potere risolutivo del telescopio, bisogna aumentare il rapporto focale dell'apocromatico a circa f/45. Con la *webcam* Atik che Damian ha utilizzato (dotata di *pixel* di 5,6 micrometri) questo corrisponde a una risoluzione di campionamento 4,5 volte superiore alla risoluzione teorica del telescopio.

Con aperture maggiori, Damian e gli altri astrofili tendono a utilizzare rapporti focali di f/30 ma, per le grandi aperture, è il *seeing* che condiziona il risultato finale. Ci sono altri fattori da tenere presente quando si fa l'*imaging* dei pianeti. In particolare, Saturno è un pianeta piuttosto debole quando si osserva con rapporti focali elevati. Questo fatto non deve sorprendere, dato che Saturno orbita attorno al Sole a una distanza media di 1400 milioni di chilometri, dove la luce solare è solo 1/90 di quella che arriva sulla Terra. In queste condizioni, usando una *webcam* commerciale a colori a f/40, il bilanciamento automatico dei colori può fallire perché i livelli di illuminazione sono troppo bassi. Inoltre, non va dimenticato che all'aumentare del rapporto focale il campo di vista della *webcam* diventa molto piccolo. Ad esempio, a una focale di circa 10 metri, Giove riempirà completamente lo schermo della *webcam* e sarà molto difficile da centrare esattamente.

Una formula molto utile, che fornisce la scala dell'immagine in secondi d'arco per *pixel*, è la seguente: scala dell'immagine = (206 × dimensione del *pixel* in micrometri)/(lunghezza focale in millimetri). Così, ad esempio, per un telescopio di 250 mm di apertura a f/30, usato con una *webcam* con *pixel* di 5,6 micrometri, si trova: scala dell'immagine = 206×5,6/(30×250) = 0,15 secondi d'arco per *pixel*. I migliori osservatori planetari a livello mondiale usano scale d'immagine comprese fra 0,1 e 0,2 secondi d'arco per *pixel*.

Le lenti di Barlow e le Powermate

Per allungare la focale del telescopio fino a ottenere valori di f/20, f/30 o f/40, la maggior parte degli *imager* planetari utilizza le lenti di Barlow o le Powermate. A causa della qualità rinomata dei dispositivi costruiti dalla TeleVue, fondata da Al Nagler, gli astrofili, per allungare la focale, prediligono la Powermate. Il nome commerciale "Powermate" è stato depositato dalla TeleVue. Qualsiasi sistema ottico posto lungo il percorso della luce all'interno del telescopio può degradare la qualità dell'immagine: quindi è essenziale usare solo componenti ottici di qualità, specialmente nei telescopi con rapporto focale basso, dove le aberrazioni sono più evidenti. Le lenti di Barlow e le Powermate di TeleVue sono disponibili con un certo numero di valori di amplificazione della focale. Si possono trovare Barlow 2× e 3×, così come Powermate 2×, 2,5×, 4× e 5×. Per quanto riguarda le riprese planetarie, la differenza di prestazioni fra la Barlow 2× e la Powermate 2× è minima; invece, le Powermate dominano ad alti ingrandimenti, a 4× e 5×. La Powermate 5× è molto usata dai possessori di telescopi Newton che desiderano aumentare il rapporto focale dei loro strumenti, in genere relativamente modesto.

Sostanzialmente, una lente di Barlow è una lente negativa concava (divergente), come quelle utilizzate negli occhiali dei miopi (non fatevi fuorviare dal fatto che quando si guardano gli oggetti attraverso una lente divergente questi sembrano più piccoli!). Una buona lente di Barlow non deve aggiungere aberrazioni cromatiche all'immagine e dovrà essere completamente *multi-coated* per consentire la massima trasmissione della luce. Le Powermate sono un passo avanti rispetto alle Barlow normali, perché hanno una lente di campo aggiuntiva in grado di ridurre la vignettatura e perché forniscono una maggiore moltiplicazione della focale.

Spesso, con l'utilizzo di una Barlow o di una Powermate ci si ritrova ad avere rapporti focali maggiori di quelli attesi. Per fortuna, nel sito *web* della TeleVue ci sono alcuni grafici molto utili che mostrano come aumenta il fattore di ingrandimento all'aumentare della distanza di proiezione fra la lente e il *chip* CCD. Quando, nel cammino ottico fra la Barlow/Powermate e la *webcam*, si introducono accessori extra come la ruota portafiltri, è sorprendente come si possano ottenere rapporti focali che vanno ben al di là dei valori nominali 2×, 3×, 4× o 5×. Inoltre, c'è anche un altro fattore che allunga la focale. Quando si utilizzano strumenti composti da specchi e lenti, come gli Schmidt-Cassegrain, la messa a fuoco si ottiene spostando lo specchio principale o quello secondario, quindi la lunghezza focale complessiva dello strumento varia in funzione del fuoco. Predire esattamente quale sarà il rapporto focale del sistema può essere quasi impossibile, ma si può assumere che sia del 20-30% in più del valore atteso. Ad esempio, con il mio Newton di 250 mm f/6,3 e una Powermate 5× dovrei avere un rapporto focale di circa f/31,5. In pratica però, senza aggiungere filtri, ottengo un valore di f/38, con un aumento del 20% rispetto alla focale attesa. Essere a conoscenza di questo effetto può fare risparmiare qualche soldo. Ad esempio, supponiamo che il vostro sistema richieda una Powermate 4× che però è disponibile solo per portaoculari con diametro da due pollici (pari a 50,8 mm). Se si tiene conto di un aumento della focale del 30%, anche una Barlow 3× può essere sufficiente dato che, in pratica, nell'utilizzo sul campo, fornirà un'amplificazione della focale di quasi 4×. Ai prezzi correnti, questo significa risparmiare circa il 60% del costo. Come caso estremo, una Barlow 3× che proietti a una distanza di 100 mm oltre la fine del tubo darà un ingrandimento di 5×. Per una Powermate 5×, questa distanza di proiezione supplementare può portare l'amplificazione della focale fino a 8×.

Prendere confidenza con la *webcam*

Se con la *webcam* siete agli inizi, una volta che ne siete entrati in possesso dovete semplicemente seguire le istruzioni contenute nella confezione e installare il *software* fornito a corredo. Per controllare la *webcam* potete scegliere di utilizzare un *software* diverso da quello fornito dal produttore, ma dovete comunque installare i *driver*, cioè il *software* necessario al sistema operativo per gestire la nuova periferica. In pratica, potete semplicemente utilizzare il *software* fornito a corredo, per iniziare a registrare un video in formato "AVI" sul disco fisso del PC. Per eseguire questa operazione il *software* della Philips che va utilizzato si chiama *Vrecord*, ma dipende dal tipo di *webcam* che avete ordinato.

Se non avete mai utilizzato una *webcam* prima d'ora, è essenziale prendere confidenza con il dispositivo. Per questo è bene passare alcuni giorni a familiarizzare con la *webcam* e con il *software* del produttore, usando l'obiettivo normale della camera per riprendere filmati di prova su soggetti diurni. L'utilizzo dei settaggi "manuali" della *webcam* è molto istruttivo, prima di provare a collegarla al telescopio in modalità "automatica". Per inciso, vale la pena di notare che i piccoli obiettivi delle *webcam* commerciali sono dotati di un rudimentale filtro in plastica, posto dietro le lenti, il cui compito è eliminare la radiazione infrarossa. Una volta che l'obiettivo viene rimosso, tutta la luce dello spettro elettromagnetico raggiunge il CCD, e si potrà sfruttare l'elevata sensibilità del sensore alla radiazione infrarossa (e ultravioletta, anche se in misura inferiore) rispetto all'occhio umano. Anche se una maggiore sensibilità alla luce può sembrare una caratteristica desiderabile, in pratica ciò significa che quando i pianeti sono bassi sull'orizzonte la dispersione dei colori sarà notevole. Per questo motivo, molti astrofili acquistano un economico filtro UV/IR-Cut, in grado di bloccare l'infrarosso e l'ultravioletto, da avvitarsi nell'adattatore della *webcam* o direttamente nella lente di Barlow, in modo da limitare l'intervallo spettrale e fare in modo che la *webcam* restituisca colori più realistici. Per compiere i primi passi questo filtro non è necessario.

Appena siete in grado di usare il *software* della *webcam* e sapete come salvare i video AVI sul disco rigido del PC, potete controllare quanto spazio libero del vostro disco scompare dopo il salvataggio di un filmato. Alla risoluzione di 640×480 *pixel*, ogni *frame* di un video a colori ripreso con la ToUcam occupa quasi mezzo megabyte. Quindi fate attenzione, perché riprendere un video AVI a 10 *frame* per secondo significa occupare il disco fisso a una velocità di 4 o 5 megabyte per secondo, e se il disco non è abbastanza capiente si rischia di saturarlo. Una frequenza di ripresa di 10 *frame* al secondo è una buona scelta. Infatti, a frequenze superiori si perdono i dettagli fini a causa della compressione delle immagini operata dal *firmware* della *webcam*.

Per l'osservatore planetario esistono molte alternative ai *software* che i produttori forniscono con le loro *webcam*. Il più noto è *IRIS*, di Christian Buil. Si tratta di un *software* che è in grado sia di registrare i filmati AVI ripresi con la *webcam*, sia di allineare i *frame* e di elaborarli per ottenere l'immagine finale. Negli anni, l'interfaccia con l'utente è stata notevolmente migliorata e ora *IRIS* è uno dei *software* più potenti e completi a disposizione degli astrofili. *IRIS* può essere scaricato dal sito *web*: **http://www.astrosurf.com/buil/us/iris/iris.htm** che va tenuto d'occhio spesso perché gli aggiornamenti sono molto frequenti. In alternativa, per la registrazione degli AVI si può usare *K3CCD Tools*, scaricabile da **http://www.pk3.org/Astro**. Questo *software*, scritto da Peter Katreniak, può essere utilizzato anche per allineare e sommare i *frame*, ma in questo campo è molto meno versatile di *IRIS* o di *Registax*.

Al telescopio

Una volta presa confidenza con la *webcam*, la si può applicare al telescopio e iniziare a riprendere le immagini dei pianeti. Permettetemi di darvi un consiglio. Una volta che l'obiettivo della *webcam* è stato rimosso per il collegamento con il telescopio, il CCD si trova esposto alla polvere. La polvere sul CCD è molto fastidiosa, quindi va assolutamente evitato che i granelli entrino dal foro dell'obiettivo e si depositino sul sensore. Per questo motivo, il foro dell'obiettivo non va mai lasciato aperto. Nel mio caso, come protezione, lascio la *webcam* permanentemente collegata alla lente di Barlow ma, se non volete arrivare a tanto, anche un cappuccio di plastica posto sull'adattatore della *webcam* può essere una buona soluzione. Se, nonostante le precauzioni, si deposita della polvere sul CCD, per toglierla basta usare una bomboletta d'aria compressa, come quelle utilizzate per rimuovere la polvere dall'interno dei computer.

Il cavo USB che viene fornito con le *webcam* in certi casi può essere corto, anche solo 1,5 metri. Tuttavia, una porta USB riesce a lavorare in modo affidabile anche con cavi lunghi fino a 5 o più metri, quindi è consigliabile l'acquisto di una prolunga USB, in modo da avere una maggiore libertà di movimento. Notare che la prolunga dovrà avere a un estremo una connessione USB maschio, mentre all'altro estremo dovrà avere una porta USB femmina. I maggiori osservatori planetari di solito non osservano in remoto, da dentro casa, bensì direttamente vicino al telescopio, perché la centratura dei pianeti sul CCD della *webcam* con una precisione di pochi primi d'arco richiede la presenza dell'osservatore sul posto. Inoltre, anche le condizioni del *seeing* si valutano più facilmente stando al telescopio. Di solito il PC è collocato in prossimità del telescopio, a meno che quest'ultimo non sia vicino a una finestra da cui fare passare il cavo USB della *webcam*, quello del focheggiatore motorizzato e quello della pulsantiera del telescopio. L'utilizzo di un computer portatile è una scelta consigliabile, così si evita di portare continua-

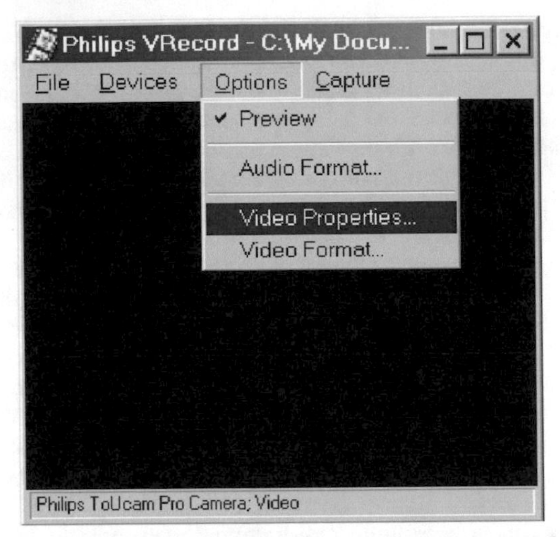

Figura 7.3. Scelta delle proprietà video nel *software* di gestione della Philips.

mente dentro e fuori casa tutto l'*hardware* del PC. Come abbiamo detto in un capitolo precedente, un'accurata messa a fuoco è molto importante: quindi, bisogna essere in grado di vedere lo schermo del PC mentre si sta focheggiando. In altre parole, ci deve essere un buon *feedback* fra gli occhi dell'osservatore che guardano lo schermo del PC e la mano che focheggia. Senza ombra di dubbio, l'oggetto migliore su cui fare le prime prove di riprese notturne è la Luna.

Ecco qui una lista delle operazioni da compiere, passo dopo passo, basata sulla mia esperienza:

1 - Assicurarsi che la *webcam* sia collegata alla porta USB prima di avviare il PC.
2 - Accendere il PC e mandare in esecuzione il *software* della *webcam* (per esempio *IRIS* o *K3CCDTools*).
3 - Una volta accesa la *webcam*, controllare che la risoluzione sia impostata a 640×480 *pixel*

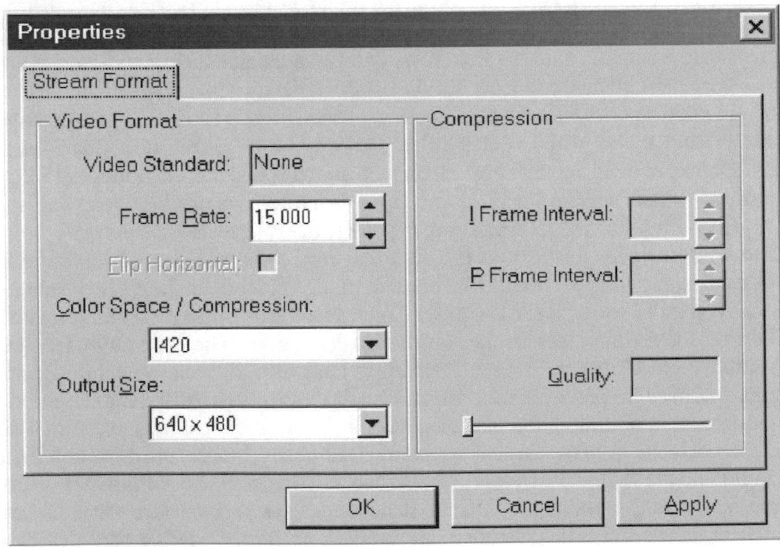

Figura 7.4. Impostazione delle proprietà video per avere una risoluzione di 640×480.

accedendo al *software* di controllo (vedi Figure 7.3 e 7.4).

4 - Disabilitate l'impostazione per la ripresa automatica; dobbiamo ottenere un completo controllo manuale sul tempo di esposizione e sulla frequenza di acquisizione (o *frame rate*).

5 - Alzare il guadagno vicino al valore massimo e scegliere un *frame rate* di 10 *frame* al secondo con una esposizione di 1/25 secondo (in modalità manuale). Nella modalità manuale il valore di 1/25 secondo è privo di significato! Il tempo di esposizione corretto è di 1/10 secondo a 10 *frame* al secondo.

6 - Collegare la *webcam* e il suo adattatore alla lente di Barlow/Powermate.

7 - Dirigere la luce di una torcia verso la lente di Barlow e controllare sullo schermo del PC che l'immagine fornita dalla *webcam* sia luminosa.

8 - Puntare il telescopio visualmente, in modo tale che il pianeta sia esattamente nel mezzo del campo di vista dell'oculare. Per i principianti, la Luna è un obiettivo molto facile da centrare.

9 - Rimuovere l'oculare e mettere la combinazione *webcam*/adattatore/Barlow nel tubo di focheggiatura. A questo punto, sullo schermo del PC dovrebbe essere visibile una chiazza luminosa (il pianeta sfocato o la superficie lunare). Se la montatura del telescopio non è molto stabile ora bisogna procedere con cautela. Il peso supplementare della *webcam*/Barlow può sbilanciare il tubo e il pianeta può uscire dallo schermo. Una buona esperienza nel valutare il grado di spostamento tornerà utile per il ricentraggio. Per facili tare questo compito può essere utile usare un telescopio di guida montato sul tubo ottico del principale, dotato di oculare con reticolo in grado di portare il pianeta esattamente al centro del campo di vista del CCD. Un'altra possibilità consiste nel cercatore a *flip-mirror*, anche se può essere complicato da usare, specialmente nei Newton.

10 Focheggiare il telescopio fino a quando l'obiettivo non si presenta ben nitido sullo schermo del PC. Per mettere a fuoco Giove, si può aumentare temporaneamente il guadagno della *webcam* e concentrarsi sui suoi satelliti; per Saturno, una buona guida per il fuoco è la Divisione di Cassini. L'uso di un focheggiatore motorizzato permetterà di mettere a fuoco senza le vibrazioni che la mano trasmette inevitabilmente al focheggiatore. Per la Luna, un buon obiettivo su cui mettere a fuoco è qualsiasi cratere che sia posto in prossimità del terminatore.

11 Una volta che si è soddisfatti del fuoco (e quando il *seeing* è scarso non lo si è mai), bisogna impostare il *frame rate* a, diciamo, 5 o 10 *frame* al secondo e tenere l'esposizione a 1/25 secondo (vedi le Figure 7.5 e 7.6). A questo punto, con la luminosità impostata a un valore mediano, modificare il guadagno fino a quando il pianeta diventa ragionevolmente luminoso ma senza che alcuna zona dell'immagine sia saturata. Ora si può chiudere la finestra delle proprietà e controllare quello che viene ripreso dalla *webcam*.

12 Posizionare il pianeta in modo tale che non cada proprio su qualche macchia di polvere depositata sul *chip* della *webcam*.

13 Attivare il menù di cattura dei filmati AVI, scegliere una durata per la ripresa, il *frame rate* e un nome per il *file*, ad esempio 120 secondi, 10 *frame* al secondo, Giove1. Premere il tasto "Invio" sulla tastiera del PC!

Dopo avere premuto "Invio", il *software* di acquisizione, a mano a mano che arrivano i dati, comincerà a salvare il filmato AVI prodotto dalla *webcam* sul disco fisso del PC. *Registax*, uno fra i migliori *software* per l'allineamento dei singoli *frame*, può trattare *file* con dimensioni fino a 2 Gigabyte, il che equivale a circa 4500 *frame* alla risoluzione di 640×480 *pixel*. Il numero massimo di *frame* che *Registax* può elaborare è 10.000.

Ora è venuto il momento di affrontare il problema dell'elaborazione delle immagini. Prima, però, un avvertimento. Durante l'acquisizione dei filmati dalla *webcam* non c'è bisogno di registrare anche i suoni: è un'informazione del tutto inutile. Per questo motivo, prima di iniziare a salvare l'AVI, assicuratevi di avere disabilitato la registrazione del suono nella finestra delle proprietà

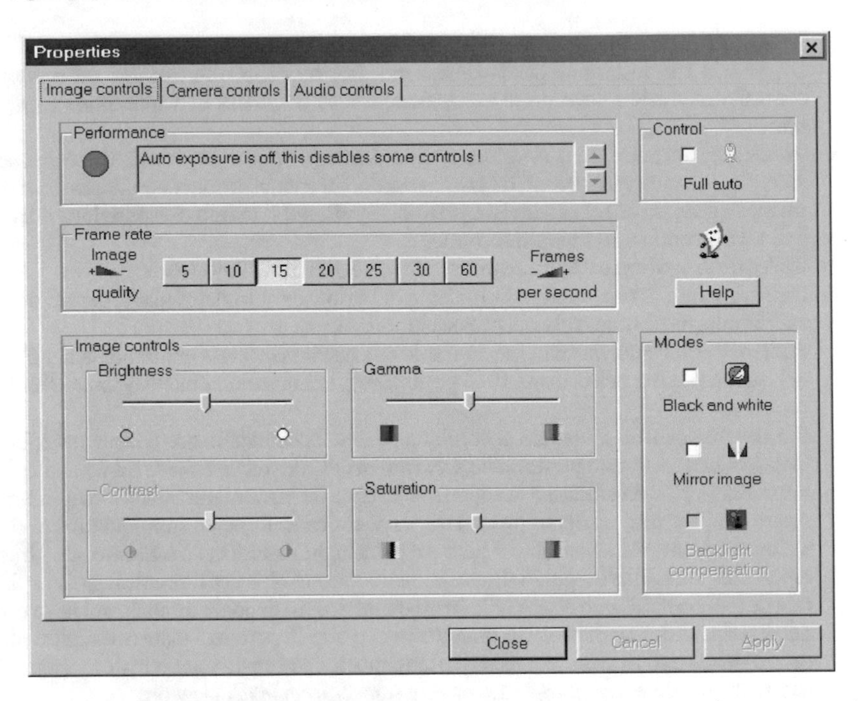

Figura 7.5. Le impostazioni riguardanti il *frame rate*, il gamma, la luminosità e la saturazione dell'immagine possono essere controllate dalla finestra "Controllo immagine" del *driver* della Philips.

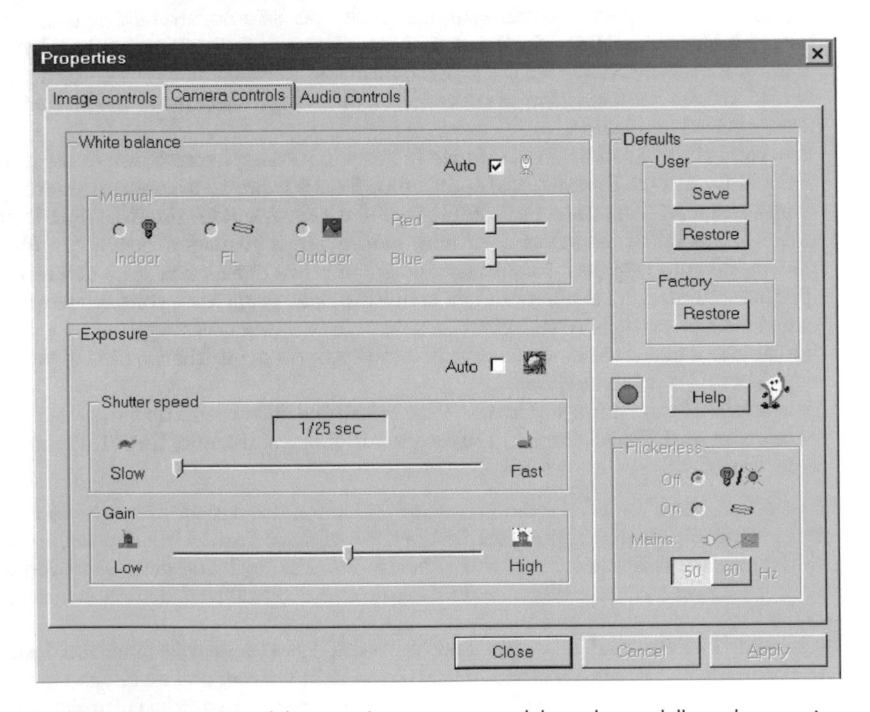

Figura 7.6. L'impostazione del tempo di esposizione e del guadagno della *webcam* può essere fissata dalla finestra "Controlli della camera" del *driver* Philips.

della *webcam*. Oltre che a salvare dati inutili, tenere acceso il microfono della *webcam* può portare *Registax* a mostrare, occasionalmente, un errore iniziale del tipo "errore nella decompressione AVI". In questo malaugurato caso, tutto il lavoro di un'intera notte rischia di andare perso. Per restare sul sicuro, io controllo sempre che *Registax* riesca ad aprire il video AVI appena salvato mentre sono ancora al telescopio.

Ora che si è imparato come salvare un *file* AVI della *webcam* sul disco fisso, è venuto il momento di vedere come trasformare le immagini confuse che si vedono sullo schermo del PC in un'immagine finale di alta qualità. Non abbiamo ancora parlato dei "trucchi" che si usano nell'*image processing* planetario, ma ne vedremo molti più avanti.

All'inizio degli anni '90, quando la ripresa di immagini CCD planetarie era ancora agli albori, era pratica comune riprendere un centinaio o più di immagini planetarie nel corso della notte, nella speranza di trovare un momento in cui il *seeing* atmosferico concedesse una tregua. Quando si riusciva a ottenere una buona immagine, se l'osservatore nel frattempo non era congelato, si poteva terminare la sessione osservativa e rientrare in casa! Alla fine degli anni '90, gli astrofili planetari iniziarono a utilizzare camere CCD con tempi di scaricamento relativamente brevi, in modo tale che in pochi minuti si potevano sommare insieme una dozzina di immagini nitide. Successivamente, sono comparse le *webcam* e ora è possibile catturare centinaia o migliaia di *frame* prima che il pianeta ruoti sensibilmente attorno al proprio asse. Naturalmente, quando il numero di *frame* è molto elevato, è necessario un *software* che sommi automaticamente i singoli *frame*. Fra i *software* che dominano in questo campo, vi è il già più volte citato *Registax*, scritto dall'olandese Cor Berrevoets (Figura 7.7). Questo applicativo è, senza dubbio, il *software* di somma e allineamento dei *frame* AVI più popolare e può essere liberamente scaricato dal sito *web*: **http://aberrator.astronomy.net/Registax/**. *Registax* è anche fornito con il NexImage della Celestron. Un'altro *software* molto famoso in questo campo è *IRIS*, del francese Christian Buil, scaricabile liberamente dal sito *web:* **http://www.astrosurf.com/buil/us/iris/iris.htm**.

Una volta scaricato *Registax* dalla pagina *web* di Aberrator, basta mandare in esecuzione il *file*

Figura 7.7. Cor Berrevoets. Il genio del *software* ha semplificato il processo di somma e allineamento di centinaia o migliaia di *frame* ripresi con la *webcam*, aprendo così una nuova era per l'*imaging* amatoriale dei pianeti. Immagine: Cor Berrevoets.

di *setup*: il *software* si installa automaticamente nel sistema, come qualsiasi altra applicazione *Windows*. Per quanto riguarda l'allineamento e la somma dei *frame*, *Registax* è molto semplice da gestire. La finestra di apertura del programma è mostrata nella Figura 7.8. La lettura dell'Help di *Registax* è più che sufficiente per imparare la procedura di base per l'allineamento e la somma dei *frame*. Comunque vediamola brevemente nelle sue linee essenziali (i *file* dell'Help sono in formato Word e vengono scaricati quando si fa il *download* del programma). Una volta avviato *Registax*, fare *click* con il *mouse* su "Select" e caricare il *file* AVI che si vuole elaborare (per esempio Jupiter1.avi). Assicurarsi che sia selezionata l'opzione per l'elaborazione a colori e quindi impostare l'area di elaborazione a 512 *pixel* e quella di allineamento a 256 *pixel*. Se si seleziona "*Frame List*" verrà mostrata una finestra che elenca tutti i *frame* del video. Selezionando un *frame* della lista con il *mouse* e utilizzando le frecce della tastiera per muoversi su e giù si può passare in rassegna ogni singolo *frame*. In questo modo si possono scegliere manualmente i *frame* più nitidi e deselezionare quelli rovinati dal cattivo *seeing*, in modo da non includerli nell'operazione di allineamento e somma. Se non si vuole passare in rassegna ogni singolo *frame*, se ne può cercare uno dove l'immagine del pianeta è particolarmente nitida e sceglierlo come riferimento su cui allineare e sommare tutti gli altri. Quando si trova un *frame* nitido, con la Divisione di Cassini degli anelli di Saturno perfettamente nitida o le lune di Giove che assomigliano a minuscoli pallini, basta spostare il *mouse* sul *frame* scelto e posizionare il quadrato di allineamento attorno al pianeta. A questo punto, per selezionare il *frame* come riferimento per tutti gli altri, basta fare click con il pulsante sinistro del *mouse*. Con quest'ultima operazione si registra l'immagine di riferimento e si può passare alla fase di allineamento e somma. Più avanti vedremo come usare le opzioni avanzate che *Registax* mette a disposizione.

In questa fase ci sono numerose opzioni per l'allineamento e la somma ma, per ottenere i primi risultati, si possono lasciare le impostazioni standard che vanno bene un po' per tutti i casi. Sarà

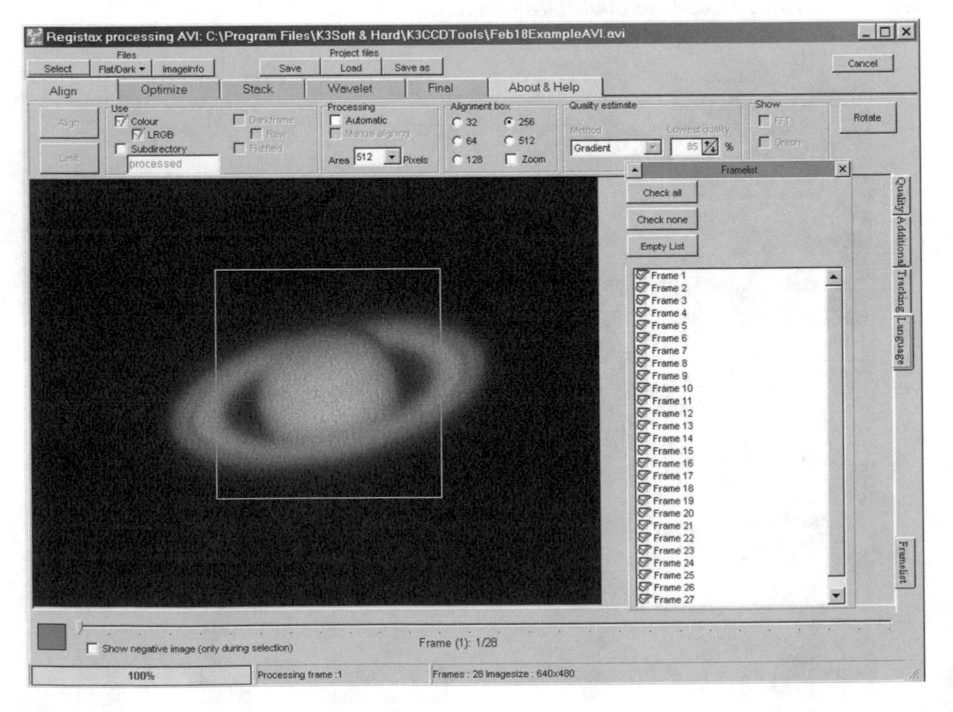

Figura 7.8. La finestra di apertura di *Registax*. Dopo aver cliccato su "Select" (in alto a sinistra) e caricato il *file* AVI che si vuole elaborare, i singoli *frame* possono essere esaminati nella finestra "Framelist" (a destra). Facendo click sinistro con il *mouse* su un *frame* nitido lo si seleziona come riferimento per l'allineamento e la somma di tutti gli altri.

sufficiente far partire, nell'ordine, i processi di allineamento, ottimizzazione e somma: il *software* funzionerà automaticamente, allineando e sommando tutti i *frame* che rientrano nel limite dell'80% di qualità dal *frame* scelto come riferimento. La durata del processo di allineamento e somma può andare da alcuni minuti a un paio d'ore, a seconda del numero di *frame* e della velocità del processore del PC (presto vorrete avere un PC più veloce). Vale la pena di aspettare, perché il risultato finale sarà un'immagine luminosa e con poco rumore, la somma dei migliori *frame* del video AVI di partenza. Prima di procedere oltre, bisogna salvare questa immagine cliccando sul pulsante "*Save Image*": i formati possibili sono bmp, png, fit, tiff o jpg. Una volta acquisita una maggiore familiarità con *Registax* si potrà imparare come fare l'allineamento e la somma dei soli *frame* migliori. Un consiglio: evitando di attivare il processo "*Optimize*", le operazioni di allineamento e somma verranno eseguite molto più velocemente. Ho scoperto che saltando "*Optimize*" si elimina meglio il disturbo elettrico che può essere presente in alcuni *frame*, specialmente quelli maggiormente degradati dal *seeing*.

Quando tutti i *frame* sono stati sommati, appare la finestra di elaborazione delle immagini mostrata nella Figura 7.9. A questo stadio, *Registax* può fornire alcune *routine* di elaborazione molto potenti e si possono ottenere buoni risultati agendo sul filtro *wavelet*, sul contrasto, sulla luminosità e sul gamma. I comandi del filtro *wavelet* (a sinistra) sono un po' spartani ma, per iniziare, ricordatevi che i comandi dei *layer* ("strati" o "livelli") 1 e 2 evidenziano o sopprimono i dettagli più fini (come i *pixel* rumorosi), mentre agendo sui *layer* 5 e 6 si evidenziano o si sopprimono dettagli molto più grandi. Il filtro *wavelet* si comporta un po' come l'*Unsharp Mask* presente in altri *software*. Muovere i cursori dei *layer* del filtro *wavelet* può essere piacevole e frustrante allo stesso tempo (vedi Figura 7.10). Come prima cosa, si può spostare verso destra il cursore del *layer* 4, in modo da avere un'idea di quali saranno i dettagli evidenziabili. Sul resto dell'elaborazione con il filtro *wavelet* tornerò più avanti.

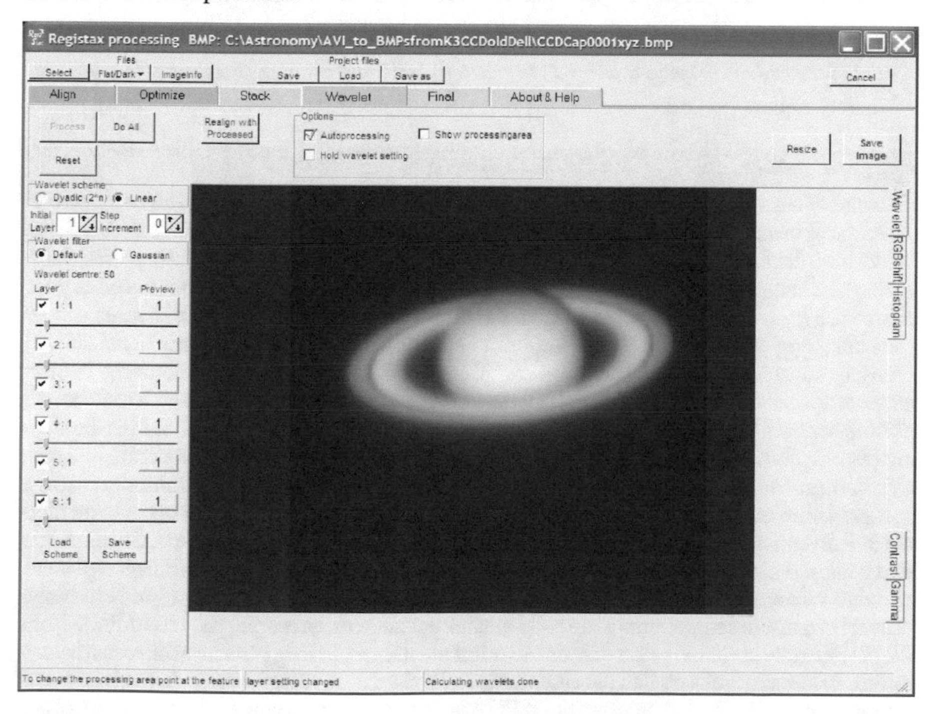

Figura 7.9. Dopo avere allineato e sommato i *frame*, *Registax* mostra la finestra con i comandi per il filtro "*wavelet*". Inizialmente i cursori (a sinistra), sono impostati sul valore 1, e per aumentare la visione dei dettagli devono essere spostati verso destra. I *layer* superiori gestiscono i dettagli fini, quelli inferiori i dettagli più grandi.

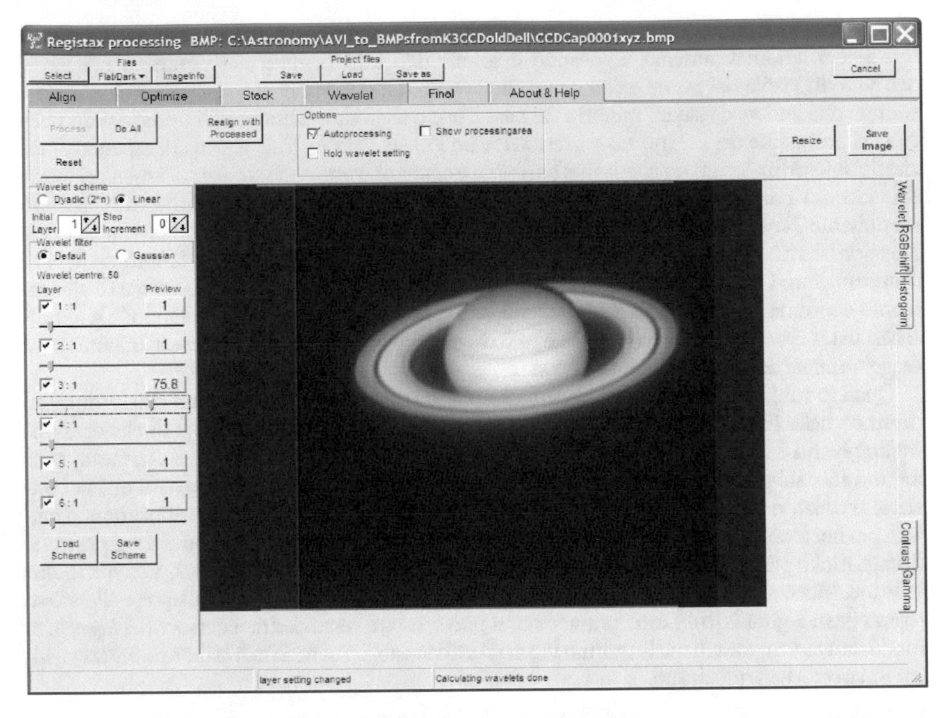

Figura 7.10. La stessa finestra *wavelet* mostrata nella Figura 7.9, ma con il cursore del *layer* 3 spostato verso destra. Rispetto a prima, l'immagine di Saturno è diventata notevolmente più nitida.

Bitmap, Tiff e Jpeg

Prima di terminare questa introduzione sull'uso della *webcam*, vorrei spendere alcune parole sui formati dei *file* delle immagini, per i lettori che muovono i primi passi nel campo dell'elaborazione. La maggior parte delle immagini che si trovano sul *web* o che si ricevono con la posta elettronica (e-mail) sono nel formato jpeg. Per questo formato il nome del *file* termina con l'estensione ".jpg". A differenza degli ingombranti *file* bitmap (con estensione .bmp) e dei tiff (.tif), i *file* jpeg sono *file* contenenti immagini compresse. In altre parole, la dimensione che l'immagine occupa sul disco fisso del PC può essere ridotta notevolmente, al prezzo di una riduzione della qualità dell'immagine stessa. Le immagini jpeg occupano poco spazio, ma per renderle ancora più piccole vengono usati *software* di compressione che considerano blocchi di 8×8 *pixel* e creano un codice compatto per riassumere i dati contenuti (su colore e luminosità). Con la compressione massima (qualità dell'immagine bassa, dimensione del *file* piccola), alcuni blocchi 8×8 diventano un *pixel* 8×8, senza variazioni di colore o di luminosità interne. Chiaramente, una compressione del genere non è adatta nell'*imaging* planetario. Infatti, le immagini planetarie sono relativamente piccole e le opzioni jpeg, per preservare il massimo di informazione, dovrebbero essere sempre impostate sulla qualità più alta/compressione più bassa/dimensione del *file* più grande. Quindi, ricordate che se utilizzate il formato jpeg per salvare il vostro lavoro, dovete farlo sempre alla qualità più alta possibile. *Registax* lo fa di *default* ma altri *software*, specialmente se qualcun altro ha utilizzato il PC prima di voi, non lo fanno e bisogna controllare, pena la perdita di dati!

Per avere l'immagine *raw* nella più alta qualità possibile, basta salvarla nel formato 'FITS' a 32 *bit*, prima di usare il filtro *wavelet* (FITS = Flexible Image Transport System).

CAPITOLO OTTO

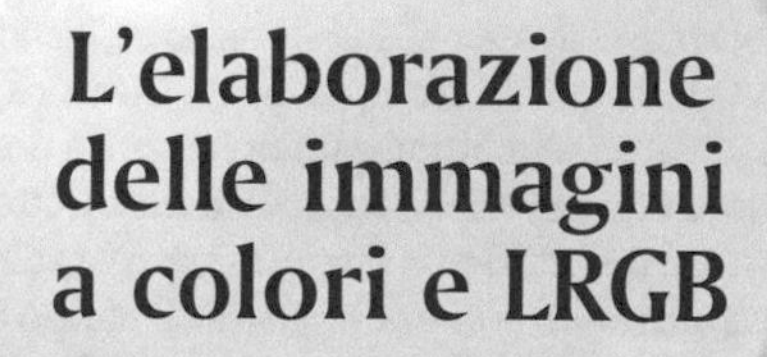

L'elaborazione delle immagini a colori e LRGB

Tecniche avanzate di elaborazione

Non sorprenderà sapere che le immagini prodotte dai migliori osservatori planetari sono ottenute con procedimenti *software* che vanno ben oltre le tecniche di base che abbiamo visto finora. Per citare Damian Peach, ottenere i migliori risultati è un lavoro senza fine che consiste in piccoli "miglioramenti, miglioramenti e ancora miglioramenti". Spesso, i principianti dell'*imaging* planetario commettono lo stesso errore, cioè spingono troppo l'elaborazione *software* nel vano tentativo di compensare il *seeing* scarso o un telescopio collimato male. Tuttavia, l'*image processing* non è onnipotente e, se l'immagine originale grezza contiene poca informazione, non c'è elaborazione che la possa recuperare: non si può estrarre informazione da un'immagine che ne è priva. In questi casi, un'immagine con un'elaborazione che porti ad avere un pianeta di "aspetto naturale" è di gran lunga preferibile a una pesantemente elaborata. Ma quali sono i veri colori planetari? Questa è una domanda a cui è molto difficile rispondere. Infatti, schermi di PC diversi mostrano i colori in modo differente l'uno dall'altro e le immagini dei pianeti inviate a terra dalle sonde spaziali non sono state fatte attraverso l'atmosfera terrestre che, a causa della diffusione della luce, aggiunge una leggera dominante rossastra. Inoltre, le immagini dei pianeti ripresi dalle sonde spaziali mostrano piccole variazioni di colore da una missione all'altra e raramente sono identiche a quelle mostrate dal Telescopio Spaziale "Hubble". Sia i professionisti sia gli *imager* amatoriali elaborano le immagini per aumentare quanto più possibile dettaglio e colore, quindi stabilire quale sia il "colore vero" di un pianeta è un campo minato. Infatti, del vero colore dei pianeti si discute continuamente in molti forum astronomici, e su questo argomento si potrebbe scrivere un intero libro. Il consiglio migliore che posso dare è di elaborare l'immagine procedendo per piccoli passi, fino a quando il risultato non assomiglia a quello che si vede attraverso l'oculare. Una domanda che viene spontanea è: come fanno gli astrofili più esperti a ottenere immagini planetarie nitide, con colori naturali? In questi casi è molto istruttivo cercare di seguire esattamente il loro procedimento per riottenere i loro stessi risultati: perché sono così buoni? Sono fortunati con le condizioni meteo o godono di un *seeing* particolarmente favorevole? La risposta a tutte queste domande è "No!" Come per molte altre cose della vita, gli ottimi risultati sono principalmente dovuti a un duro lavoro e a una dedizione quasi maniacale. Come abbiamo visto nei capitoli precedenti, i migliori astrofili osservano in molte notti e per la maggior parte del tempo ogni notte. Inoltre, prestano un'attenzione ossessiva sia alla collimazione, sia alla messa a fuoco; e la scala dell'immagine si avvicina a 0,1 secondi d'arco per *pixel*. Tutto ciò che questi astrofili fanno rasenta il limite, e per ogni pianeta viene impiegata una tecnica diversa: infatti, ogni pianeta è caratterizzato da un suo colore e una sua velocità di rotazione. Inoltre, in termini di elaborazione delle immagini, i migliori *imager* planetari non lasciano intentata alcuna strada. Per inciso, vale la pena menzionare qui un errore molto comune riguardo al tempo di esposizione massimo che una *webcam* non modificata può offrire. Praticamente, tutte le *webcam* commerciali di tipo USB, come la Philips ToUcam Pro, hanno un menu in stile *Windows* che consente di impostare un tempo di esposizione massimo pari a 1/25 di secondo e un *frame rate* minimo di cinque *frame* al secondo. Si potrebbe quindi pensare che, usando la *webcam* in modalità manuale a 5 o 10 *frame* per secondo, il sensore CCD resti inattivo nell'intervallo di tempo tra due esposizioni successive. Non è così. Con la modalità di esposizione manuale, e il tempo di esposizione al minimo (1/25 di secondo sul menu), un *frame rate* di 10 *frame* al secondo dà un tempo di esposizione di 1/10 di secondo, mentre un *frame rate* di 5 *frame* al secondo fornisce un tempo di esposizione di 1/5 di secondo: in modalità manuale la *webcam* esporrà per il tempo più lungo possibile, anche se l'impostazione di 1/25 di secondo fa pensare altrimenti! A questo proposito ho eseguito alcuni test sulla *webcam* Philips ToUcam e sono giunto alle seguenti conclusioni. All'esposizione minima di 1/25 secondo, impostando un *frame rate* di 5, 10 e 15 *frame* al secondo, si ottengono esposizioni di 1/5, 1/10 e 1/15 di secondo. Se si seleziona un'esposizione di 1/33 di secondo, con *frame rate* di 5, 10 e 15 *frame* al secondo, i tempi di esposizione sono, rispettivamente, di 1/10, 1/20 e 1/30 di secondo. Infine, se si imposta un tempo di esposizione di 1/50 di secondo, con *frame rate* di 5, 10 e 15 *frame* al secondo, si ottengono esposizioni, rispettivamente, di 1/30, 1/50 e 1/50 di secondo. In pratica, impostando un'esposizione di 1/25 di secondo con 10 *frame* al secondo si ottengono i migliori risultati. Infatti con questo *frame rate* la compressione è trascurabile, e un'esposizione effettiva di 1/10 di secondo dà un buon rapporto segnale/rumore, anche su pianeti poco luminosi come Saturno. Usare un *frame rate* maggiore di 10 *frame* per secondo costringe le *webcam* USB 1.1 a comprimere i dati in blocchi di 4×4 *pixel*, riducendo così l'informazione contenuta nell'immagine e, di fatto, abbassando la risoluzione del sistema. Per fortuna, in buone condizioni di *seeing*, un'esposizione di 1/10 di secondo è sufficiente per congelare gran parte della turbolenza atmosferica. Se si utilizzano *frame rate* più elevati, a patto di sommare migliaia di immagini compresse, l'aspetto a blocchi tende a sparire, ma la risoluzione ne risentirà comunque. In condizioni di *seeing* quasi perfetto, si può utilizzare un *frame rate* di 5 *frame* al secondo, in modo da avere un buon rapporto segnale/rumore.

La dispersione atmosferica

Fino ad ora ho parlato poco dell'elaborazione a colori delle immagini planetarie, ma è essenziale una comprensione approfondita del colore e anche della percezione da parte del sistema occhio/cervello di ciò che appare sul monitor del PC.

Se si osserva da alte latitudini (cioè se ci si trova distanti dall'equatore), i pianeti non saranno mai allo zenit. Questo fa nascere il problema della dispersione atmosferica, cioè della scomposizione della luce nei suoi colori fondamentali. Sappiamo bene come un prisma di vetro sia in grado di scomporre la luce nei suoi colori costituenti. Bene, l'atmosfera della Terra si comporta allo stesso modo: quanto più un oggetto è basso sull'orizzonte, tanto maggiore è la dispersione. Gli effetti sono particolarmente evidenti sulla Luna, con i bordi dei crateri più luminosi contornati da un alone rosso e blu quando il nostro satellite è basso sull'orizzonte. Sfortunatamente, la dispersione atmosferica è abbastanza significativa e in grado di limitare seriamente la risoluzione di un telescopio su qualsiasi pianeta che si trovi a una altezza sull'orizzonte inferiore ai 35°. Un pianeta a un'altezza di 90° sull'orizzonte, cioè allo zenit, non subirà alcuna dispersione di colore. A 60° di altezza, la dispersione dello spettro visibile, dal rosso al blu, misura 0,35 secondi d'arco, pari alla risoluzione teorica di un telescopio di 30 cm di diametro. Scendendo a 45° di altezza, lo spettro visibile sarà disperso su 0,6 secondi d'arco che è, approssimativamente, la risoluzione di un telescopio di 20 cm di diametro. Da qui in poi l'effetto della dispersione diventa drammatico! A 30° dall'orizzonte la dispersione è di 1 secondo d'arco, mentre a 18° si arriva a 2 secondi d'arco. Naturalmente, a queste altezze ci sono anche altri effetti indesiderabili. Infatti, dato che la luce attraversa una considerevole quantità d'aria, il *seeing* sarà cattivo e l'immagine del pianeta tenderà a essere più scura.

Per fortuna, c'è una soluzione, anche se parziale, al problema della dispersione atmosferica. Tutte le immagini digitali a colori sono costituite da tre immagini riprese nei canali rosso, verde e blu, che possono essere separati a discrezione dell'utente. Ad esempio, *Registax* ha una funzione, chiamata RGB Align (vedi Figura 8.1), con cui l'utente può scegliere di spostare i canali rosso, verde e blu di ogni immagine l'uno rispetto all'altro, fino a far sparire le frange colorate

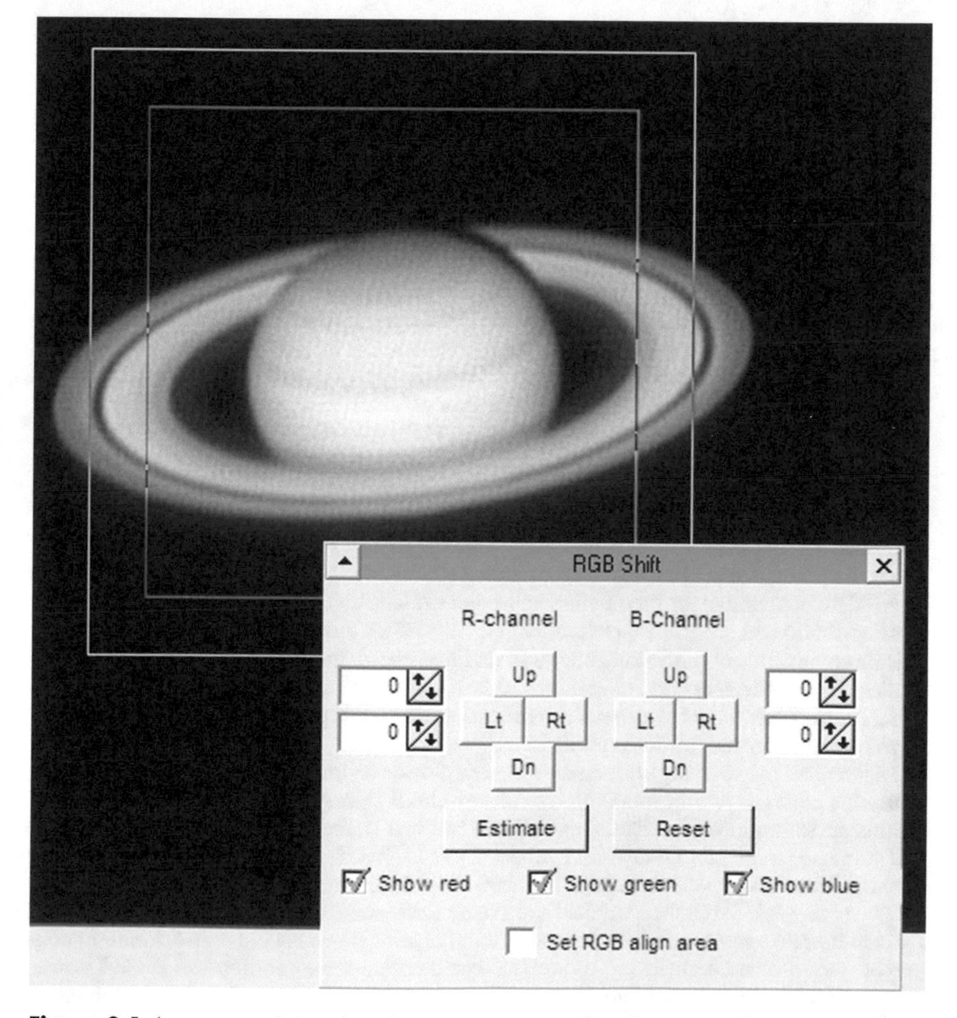

Figura 8.1. Lo strumento RGB Align di *Registax* permette di spostare i canali rosso, verde e blu in modo da compensare la dispersione atmosferica.

sul bordo planetario o sui crateri lunari più luminosi. Naturalmente, questa non è una soluzione perfetta ma, almeno esteticamente, un pianeta senza i bordi rosso e blu ai due estremi opposti ha un aspetto molto migliore. Inutile dire che quando un pianeta passa sul meridiano locale (verso sud se ci si trova nell'emisfero settentrionale, verso nord se ci si trova in quello meridionale) è nel punto più alto sull'orizzonte e quindi la dispersione atmosferica è minima. Per questo motivo è preferibile osservare i pianeti durante il transito in meridiano. Un'altra soluzione al problema della dispersione consiste nell'utilizzare un dispositivo ottico dotato di prismi in grado di compensare l'effetto dispersivo dell'atmosfera. La compensazione della dispersione può sembrare un problema ottico molto complesso ma la AVA (Adirondack Video Astronomy) ha recentemente messo sul mercato un economico prisma che può essere impostato per correggere la dispersione atmosferica per diverse altezze dei pianeti sull'orizzonte. Ricordo di avere visto per la prima volta un dispositivo di questo tipo nel 1984, quando feci visita a Horace Dall (un ottico leggendario); ora, per fortuna, lo si può trovare sul mercato.

La tecnica LRGB

Una soluzione alternativa al prisma ottico o alla separazione dei canali RGB digitali consiste nel riprendere i pianeti attraverso filtri a banda stretta centrati sul rosso, verde e blu e combinare successivamente le immagini per ottenere quella a colori finale. A prima vista, questa tecnica potrebbe sembrare un passo indietro rispetto all'utilizzo delle *webcam* a colori, economiche e facilmente disponibili, e sicuramente si tratta di una strada più difficile da percorrere. Tuttavia, essa presenta grandi vantaggi quando un pianeta si trova a bassa altezza sull'orizzonte. Le *webcam* a colori, per le loro riprese, utilizzano una matrice di filtri che copre tutti i *pixel* del sensore CCD. Come abbiamo già visto, tipicamente ogni blocco di 2×2 *pixel* ha un *pixel* con un filtro rosso, un *pixel* con un filtro blu e due *pixel* con un filtro verde. In questo modo, a causa della presenza dei filtri, la sensibilità di una *webcam* viene ridotta in modo significativo. In una *webcam* monocromatica, per ottenere immagini a colori bisogna usare filtri di vetro a tutta apertura (in modo che ricoprano l'intero *chip*), riducendo anche in questo caso la sensibilità del CCD. Tuttavia, con un sensore monocromatico si può ottenere un segnale di "luminanza", cioè un'immagine senza filtri ad alto rapporto segnale/rumore, che può essere colorata con le immagini riprese tramite filtri. Il vantaggio consiste nel fatto che l'immagine finale a colori avrà un rumore inferiore a quello di un'immagine ottenibile tramite la *webcam* con filtri Bayer. La tecnica che viene utilizzata per combinare il segnale di luminanza con le informazioni sul colore è nota come LRGB (*luminance-red-green-blue*) ed è molto potente. Anche *Registax* ha una funzione incorporata, espressamente dedicata all'LRGB, che permette di scindere e ricombinare insieme i canali colore ottenuti con una *webcam* dotata di una matrice di filtri con schema Bayer (vedi Figure 8.2 e 8.3). Tuttavia, questo *tool software* non è efficace come ottenere vere immagini LRGB da una *webcam* monocromatica perché, di solito, il colore che si ottiene in quest'ultimo caso ha una profondità di 24 *bit* (3×8 *bit*) effettivi su cui agire. Fra poco vedremo alcune tecniche di luminanza ancora più potenti, che possono essere implementate ricorrendo a filtri specifici.

La funzione LRGB di *Registax*, quando viene utilizzata su un filmato AVI ottenuto con una *webcam* a colori, lavora in modo diverso da un LRGB puro, perché costruisce il segnale di luminanza (o luminosità) dell'immagine finale con una miscela dei canali rosso, verde e blu dell'immagine esistente. Di *default*, i rapporti per la miscela che dà l'aspetto più naturale quando si usa una *webcam* come la ToUcam sono i seguenti: luminanza = 0,299×rosso + 0,587×verde + 0,114×blu. Naturalmente, al canale verde viene dato il peso maggiore, dato che l'occhio umano è molto sensibile a questo colore, mentre al segnale blu è dato il peso minore perché questo canale è quello più rumoroso, a causa del sistema di compressione dell'immagine YUV adottato dalla *webcam*. Se in *Registax* si modificano i pesi relativi dei canali rosso, verde e blu, si possono ottenere cambiamenti significativi nell'aspetto del pianeta ripreso con la *webcam*. Su Marte, aumentare il peso del canale rosso significa aumentare significativamente

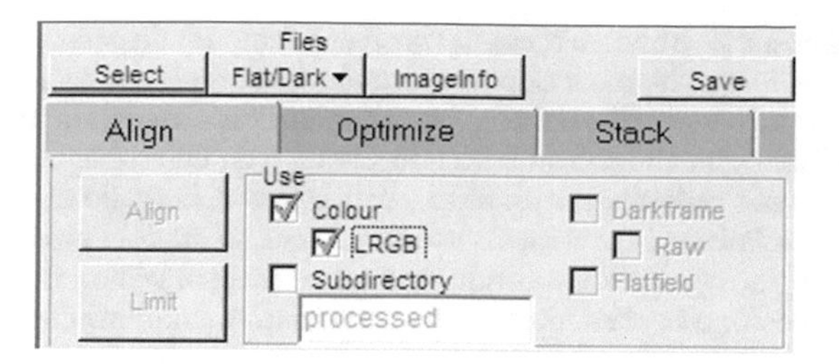

Figura 8.2. Se si seleziona la funzione LRGB di *Registax*, la luminanza (luminosità) dell'immagine finale viene ricostruita usando i canali colorati meno rumorosi.

il contrasto dell'immagine, mentre su Saturno, a mano a mano che cresce il peso del canale blu (anche se rumoroso) aumenta la visibilità delle tenui bande del pianeta. Tuttavia, il vero *imaging* LRGB può essere ottenuto solo utilizzando filtri colorati abbinati con una camera monocromatica. Per il principiante, un modo economico per attenuare la dispersione consiste nell'impiegare un filtro per il blocco delle frequenze UV-IR che, almeno, limita lo spettro elettromagnetico alla banda del visibile, escludendo le regioni dell'infrarosso e dell'ultravioletto. Tuttavia, se si usano camere monocromatiche, ci sono soluzioni anche migliori.

Il vantaggio delle riprese nel profondo rosso

A prima vista, potrebbe non essere chiaro come la tecnica LRGB possa essere utilizzata per risolvere il problema della dispersione atmosferica. Sicuramente, in un'immagine di luminanza

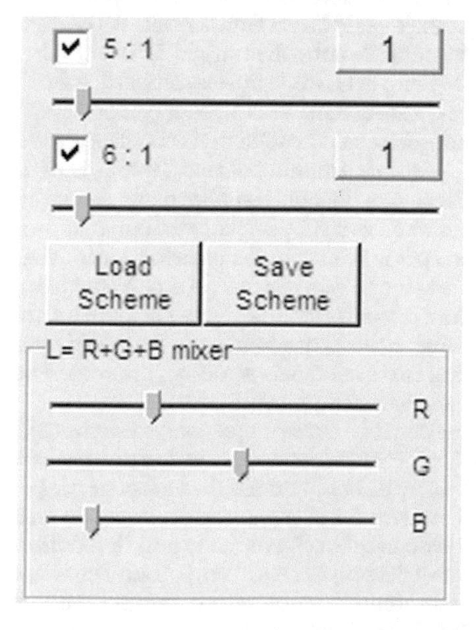

Figura 8.3. Una volta che in *Registax* si seleziona l'elaborazione LRGB, i cursori permettono di ricostruire il segnale di luminanza da una qualsiasi mescolanza dei canali colorati.

la dispersione atmosferica è ancora presente: ma è una semplice dispersione monocromatica? Certamente, ma gli *imager* hanno sviluppato alcuni metodi molto efficaci per trattare un pianeta che si trovi molto basso sull'orizzonte. Tanto per iniziare, il segnale di luminanza non deve provenire da un'immagine monocromatica non filtrata o da un'immagine ripresa con un filtro UV/IR-Cut. Invece, si deve usare un filtro a banda stretta, in grado di ottenere il massimo contrasto possibile sul pianeta che si sta osservando. In questo modo si possono ottenere ottimi risultati. Se l'immagine con il filtro a banda stretta è ripresa nel profondo rosso (o infrarosso vicino), i risultati possono essere addirittura sorprendenti. A chiunque conosca le basi dell'ottica questa affermazione sembrerà poco intuitiva. Dopo tutto, la luce blu ha una lunghezza d'onda più piccola della luce rossa e una lunghezza d'onda più piccola significa una risoluzione teorica maggiore? In teoria le cose stanno proprio così, ma in questo caso la teoria e la pratica non coincidono. Infatti il *seeing* atmosferico è molto migliore nel profondo rosso, anche se la lunghezza d'onda della radiazione è più lunga! Tutto questo è dovuto al minor indice di rifrazione della luce rossa rispetto a quella blu: la rossa viene deviata meno della blu, quindi l'atmosfera distorce meno un raggio rosso rispetto a uno blu. Un filtro per osservare nell'infrarosso vicino è la cosa più simile a un filtro per il *seeing*. Se si riprende un'immagine di luminanza nell'infrarosso vicino, la risoluzione sarà eccellente, specialmente su oggetti ad alto contrasto come la Luna e Marte. Notare che anche su Giove questa tecnica funziona bene. Per fortuna, i sensori CCD sono particolarmente sensibili alla parte rossa e infrarossa dello spettro che, fra l'altro, viene anche meno diffusa dall'atmosfera. Se l'informazione sul colore non vi interessa, allora la ripresa monocromatica nell'IR vicino è ciò che fa per voi. Le immagini della Luna, di Marte e di Giove saranno sbalorditive, anche quando l'oggetto è basso sull'orizzonte.

Se invece volete un'immagine colorata, allora si possono usare alcune tecniche ingegnose, ideate per sfruttare a fondo la risoluzione supplementare ottenuta con l'immagine nell'infrarosso vicino. Queste tecniche danno buoni risultati particolarmente su Marte, perché il colore dominante del pianeta è principalmente il rosso o il rosa e usare l'infrarosso vicino come immagine di luminanza non introduce particolari distorsioni sul colore complessivo. Damian Peach ha ottenuto alcune notevoli immagini a colori di Giove, riprese con il pianeta alto solo 30° sull'orizzonte. Per la ripresa di Giove, Peach ha usato una *webcam* AtiK monocromatica abbinata, alternativamente, a un filtro per l'infrarosso vicino (per la ripresa in alta risoluzione) e a un filtro blu. Per sintetizzare il canale verde è stata fatta la media del canale infrarosso con quello blu. L'immagine risultante è identica alle normali immagini RGB, solo che il canale verde non è mai stato ripreso veramente! Nel caso di Giove, la ripresa con soli due filtri rappresenta un risparmio di tempo prezioso, perché il pianeta ruota velocemente, e meno tempo si impiega a riprenderlo meglio è. Per quanto ne so, questa tecnica di "sintesi del canale verde facendo la media di rosso e blu" è stata proposta per primo da Antonio Cidadao. Tuttora, trovo davvero sorprendente che un'immagine a colori possa essere ottenuta semplicemente da una ripresa nel rosso e una nel blu! Tuttavia, non ci sono molti dettagli planetari verdi quindi, probabilmente, la sintesi del verde non è un test critico per le immagini dei pianeti. Se, per avere maggiore risoluzione, il segnale di luminanza è più spostato verso il rosso, ci si può aspettare qualche imperfezione nel colore complessivo, che è un piccolo prezzo da pagare per avere un'immagine nitida. In pratica, il colore di Marte non risente molto di una luminanza rossa, e lo stesso vale per Giove, mentre la luminanza per Saturno spesso è nel canale verde, oppure verde + rosso, ma a questo proposito i diversi *imager* adottano tecniche differenti.

A questo punto il lettore potrebbe essere un po' confuso su che cosa sia esattamente il colore. Siamo sicuri che ci sia solo un sub*pixel* rosso, uno verde e uno blu nello schermo di un computer? Da dove proviene il valore di L? C'è un ulteriore sub*pixel* per L? La risposta è no, non c'è alcun sub*pixel* per L. Gli schermi dei PC sono composti solo da un insieme di sub*pixel* rossi, verdi e blu. I colori che si vedono sullo schermo sono tutti riprodotti dosando oppurtunamente i rapporti di intensità relativa dei sub*pixel* rossi, verdi e blu. Tuttavia, è la luminanza che determina quanto debbano essere luminosi i sub*pixel*. Ad esempio, si può avere un oggetto di colore giallo (sub*pixel* rossi e verdi di uguale luminosità, sub*pixel* blu spenti) ma se il valore della luminanza per quel *pixel* giallo è basso, allora sarà bassa l'intensità di tutti i sub*pixel*. Il valore della luminanza può essere ottenuto per mezzo di un qualsiasi filtro a banda stretta. Tuttavia, nonostante che la luminanza determini solo la luminosità percepita e il contrasto fra i vari *pixel*, e non il colore, essa può influire in modo significativo sulla percezione del colore stesso. Dopo tutto, se per riprendere un pianeta rosso come Marte si usasse un filtro blu e si utilizzasse il canale blu per l'informazione sulla luminanza, il pianeta sarebbe praticamente nero. L'informazione RGB potrebbe ancora dire che si tratta di un pianeta rosso, ma un pianeta rosso quasi nero non assomiglia al luminoso Marte di colore rosso/arancione a cui siamo abituati! Marte, come già detto, è il pianeta migliore con cui utilizzare un filtro per l'infrarosso vicino: non solo il pianeta è rosso ma anche il *seeing* è sempre migliore nella parte rossa dello spettro. Un'immagine LRGB di Marte con la componente L ottenuta da un'immagine filtrata nell'infrarosso vicino può fornire un'ottima rappresentazione del vero colore del pianeta.

Il blu rappresenta un problema nell'*imaging* planetario e non solo a causa del *seeing* più scarso e della maggiore dispersione atmosferica. Le tecniche utilizzate per comprimere l'informazione trasmessa dalla *webcam*, nel viaggio dalla *webcam* al PC, favoriscono il colore rosso, così come fa la stessa curva di sensibilità del CCD (più alta nel rosso che nel blu). Anche quando si riprendono oggetti di profondo cielo, le immagini filtrate LRGB spesso richiedono esposizioni nel blu che sono di durata doppia rispetto al rosso. Infatti, la tecnica LRGB è stata inventata originariamente per il profondo cielo e non per il lavoro planetario. Il motivo è il seguente. Le riprese del profondo cielo fatte con l'uso di filtri sono molto più rumorose rispetto a quelle non filtrate (perché viene assorbita molta luce di oggetti che già per loro natura sono deboli), e ci si è resi conto che per ottenere un'immagine in alta risoluzione di una galassia o di una nebulosa era sempre meglio riprendere un'immagine monocromatica non filtrata: in questo modo il rapporto segnale/rumore è molto migliore. Tuttavia, questo non significa dover rinunciare al colore. Infatti basta colorare l'immagine monocromatica a basso rumore usando gli stessi rapporti di colore dell'immagine a colori, più rumorosa, per avere il meglio di entrambe le tecniche: un'immagine priva di rumore e a colori. Se si considera la cosa al livello dei *pixel*, il rapporto di luminosità tra i canali rosso, verde e blu di ogni sub*pixel* fornisce il colore al *pixel*, mentre la profondità dell'immagine monocromatica fornisce il basso rumore di fondo. Di fatto, la percezione del colore del sistema occhio-cervello in questo caso aiuta, perché l'occhio è molto sensibile alla risoluzione della luminanza mentre è di gran lunga meno sensibile alla risoluzione del colore. L'occhio è così insensibile, infatti, che le immagini filtrate per l'informazione sul colore nelle riprese di profondo cielo possono essere eseguite a metà della risoluzione: cioè si può riprendere in *binning* 2×2, in modo che 4 *pixel* contemporaneamente contribuiscano alla misura della luce. Infatti, per le riprese del profondo cielo, le informazioni sul colore possono anche essere ottenute da un telescopio più piccolo rispetto a quello usato per la luminanza.

La tecnica LRGB non si usa in ambito planetario per la riduzione del rumore dato che, per fortuna, la Luna e i pianeti sono oggetti molto luminosi. In questo ambito, la tecnica LRGB mostra la sua potenza nel permettere le riprese di luminanza nell'infrarosso, con filtri a banda stretta o con filtri diversi dal blu, in generale nelle bande spettrali dove il *seeing* è migliore e i pianeti mostrano i maggiori dettagli. Tuttavia, la tecnica LRGB presenta un grande svantaggio per l'osservatore planetario: il fattore tempo. Infatti, in generale i pianeti ruotano abbastanza rapidamente attorno al loro asse e quindi i filtri colorati vanno cambiati velocemente per evitare immagini a colori mosse. Il cambio dei filtri può anche richiedere un lavoro di rifocheggiatura ma tutto quanto deve essere completato entro pochi minuti. Se si usano solo due filtri, rosso e blu, magari inseriti in una ruota portafiltri affidabile, non ci sarà bisogno di agire troppo in fretta. Sicuramente, i principianti, per riprendere oggetti a un'altezza decorosa sull'orizzonte, dove non ci sono grossi problemi di dispersione atmosefrica e di cattivo *seeing*, preferiranno una *webcam* a colori. Una tecnica che ho utilizzato con profitto per riprendere Marte è l'approccio con due *webcam*. Marte è un piccolo pianeta con un periodo di rotazione molto più lento di quelli di Giove e Saturno, cosicché c'è molto più tempo per riprendere un AVI nell'IR vicino con una *webcam* monocromatica e un video a colori con una ToUcam Pro. Tuttavia, utilizzare una *web-*

Figura 8.4. Una ruota portafiltri commerciale, leggera e a basso profilo, collegata con una *webcam* ATiK. Un sistema a basso profilo è particolarmente vantaggioso per l'utente del Newton, dove il fuoco fuoriesce solo di una quantità fissata. Immagine: James Cooper.

Figura 8.5. Un leggero contenitore portafiltri autocostruito per il Newton di 250 mm f/6,3 dell'autore. I filtri sono montati su lastre di Perspex dello spessore di 13 mm che si inseriscono in una scanalatura del tubo di focheggiatura di 50 mm di diametro. Immagine: Martin Mobberley.

cam monocromatica molto sensibile abbinata a un *set* di filtri colorati è la scelta migliore. In commercio si trovano contenitori per filtri a basso profilo (Figura 8.4), oppure si possono facilmente autocostruire come ho fatto io (Figura 8.5). Per l'acquisto di un *set* di filtri consiglierei un filtro verde e uno blu con un trattamento IR-Cut (per togliere l'infrarosso senza bisogno di filtri aggiuntivi), un filtro rosso senza lo strato IR-Cut e, infine, un filtro infrarosso (banda I, da 700 o 900 nanometri a 1000 nanometri). Il filtro infrarosso (banda I fra 700 e 900 nanometri) è incredibilmente utile per la ripresa di immagini di Luna, Marte e Giove quando sono bassi sull'orizzonte, mentre il filtro rosso senza IR-Cut è utile per avere un buon rapporto segnale/rumore con gli oggetti alti sull'orizzonte. I sensori CCD sono molto sensibili nell'infrarosso ed è un vero peccato che la componente infrarossa non sia utilizzata quando si lavora con i filtri. Al contrario, con una *webcam* a colori, un filtro UV/IR-Cut è consigliato per limitare gli effetti della dispersione atmosferica sugli oggetti a bassa altezza sull'orizzonte. Gli effetti della dispersione atmosferica su Marte, ripreso con una ToUcam quando era basso sull'orizzonte, sono mostrati nella Figura 8.6. Si ottiene un notevole miglioramento utilizzando una luminanza ripresa con un filtro infrarosso e riallineando i canali colorati, come abbiamo visto nella Figura 8.7. Nella Figura 8.8 viene mostrato Saturno visto con i filtri rosso (senza IR-Cut), verde (con IR-Cut) e blu (con IR-Cut). La Figura 8.9 mostra lo strumento *software* di *Maxim DL* per la creazione di immagini LRGB.

Il gamma

Molti dei termini utilizzati nell'*imaging* planetario si usano abitualmente in campi non astronomici. L'era delle macchine fotografiche digitali ha portato molte persone a conoscere il gergo dell'*image-processing*. Tuttavia, il termine *gamma* è spesso frainteso ed è così cruciale per l'*imaging* planetario che è necessaria una spiegazione dettagliata. A prima vista, sembra che aumentare il gamma di un'immagine la renda più luminosa,

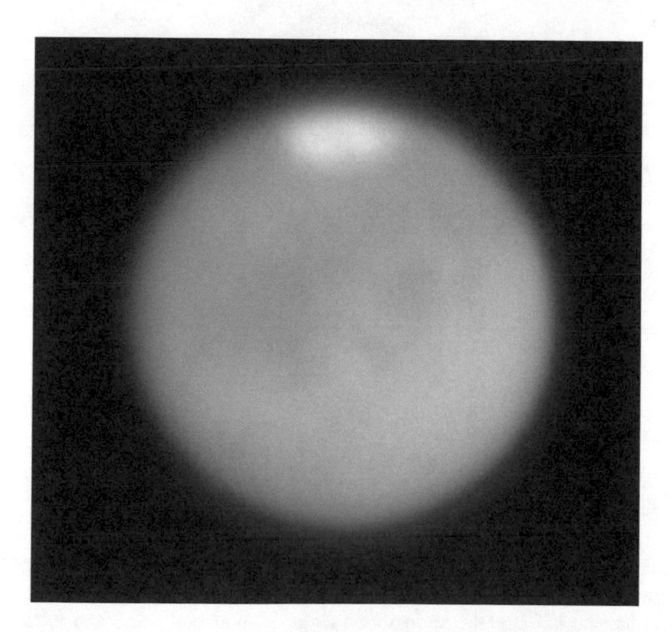

Figura 8.6. In questa immagine, ripresa dall'autore nell'agosto 2003, è evidente la dispersione dei colori di Marte quando si trova a bassa altezza sull'orizzonte (20°). Il bordo rosso/giallo a sud (alto) e quello blu/viola a nord (basso) riducono la risoluzione ottenibile. Immagine: Martin Mobberley.

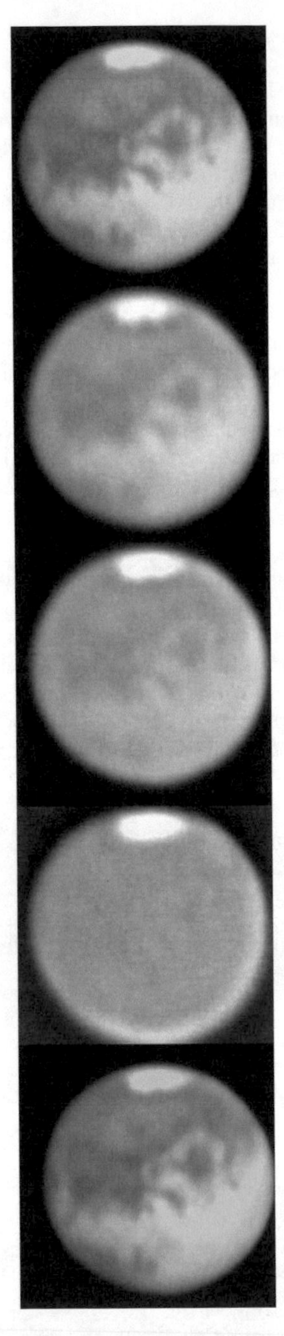

Figura 8.7. Marte ripreso nelle bande (dall'alto verso il basso): infrarossa, rossa, verde e blu (in queste immagini è stata aumentata la nitidezza). L'immagine finale (l'ultima in basso) è stata ottenuta con la tecnica LRGB utilizzando i dati di luminanza dall'immagine infrarossa (a basso rumore) e i colori dalle immagini (più rumorose) rosso, verde e blu. Immagine: Martin Mobberley.

Figura 8.8. Saturno ripreso con un *seeing* quasi perfetto, usando i filtri rosso, verde e blu con un SCT Celestron 9.25 a f/40 con una *webcam* ATiK–1HS. L'immagine blu è la più rumorosa. Immagine: Damian Peach.

mentre una riduzione la fa diventare più scura. In realtà, la funzione gamma agisce in maniera molto più sottile. Se provate a utilizzare la funzione gamma di un qualunque *software* per l'*image-processing* come *Photoshop* o *Paint Shop Pro*, noterete che le parti dell'immagine più luminose e più scure restano inalterate, mentre la luminosità delle zone intermedie varia notevolmente. La funzione gamma fa uso di un'interessante proprietà dei numeri compresi tra zero e uno, quando sono elevati a una certa potenza. Nell'elaborazione delle immagini con un PC, un modo di rappresentare la luminosità è quello di considerare il nero come livello zero, il bianco come livello 1 e le zone di luminosità intermedia come 0,5.

Facciamo un piccola digressione sulla rappresentazione digitale delle immagini. Dal punto di vista digitale, la luminosità di un *pixel* può essere rappresentata da 8 *bit* (livelli da 0 a 255) o da 16 *bit* (livelli da 0 a 65.535). Come esempio di un numero a 8 *bit*, immaginate il numero binario 00010000. Le cifre più a destra che rappresentano i numeri 1, 2, 4 e 8 sono tutte zero, così come le cifre più a sinistra che rappresentano 32, 64 e 128. Invece, la cifra che rappresenta il 16 vale uno: quindi, il numero 16 decimale equivale a 00010000 in binario. La gamma completa di luminosità dei *pixel* (da

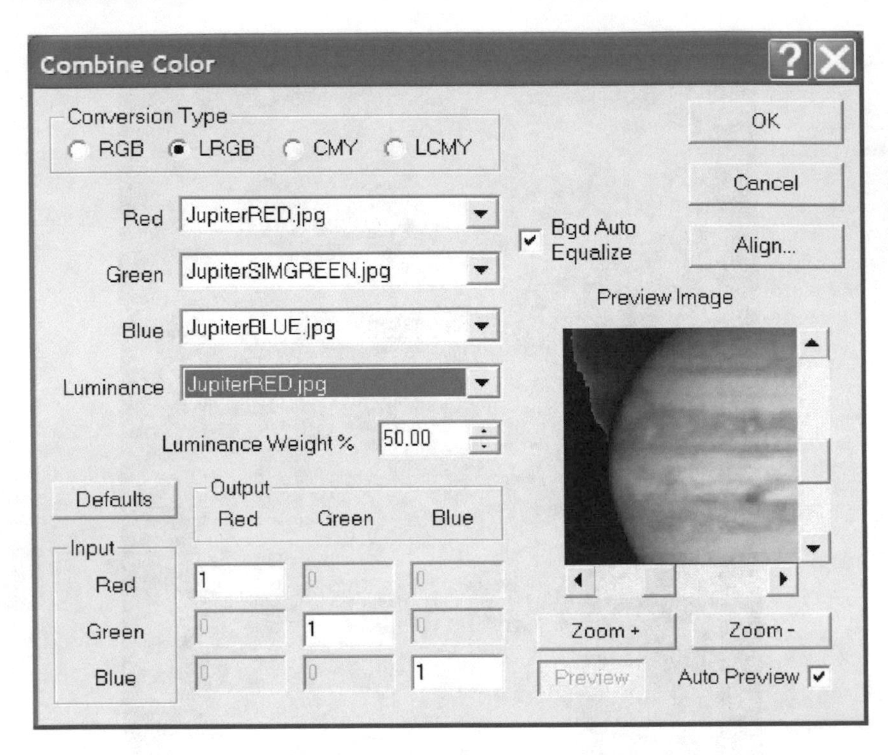

Figura 8.9. Lo strumento LRGB di *Maxim DL*. Nell'esempio, un'immagine LRGB di Giove, ripreso a bassa altezza sull'orizzonte, viene creata impiegando il canale infrarosso come rosso e il blu come blu, mentre il verde è simulato (canale blu più rosso mediati). La luminanza è infrarossa con un peso del 50%. Il risultato finale è un'immagine nitida e a colori di Giove utilizzando solo due filtri!

00000000 a 11111111 in numeri binari) equivale al *range* da 0 a 255 in numeri decimali. Invece, per quanto riguarda il gamma, 0 = 0 ma 255 = 1. Viene tutto riscalato in modo tale che al nero corrisponde 0, mentre al bianco corrisponde 1.

Ora possiamo tornare al funzionamento del gamma. La cosa importante da tenere presente è che elevando a potenza i numeri compresi tra 0 e 1, il risultato resta sempre compreso tra 0 e 1. Questa è l'essenza della funzione gamma. Inoltre, 0 elevato a qualsiasi potenza resta 0 e 1 elevato a qualsiasi potenza resta 1.

La funzione gamma, di solito, è rappresentata dalla seguente formula:

luminosità del *pixel* finale = luminosità del *pixel* iniziale elevata alla potenza (1/gamma),

dove la luminosità del *pixel* originale è compresa tra 0 e 1. In alternativa, possiamo scrivere $LPF = LPI^{1/\gamma}$. Se gamma (γ) vale 1, allora LPF = LPI, e non c'è alcun cambiamento della luminosità. Se gamma è inferiore a 1, la luminosità intermedia diminuirà rispetto a prima; se gamma è maggiore di 1, la luminosità intermedia aumenterà rispetto a prima.

Usiamo numeri reali, con la luminosità intermedia originale pari a 0,5. Con un gamma di 0,7, $LPF = 0{,}5^{1/0{,}7} = 0{,}37$, cioè la luminosità è passata dal 50% al 37%. Con un gamma pari a 1,3, $LPF = 0{,}5^{1/1{,}3} = 0{,}59$, cioè la luminosità è aumentata dal 50% al 59%. Ma, in ogni caso, la luminosità minima allo 0% e la massima al 100% non cambiano.

A questo punto, il lettore può chiedersi perché io stia insistendo tanto su questa parentesi matematica, anche perché le variazioni di luminosità del mio esempio sembrano poco importanti. Tuttavia, quando si vedono gli effetti di una variazione del gamma su un'immagine planetaria, si cambia rapidamente opinione! I corpi planetari sono sostanzialmente sfere con dettagli evanescenti e si possono avere miglioramenti significativi del loro aspetto quando viene ridotto il gamma dell'immagine. L'effetto è particolarmente notevole con Giove, dove, per iniziare, è consigliabile impostare la *webcam* con un valore di gamma molto basso. Mentre è vantaggioso mantenere il dettaglio più scuro e quello più luminoso di intensità costante e pari al valore originale (per esempio la zona equatoriale di Giove), ridurre la luminosità dei mezzi toni può rivelare numerosi dettagli nelle regioni più luminose, dettagli che con un'alta impostazione del gamma sarebbero troppo luminosi e rischierebbero di essere cancellati. Il grande vantaggio di una riduzione del gamma (combinata con un maschera sfocata o un trattamento *wavelet*) sta nel fatto che si può ottenere il massimo contrasto sui dettagli fini senza che il bordo planetario venga cancellato o l'equatore planetario venga sovraesposto. *Registax* ha incorporato uno strumento per la regolazione del gamma dell'immagine finale (Figura 8.10).

Modificando il gamma su Saturno si possono mettere in evidenza le tenui bande delle regioni polari, mentre non viene saturata la regione equatoriale e si mantiene una buona luminosità sugli anelli. Nell'era della fotografia, due delle maggiori difficoltà in

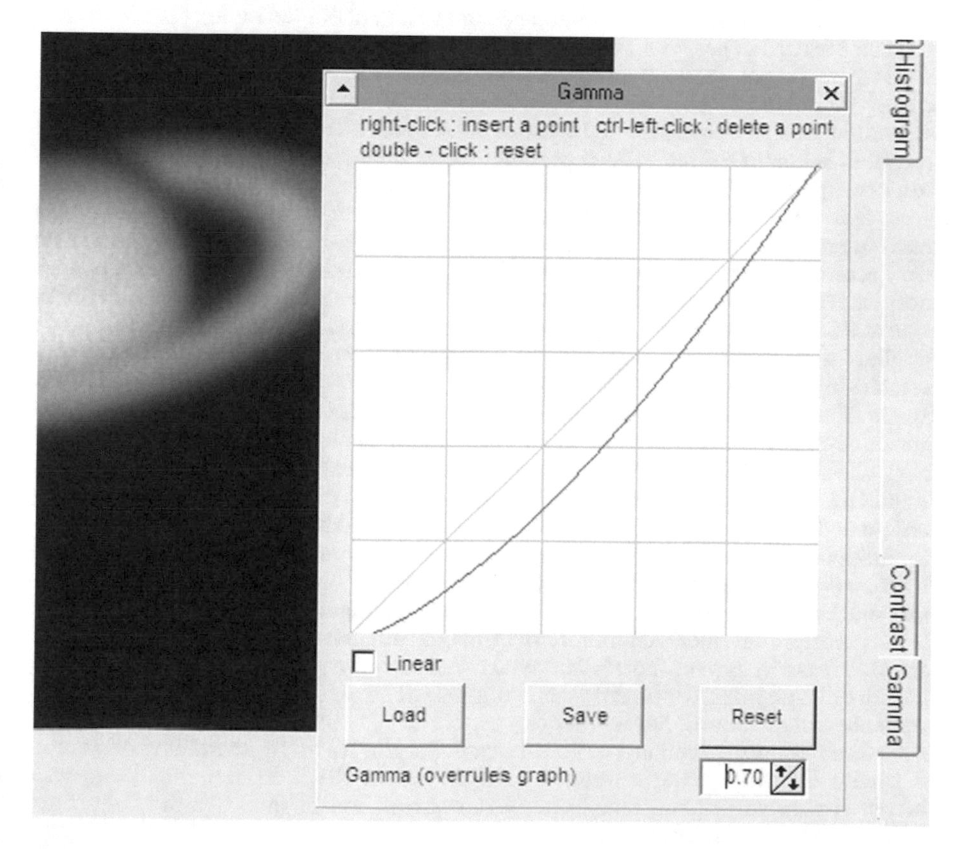

Figura 8.10. Facendo click sulla funzione gamma in *Registax*, compare un grafico che mostra quanto vengano modificati i livelli di luminosità intermedia dell'immagine finale.

ambito planetario erano di impedire al bordo di Giove e agli anelli di Saturno di oscurarsi troppo e scomparire. In *Registax*, con un attento dosaggio di luminosità, contrasto e gamma, si può ottenere una bella immagine ad alto contrasto sia di Giove che di Saturno. La conservazione del bordo di Giove è essenziale quando si vogliono fare misure di posizione dei dettagli sul disco.

La modalità *raw*

Negli ultimi anni, fra gli *imager* planetari a cui piace spingere la strumentazione al limite ha preso piede una tecnica nota come "modalità *raw*". Per capire di che cosa si tratti dobbiamo indagare in maggiore dettaglio come la *webcam* riesca a trasferire il flusso di dati così velocemente. La maggior parte delle *webcam*, per trasferire il flusso di dati video al PC, usa il sistema USB 1.1. L'USB 1.1 ha due velocità di trasmissione: 1,5 megabit/secondo e 12 megabit/secondo. La velocità più lenta è riservata all'*hardware* poco impegnativo, come tastiera e *mouse*, mentre la *webcam* utilizza i 12 megabit/secondo. Le *webcam*, di solito, hanno *chip* CCD di 640×480 *pixel*, cioè 307.200 *pixel* e, per comprimere i dati sul colore che provengono dai *pixel* filtrati, utilizzano una tecnica di codifica nota come YUV Y = luminanza, U = luminanza-rossa; V = luminanza-blu che lavora a blocchi di 4×4 *pixel*. La tecnica YUV è molto efficiente nel trasmettere immagini a colori e di qualità accettabile dalla *webcam* al PC. Un rapido calcolo mostra che con 8 *bit* di dati per *pixel*, si possono trasmettere tutte le informazioni di luminanza monocromatica di una matrice di 640×480 *pixel*, a 5 *frame* al secondo, senza alcuna compressione dei dati. Di fatto, con la tecnica YUV anche le immagini a colori non subiscono compressione fino a 10 *frame* al secondo. Tuttavia, anche a 5 *frame* al secondo, la compressione YUV si prende piccole libertà con l'immagine e i dati non sono così puliti come sarebbero se si usasse un sensore monocromatico. Inoltre, vengono usati degli algoritmi per aumentare la nitidezza e controllare il gamma della *webcam*, in modo che la qualità delle immagini di scene diurne riprese ad alti *frame rate* resti accettabile. Però, l'*imager* planetario non sta utilizzando la *webcam* in modalità normale; per questo motivo è necessaria una trasmissione più fedele dei dati dalla *webcam* al PC. Per molti pianeti, e specialmente per Giove, quando il *seeing* è eccellente la migliore impostazione per il gamma della *webcam* è verso un valore basso, con una velocità di acquisizione di 5 *frame* al secondo. Inoltre l'*imager* planetario è interessato anche ad avere il minore rumore di fondo possibile. Per venire incontro a queste esigenze, diversi "guru" del *software* hanno elaborato delle *routine* che riportano la *webcam* alle sue impostazioni di fabbrica di *default* in modalità manuale, con velocità di acquisizione bassa, gamma basso e algoritmi di nitidezza disattivati. Il risultato finale è un'immagine planetaria *raw* molto più pulita, ma che richiede qualche trattamento aggiuntivo. Nella maggior parte delle varianti *raw*, le immagini che provengono dalla *webcam* sono monocromatiche. Si tratta di immagini molto più pulite di quelle colorate ma, essenzialmente, sono un prodotto grezzo senza alcun tentativo di ricostituire le informazioni sul colore. Quindi, sono immagini alterate dalla griglia di filtri presenti sui *pixel* (matrice Bayer Matrix). Tuttavia, con il *software* giusto, il PC può ricostituire il colore di ogni *frame* (e può farlo per le migliaia di *frame* contenute in ogni video proveniente dalla *webcam*). Diversi *imager*, esperti di *software*, offrono programmi *freeware* da scaricare per rendere possibile la modalità *raw* sul PC, ma con l'avvertenza che il rischio di danneggiare la *webcam* è tutto vostro! (Vedi ad esempio il sito *web* **http://www.astrosurf.com/astrobond/ebrawe.htm**). Ma la modalità *raw*, alla fine, funziona? Questa è una domanda delicata. Certamente, per il perfezionista che ha spremuto al massimo la sua *webcam*, la modalità *raw* porta un piccolo miglioramento alle immagini di più alta qualità. Ma, per il principiante, il lavoro supplementare necessario per ricostituire l'immagine a colori non ripagherà la fatica, almeno fino a quando non siano stati affrontati altri aspetti, quali la collimazione, la messa a fuoco, l'assiduità delle osservazioni. Molte *webcam* monocromatiche, per *default*, lavorano in modalità *raw*: se utilizzate uno di questi modelli non è più necessario passare alla modalità *raw*.

CAPITOLO NOVE

Elaborazione avanzata dei filmati AVI

Abbiamo già esaminato in precedenza le potenzialità di *Registax*, il *software* sviluppato da Cor Berrevoets, che ha trasformato la funzione di somma di migliaia di *frame* AVI in un'operazione affidabile e di *routine*. Tuttavia, sembra che pochi astrofili che usano *Registax* abbiano la pazienza di esaminare attentamente come funziona il programma e di valutare quali siano le opzioni migliori da impiegare nelle varie situazioni. Questo è un peccato, perché una comprensione approfondita dei punti forti e deboli di *Registax* può essere di grande aiuto in fase di elaborazione. Come utente di *Registax*, spero che la spiegazione che ora darò del suo funzionamento si riveli utile (anche se non viene direttamente dal programmatore!). Quando iniziai a utilizzare *Registax* avrei apprezzato molto avere a disposizione una "Guida semplificata per tutti" e spero che questo capitolo non ve ne faccia sentire la mancanza!

Una cosa che deve essere compresa subito è che, anche nelle notti dal *seeing* migliore, l'immagine di un pianeta non sarà mai del tutto priva del tipico tremolio dovuto alla turbolenza atmosferica. Per verificare questa affermazione nell'era delle *webcam*, è possibile riprendere il video di un pianeta per una durata di alcuni minuti, con un'esposizione di 0,1 secondi e vedere quello che succede istante per istante. Questo test può essere altamente chiarificatore. Per capire come stanno le cose, basta ricordarsi che la luce sta attraversando 30 km di atmosfera terrestre turbolenta. Sarebbe incredibile se l'immagine di un pianeta restasse stabile e senza distorsioni per periodi di alcuni minuti: infatti, non accade mai! Cosa implica tutto questo per un programma che deve fare la somma dei *frame*? Prima di tutto è importante ricordare a noi stessi perché viene eseguita la somma dei *frame*. La somma riduce il rumore dei *pixel* di un fattore approssimativamente uguale alla radice quadrata del numero di *frame* sommati. Inoltre, su immagini di qualità ragionevole (cioè non molto distorte), si ottiene un'immagine media in cui il bordo di un pianeta o i suoi anelli non sono deformati. Naturalmente, pochi, rari *frame* potrebbero essere più vicini alla perfezione geometrica che non il risultato finale, ma saranno di gran lunga più rumorosi. La somma dei *frame* migliora anche l'intervallo dinamico di un'immagine, in modo tale che le tenui ombre o le piccole differenze di contrasto che sono presenti, ma poco visibili, in un rumoroso *frame* a 8 *bit* diventano ben percepibili nell'immagine finale. Ogni migliaio di *frame* singoli ce ne saranno sempre alcuni, anche se rumorosi, ripresi quando il *seeing*, nel breve intervallo di 0,1 secondi, era vicino alla perfezione. In questi *frame*, se le condizioni del *seeing* sono davvero buone, la forma del pianeta può essere entro un secondo d'arco dalla forma vera, sia sul globo sia sugli anelli. I *frame* di questo tipo sono le immagini di riferimento di cui *Registax* ha bisogno per allineare con cura tutti gli altri *frame* e fornire buoni risultati. Inutile dire che il *frame* di riferimento principale deve essere scelto con molta attenzione (una volta diventati più esperti, si potrà usare la funzione di *Registax* che permette di creare un'immagine di riferimento sommando 50 *frame* singoli, invece di usare un singolo *frame*, inevitabilmente più rumoroso).

Una volta che avremo un buon *frame* di riferimento, per ridurre il rumore basterà allineare e sommare, rispetto a questo *frame*, il maggior numero possibile di *frame* nitidi. Il fatto che il pianeta si sposti da un *frame* all'altro a causa delle irregolarità del moto di trascinamento orario del telescopio non è un problema (a patto che non si sposti troppo, altrimenti *Registax* può fallire nell'allineamento). Uno dei fattori che rende possibile la riduzione del rumore nelle immagini CCD è che spesso c'è un insieme fisso di *pixel* rumorosi, tipico di ogni *chip* CCD. Nel caso delle lunghe esposizioni, per la correzione di questo problema si riprende il *dark frame* o il *bias frame*. Tuttavia, nel caso dei *frame* planetari ripresi con la *webcam*, la disposizione dei *pixel* rumorosi relativamente al pianeta non è mai la stessa (per via del movimento casuale del pianeta nel campo del CCD), quindi i *pixel* rumorosi non vanno a sommarsi l'uno all'altro. In tal modo, sommando centinaia di *frame* con un intervallo dinamico anche di soli 8 *bit*, come quelli forniti dalla *webcam*, la profondità dell'immagine finale aumenta notevolmente.

Naturalmente, se si sommano migliaia di *frame*, l'immagine finale avrà un livello di rumore molto basso. Tuttavia, non bisogna includere quei *frame* che sono sfocati o distorti dalla turbolenza atmosferica. E qui sorge un problema. Come stabilire qual'è la linea di separazione fra un *frame* accettabile uno che non lo è? Da una tipica ripresa con la *webcam*, diciamo su Saturno, si possono ottenere 3000 *frame* in 300 secondi. Fra tutti quelli raccolti, una ventina di *frame* potrebbero essere molto nitidi e privi di distorsione. Diverse centinaia possono essere abbastanza nitidi e poco distorti. Il resto sarà sfocato e distorto in quantità variabili. Come si può decidere (o come può farlo *Registax*) se sommare molti *frame* (per avere un risultato a basso rumore) o pochi *frame* (per un risultato più nitido ma rumoroso)? A questa domanda non c'è una risposta semplice: si può solo dire che l'esperienza gioca una parte importante nel processo di decisione, che ogni pianeta è diverso dall'altro e che *Registax* ha numerose impostazioni per aiutare a fissare criteri in base ai quali includere o escludere i *frame*. Ottime immagini lunari con la *webcam* possono essere ottenute dalla somma di solo qualche dozzina di *frame*. Ciò perché la Luna è un corpo luminoso e ad alto contrasto e non è necessaria un'elaborazione troppo spinta per mettere in evidenza i craterini o i solchi più minuti. Inoltre, l'eventuale distorsione introdotta nei paesaggi lunari è molto più evidente: per esempio, le doppie immagini dei dettagli ad alto contrasto sono inequivocabili. A meno che il *seeing* non sia quasi perfetto, la distorsione su un'immagine lunare aumenta a mano a mano che ci si allontana dal *box* di allineamento di *Registax*. Di solito, sul globo di Saturno, i dettagli delle bande sono così tenui che potranno essere messi in evidenza solo sommando più di un migliaio di *frame* acquisiti con la *webcam* (a 10 *frame* per secondo e con sistemi a f/30-f/40). Quindi, per il debole pianeta degli anelli, l'allineamento e la somma di una grande quantità di *frame* è molto più importante che con soggetti luminosi e contrastati come la Luna.

La prima finestra di *Registax*, quella dove si carica il filmato, consente l'esame di ogni singolo *frame* del video AVI ripreso con la *webcam* (o la visione di singole immagini di tipo bitmap, jpeg, tiff, FITS o png). Per caricare un video AVI in *Registax*, basta cliccare su "*Select*" e quindi selezionare il *file* AVI che si vuole elaborare. Dopo aver scelto una dimensione adeguata per il *box* di allineamento, basta fare clic con il pulsante sinistro del *mouse* al centro del pianeta contenuto nel *frame* migliore per selezionarlo come riferimento. Tutte le caratteristiche che si trovano all'interno del *box* di allineamento, ad esempio un disco planetario o un cratere lunare, saranno impiegate come riferimento per allineare matematicamente tutti gli altri *frame*. Per scegliere un *frame* di riferimento veramente nitido è necessario aprire la finestra di *Registax* che mostra i singoli *frame* e passarli in rassegna manualmente, fino a individuare quello nitido. A questo punto, si possono sommare centinaia o migliaia di *frame* facendo riferimento a quello scelto (o a una somma di *frame* nitidi). Ma, esattamente, come si fa a decidere quali *frame* usare nella somma e quali scartare? Ci sono varie possibilità. Se si ha a disposizione un'ottima immagine di riferimento e si vuole essere meticolosi (o si è dei perditempo con niente altro da fare) si può passare visualmente in rassegna ogni *frame* del filmato AVI e selezionare solo quelli che si ritengono più nitidi. Ovviamente, se ci sono migliaia di *frame* da considerare, questo processo di selezione potrà richiedere molte ore! In alternativa, si può fare in modo che *Registax* aiuti nel processo di scelta. In altre parole, basta dare al *software* alcune indicazioni su quali siano le soglie minime per considerare un *frame* di qualità sufficiente, e dirgli di controllare ogni *frame*. A questo punto, il processo di selezione è del tutto automatico e ci si può occupare di qualcosa che sia meno noioso che la scelta manuale dei *frame*!

Esaminiamo questo processo in maggiore dettaglio, perché, se si vuole dominare il *software*, è un punto cruciale per la comprensione di come lavora *Registax*. Quando si sceglie un *frame* di riferimento è necessario specificare una dimensione per il *box* di allineamento. *Registax*, per la dimensione del *box*, consente di scegliere fra lati di 32, 64, 128, 256 o 512 *pixel*. La maggior parte degli *imager* planetari sceglie un *box* che sia in grado di circondare completamente il disco del pianeta. Una volta che il processo di allineamento è partito, se le irregolarità del trascinamento orario del telescopio portano il disco del pianeta fuori dal *box*, il *software* si confonde e può chiedere di registrare manualmente quel dato *frame*. All'inizio, una volta scelto il *best frame* e fatto clic con il *mouse* sul pianeta o sulla caratteristica su cui si vuole allineare, *Registax* esegue alcuni calcoli, mostra qualche dato e conduce alla pagina dell'allineamento. Qui ora è necessario un avvertimento: se i prossimi paragrafi vi sembreranno completamente incomprensibili è perché siete utenti alle prime armi con *Registax*! Per capire esattamente che cosa sta facendo *Registax* è necessario esercitarsi a utilizzare il *software* per settimane o mesi. Tuttavia, la buona notizia è che, per ottenere discreti risultati, non c'è bisogno di capire subito in dettaglio come funziona il programma. Le impostazioni di *default* per l'allineamento e la somma funzionano comunque bene; i dettagli sul funzionamento del *software* vanno capiti solo se si vuole diventare perfezionisti. Ad ogni modo andiamo avanti: a questo stadio, nella pagina di allineamento (Figura 9.1) vengono mostrati un'immagine colorata chiamata "*FFT Spectrum*" (Spettro della Trasformata Veloce di Fourier) e un grafico chiamato "*Initial Optimizing Run*" (o "*Registration Properties*" nelle Versioni 1 e 2 di *Registax*). Se la valutazione della traslazione fra il *frame* di riferimento e tutti gli altri è stata corretta, l'immagine colorata dovrebbe mostrare un piccolo cerchio rosso al centro. Se questo non accade, si può ricalcolare il valore dell'allineamento FFT in *pixel* premendo il tasto "*Recalc FFT*" (un'opzione che ho utilizzato raramente). Il grafico "*Registration Properties*" della pagina di allineamento mostra una linea rossa che è un'indicazione del "*Power Spectrum*"; ossia della quantità relativa di dettagli a piccola e grande scala contenuti nell'immagine. A questo punto, il riquadro "*Quality*" (Figura 9.2) permette di aprire una finestra per il "*Quality Settings*" che, insieme al "*Quality Estimate Method*", aiuta a dare la valutazione di qualità di un'immagine, congiuntamente al "*Power Spectrum*". Le prime versioni di *Registax* avevano un solo metodo di valutazione della qualità, che è diventato il "Metodo Classico" nella Versione 3 e successive. I metodi di valutazione della qualità ora sono chiamati "*Classic*", "*Human Visual*", "*Compression*", "*Local Contrast*" e

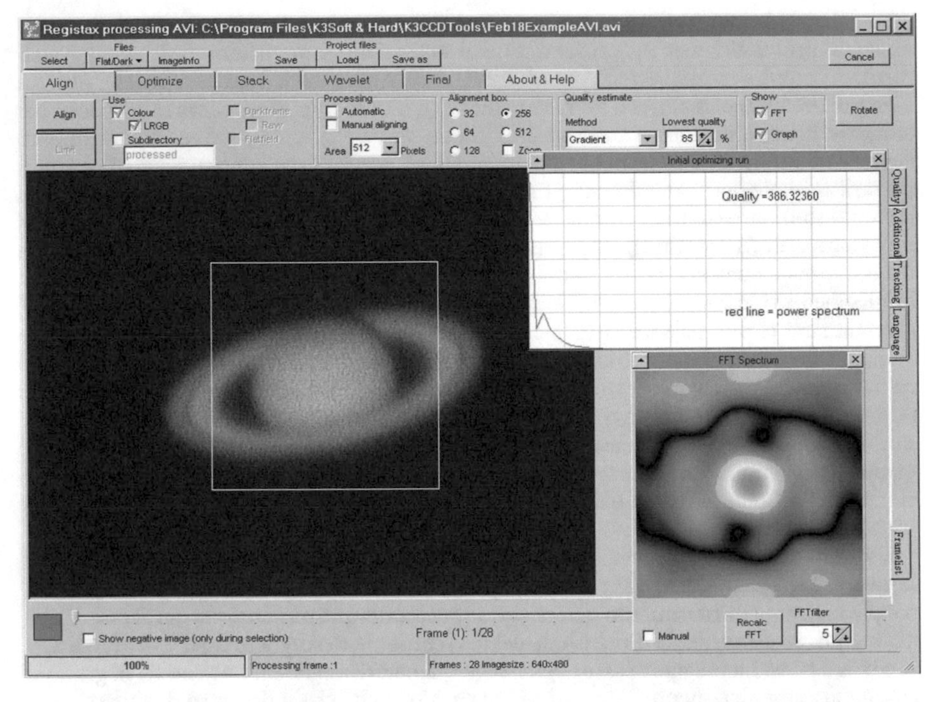

Figura 9.1. La pagina di allineamento di *Registax*, dopo che si è scelto il *frame* di riferimento. Notare che sono apparse la finestre "*FFT Spectrum*" e "*Initial optimizing run*".

"*Gradient*". Nella modalità "*Classic*", le due linee verdi sul grafico definiscono una banda di qualità, di cui l'utente può modificare la posizione e la larghezza. In modalità "*Human Visual*" e "*Compression*" l'utente può anche modificare le impostazioni di qualità. Successivamente, dopo la prova della Versione 3 da parte di Anthony Wesley e Damian Peach, Cor Berrevoets ha aggiunto la modalità "*Gradient*" . In particolare, a Damian non era piaciuto il modo in cui *Registax* classificava la qualità delle immagini, in base più alla forma che alla nitidezza, specialmente su *frame* ripresi in condizioni di *seeing* quasi perfette. Per immagini nitide, la valutazione di qualità tramite il metodo "*Gradient*" funziona molto meglio.

Vi sentite confusi? Sarei molto sorpreso se non lo foste! Come ho già detto prima, per prendere confidenza con tutte le funzioni disponibili per l'elaborazione sono necessari molti tentativi ed errori. In poche parole, la linea del "*Power Spectrum*", la "*FFT Spectrum*" e le scelte per i "*Quality Settings*" sono tutti gli strumenti che servono per determinare la qualità delle immagini e decidere se accettarle o rifiutarle. Se si sceglie un "*Quality Setting*" classico, come quello utilizzato in tutte le versioni iniziali di *Registax*, si possono spostare le linee verdi verticali verso sinistra e verso destra, per fissare la nostra banda di qualità lungo la curva rossa del "*Power Spectrum*". Se si pone manualmente la riga verde di sinistra nel punto dove la curva rossa del "*Power Spectrum*" inizia ad appiattirsi dopo la caduta iniziale, e la riga verde di destra subito prima che la linea rossa vada a zero, si otterranno buoni risultati. Facendo in questo modo, stiamo scegliendo di valutare la qualità di un'immagine basandoci sui dettagli presenti a media e piccola scala, ma non sul rumore a piccolissima scala (il fondo del grafico). Dalla Versione 3 di *Registax* in poi sono stati aggiunti i metodi "*Human Visual*", "*Compression*", "*Local Contrast*" e "*Gradient*", anche se, a mio parere, i primi due non funzionano bene. Sembra che classi-

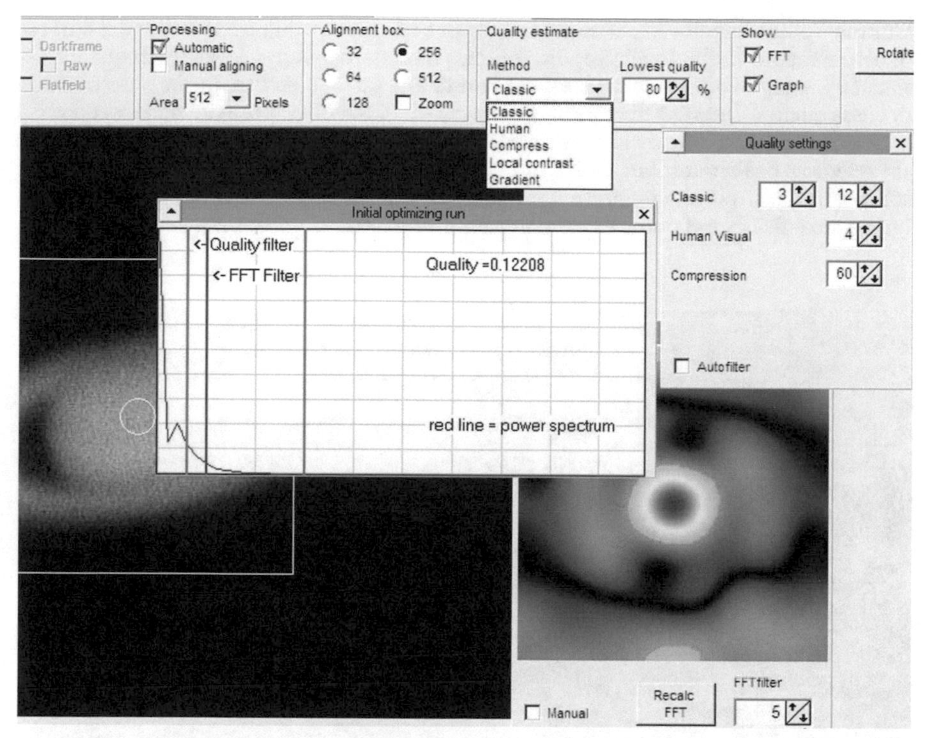

Figura 9.2. Registax ha cinque modi diversi di giudicare la qualità dei singoli *frame*, a seconda che il fattore più importante sia la distorsione geometrica o la nitidezza. Questi metodi sono: *"Classic"*, *"Human visual"*, *"Compression"*, *"Local contrast"* e *"Gradient"*. I metodi *"Classic"*, *"Human visual"* e *"Compression"* hanno impostazioni supplementari che possono essere regolate dall'utente. Nella modalità *"Classic"* un grafico permette di scegliere la posizione delle linee verdi della qualità, in questo esempio impostate a 3 e a 12.

fichino l'immagine più rispetto alla somiglianza con il *frame* di riferimento che in relazione alla loro effettiva nitidezza. Probabilmente, utilizzare questi metodi potrebbe condurre ad avere meno artefatti negli anelli di Saturno o sulla Luna ma, in generale, si otterranno meno dettagli nell'immagine finale. Quanto meno, questo è stato il risultato della mia esperienza, anche se i miei test non pretendono certamente di essere conclusivi.

Anche se stiamo parlando della valutazione della qualità di un'immagine, non ho ancora detto niente su quale sia la soglia per accettare/rifiutare il *frame*. In *Registax* il valore della qualità è mostrato nella finestra "*Quality Estimate*". Se in questa finestra si modifica il valore della percentuale, si comunica a *Registax* la nuova soglia di accettazione/scarto. Tuttavia, devo ammettere che, per un principiante, il valore di una percentuale può non volere dire molto: prima di riuscire a impostare correttamente questo valore è necessario accumulare molta esperienza nell'elaborazione. Il valore di *default* per la percentuale di qualità è 80% ma, se si deselezionano manualmente tutti i *frame* peggiori (come ho fatto anch'io in alcune occasioni), anche una soglia del 50% funziona bene.

Una volta che nella pagina di allineamento sono stati impostati tutti i valori, si può premere il pulsante "*Align*" per l'allineamento iniziale di tutti i *frame* del filmato AVI. Una volta terminato l'allineamento iniziale, premendo il pulsante "*Limit*" (che limita il numero di *frame* con la soglia di qualità decisa prima) si passa alla pagina "*Optimize*".

Durante l'allineamento, *Registax* mette i *file* in ordine di qualità decrescente e il cursore di avanzamento in fondo alla pagina si ferma quando raggiunge la soglia di qualità fissata. Le immagini a sinistra del cursore sono di alta qualità, mentre quelle a destra sono di bassa qualità. Questa è una nuova caratteristica di *Registax*, presente dalla Versione 3 in avanti. Si può modificare la posizione del cursore, fermandola alla soglia di qualità che si preferisce: basta ricordarsi che le immagini a destra saranno rifiutate nel processo di somma finale. Una volta premuto il pulsante "*Limit*", la soglia che voi (o *Registax*) avete impostato è fissata e si può passare alle pagine "*Optimizing*" o "*Stacking*".

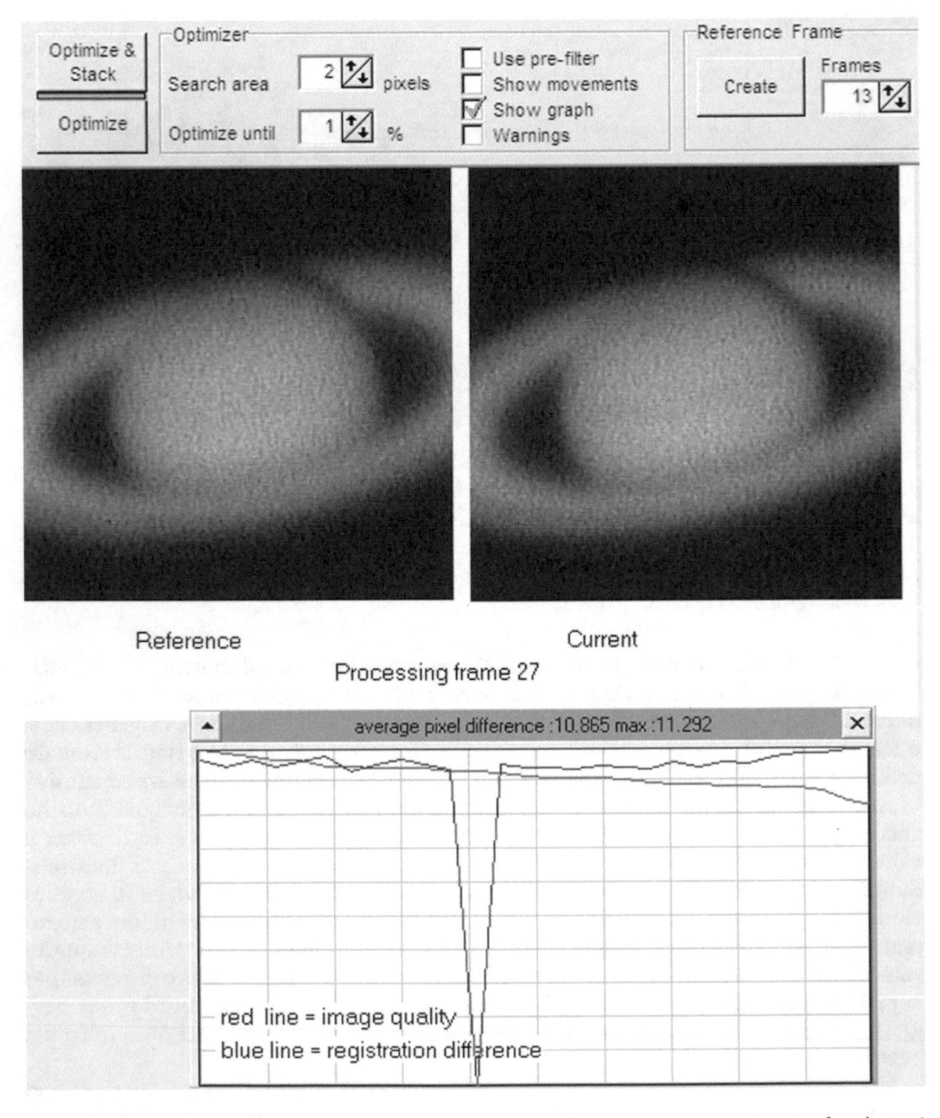

Figura 9.3. Durante l'ottimizzazione del processo di allineamento (un passaggio facoltativo) vengono mostrati sia il *frame* di riferimento (*master frame*) sia quelli allineati, insieme a un grafico che mostra gli errori di allineamento e le differenze medie dei *pixel* rispetto al *master frame*.

La pagina "*Optimizing*" (vedi Figura 9.3) consente di eseguire un'operazione di ottimizzazione dell'allineamento dei *frame*, un processo che può richiedere anche molto tempo per essere portato a termine. In questo passaggio i riquadri che più interessano il principiante sono "*Search Area*" e "*Optimize Until*". Per fortuna, *Registax* ha un *file* di aiuto dove vengono spiegate tutte queste impostazioni. Tuttavia, il mio scopo qui è solo quello di portare rapidamente il nuovo utente a conoscere gli aspetti principali del programma, e questo capitolo è scritto in base alla mia particolare prospettiva di un utente senza alcuna conoscenza della fase di progettazione del *software*. Penso che solo raramente gli sviluppatori dei *software* siano capaci di vedere le cose dal punto di vista dell'utente finale, cioè da una prospettiva di totale ignoranza. Questo lo so con certezza perché un tempo scrivere *software* era la mia professione. Il mio scopo qui è aiutare il principiante a sormontare agevolmente l'ostacolo dell'apprendimento iniziale, facendo leva su quei punti in cui *Registax* non è così intimidatorio da bloccare subito il neofita. Le sezioni "*Search Area*" e "*Optimize Until*" permettono al *software* di esaminare un'area di un certo numero di *pixel* e di continuare in modo iterativo il processo di ottimizzazione fino a quando il cambiamento percentuale degli spostamenti per tutti i *frame* non è minore di un certo valore. Scegliere di esaminare un numero maggiore di *pixel* per avere una corrispondenza migliore fra i *frame* richiederà più tempo, ma può voler dire fare meno iterazioni. Durante l'ottimizzazione con immagini rumorose e, soprattutto, con una specifica struttura fissa del rumore (ad esempio, quella causata dalla pulsantiera di controllo del telescopio vicina al PC o alla *webcam*), il programma potrebbe "bloccarsi" sul rumore stesso, ottimizzandolo (proprio il contrario di quello che si vorrebbe ottenere!). Sembra che ciò succeda più spesso con immagini rumorose e di scarsa qualità. In questo caso, ottimizzare non conduce ad alcun miglioramento nell'immagine planetaria, ma solo a un grande aumento del rumore finale che non è evidente a prima vista, ma emerge nello stadio d'elaborazione con il filtro *wavelet*, quando può diventare dominante. Per questo motivo, quando si riprendono le immagini, consiglio fortemente di tenere tutte le sorgenti di disturbo elettrico lontane dal PC e dalla *webcam*. Sfortunatamente, il PC è esso stesso una sorgente di rumore elettronico, anche se alcuni PC siano schermati meglio di altri. Se quando si fa *imaging* si hanno sempre problemi di rumore, può valere la pena di provare con un altro PC. Usando lunghezze focali spinte, anche se emergono problemi di rumore durante l'ottimizzazione, non si ha mai alcun problema significativo se si trascura questo stadio dell'allineamento. Tuttavia, se non emergono problemi di rumore, meglio mantenere attivo "*Optimize*". Con un PC lento, cioè con una velocità del processore inferiore ad 1 GHz, disattivare "*Optimize*" può voler dire accelerare il processo, passando da tempi di attesa di alcune ore a solo mezz'ora per allineamento, ottimizzazione e somma. Nel caso peggiore, con un PC lento che deve elaborare migliaia di *frame* di scarsa qualità, il processo di ottimizzazione può richiedere anche mezza giornata per essere completato. Di solito, in questi casi lascio il PC funzionante anche durante la notte, e me ne vado a letto a dormire.

Dopo il processo di ottimizzazione opzionale (o come parte di "*Optimize and Stack*"), si arriva alla fase di somma. In questo stadio, le immagini migliori vengono sommate e mediate e il risultato è un'immagine molto liscia anche se poco nitida. L'immagine somma tende a sembrare molto luminosa perché il processo di somma si assicura che il punto più luminoso dell'immagine sia appena al di sotto della soglia di saturazione del 100%. A questo punto, l'unica cosa che resta da fare è usare la funzione *wavelet*, passando alla pagina "*Wavelet*" di *Registax*.

Il trattamento finale

Sicuramente, la pagina "*Wavelet*" di *Registax* è il posto ideale ove creare ottime immagini. È in questa pagina che si può continuare a modificare leggermente e senza fine l'immagine, almeno fino a quando non vi verrà diagnosticato un disordine ossessivo compulsivo e uomini vestiti di bianco verranno a portarvi via. Ma che cos'è la funzione *wavelet*? Il termine *wavelet* trae origine dal mondo del DSP (Digital Signal Processing), cioè dall'elaborazione dei segnali digitali. Nell'elettronica, così come nel campo dell'*imaging* planetario, la sfida spesso consiste nell'estrarre il segnale dal rumore, un compito particolarmente difficile quando la frequenza del rumore e la frequenza del segnale sono potenzialmente le stesse. È qui che le grandi lunghezze focali aiutano, a condizione che si riesca a raccogliere una quantità di luce sufficiente. Se i più fini dettagli planetari sono distribuiti su più *pixel*, avranno una "frequenza" spaziale inferiore rispetto al rumore che, invece, cambia da *pixel* a *pixel*. In questo caso, il rumore può essere soppresso, mentre si può mettere in evidenza il dettaglio che ci interessa. Qui siamo nel mondo delle trasformazioni matematiche, dove i segnali possono essere ridotti a numeri e a serie matematiche (come seno e coseno). Per fortuna, non c'è bisogno di capire nei dettagli la matematica dell'elaborazione dei segnali. Al nostro posto l'ha fatto Cor Berrevoets, l'autore di *Registax*. I cursori della funzione *wavelet* nella pagina "*Wavelet*" corrispondono a dettagli spaziali sempre più grossolani, a mano a mano che si passa dallo strato 1 allo strato 6. Per iniziare, si possono usare le impostazioni di *default* per "*Initial*" e "*Step Increment*", che valgono 1 e 0, così come il filtro *wavelet* di *default* e il relativo schema (*linear*). La prima volta che si utilizza *Registax* si possono lasciare tutte le impostazioni predefinite: non c'è bisogno di capire quello che fanno per utilizzare il *software* e ottenere buoni risultati. Una volta arrivati nella pagina *Wavelet*, se si hanno immagini planetarie con una buona scala dell'immagine, come ad esempio 0,1 o 0,2 secondi d'arco per *pixel*, si vede subito che, agendo sui cursori degli strati 1 e 2, aumenta solo il rumore dell'immagine e niente di più. Per questo motivo, gli strati 1 e 2 vanno lasciati inalterati. Per la verità, è proprio a questo stadio che si scopre se la *routine* di ottimizzazione dell'allineamento dei *frame* ha incrementato o meno la visibilità del rumore elettronico nell'immagine finale. Se la risposta è affermativa, si può lasciare perdere il trattamento con il filtro *wavelet* e ritornare di nuovo alla somma dei *frame* con la funzione "*Optimize*" disattivata. Talvolta questa procedura può ridurre il rumore, ma se il rumore non è un grande problema, si può lasciare attiva la funzione "*Optimize*".

Come regge il confronto il filtro *wavelet* se paragonato con la più tradizionale maschera sfocata? I risultati finali sono molto simili, anche se i cursori di *Registax* che lavorano su scale diverse dell'immagine sono un sistema di elaborazione molto più potente. Nell'originale tecnica fotografica della maschera sfocata, una versione sfocata dell'intera immagine viene impiegata come un filtro attraverso cui proiettare il negativo originale. Essendo sfocato, il filtro sopprime le informazioni luminose a bassa frequenza (come le zone bianche di Giove) ed esalta le informazioni ad alta frequenza che erano precedentemente nascoste. In questo modo sono mostrati i dettagli più fini. Nella maschera sfocata digitale si deve specificare il valore del raggio di sfocatura dei dettagli (in *pixel*): questo valore determina il grado di sfocatura complessiva dell'immagine. Va anche specificato il numero di iterazioni da compiere, che è equivalente alla densità della maschera sfocata dell'era fotografica. I diversi strati di *Registax* sono approssimativamente equivalenti a diversi valori per il raggio della maschera sfocata, cosicché agire su tutti e sei i cursori degli strati equivale ad applicare all'immagine sei maschere sfocate contemporaneamente e con raggi di sfocatura diversi – una funzione molto potente! Ma come procedere con i diversi strati? Essenzialmente, basta muovere leggermente i cursori di ogni strato fino ad ottenere l'immagine più bella possibile. Il trucco consiste nel sapere quando fermarsi, visto che un'eccessiva elaborazione rende troppo rumorosa e innaturale l'immagine.

Nella pagina "*Wavelet*" di *Registax* ci sono altre opzioni che sono importanti quasi come la funzione *wavelet* stessa e che possono giocare un ruolo cruciale nell'aspetto finale di un'immagine planetaria. Oltre ai semplici controlli di luminosità e contrasto, le opzioni più critiche sono la funzione per lo "*shift RGB*" e la funzione gamma (di cui ho già parlato). Come abbiamo visto, raramente dal Nord America e dall'Europa la Luna e i pianeti si trovano a buone altezze sull'orizzonte. Quando questi oggetti sono alla loro massima declinazione nord, cioè al di sopra di +20°, e ci si trova alle latitudini di 50° o 40° nord, allora possono arrivare, rispettivamente, ad altezze di 60° o 70° sull'orizzonte. Tuttavia, Marte, Giove e Saturno passano la metà del loro tempo al di sotto di 0° di declinazione, e quando sono al di sotto di 40° di altezza sull'orizzonte la dispersione atmosferica si fa sentire e scompone la luce dei pianeti nei colori fondamentali. Come abbiamo già detto, la funzione per lo "*shift RGB*" di *Registax* è una soluzione parziale a questo problema, ma funziona molto bene, riallineando in modo efficiente i canali rosso, verde e blu dell'immagine a colori. Ovviamente, questa non è una soluzione completa: la dispersione atmosferica si verifica anche all'interno delle bande di colore (che non sono rigorosamente monocromatiche) e il *seeing* a basse altezze sull'orizzonte è spesso cattivo. Per ottenere risultati ancora migliori sarebbe consigliabile usare filtri a colori con una *webcam* monocromatica. Tuttavia, dopo avere applicato la funzione "*shift RGB*" di *Registax*, l'aspetto delle immagini a colori migliora notevolmente. I bordi planetari verso nord non sono più circondati da un orlo blu, né quelli meridionali da un orlo rosso (vale il viceversa per Australia, Sud Africa e Nuova Zelanda). La funzione "*shift RGB*" di *Registax* è piuttosto intuitiva da utilizzare. Ci sono pulsanti che permettono di spostare i canali rosso o blu in alto/basso o destra/sinistra, un *pixel* alla volta, fino alla sparizione del bordo colorato del pianeta.

La pagina finale di *Registax* (Figura 9.4) contiene ulteriori funzioni utili per le immagini, ma che possono essere trovate anche su un qualsiasi *software* di elaborazione grafica, come *Paint Shop Pro* della JASC o *Photoshop* della Adobe. Queste funzioni permettono di modificare il colore e il suo grado di saturazione (diminuire la saturazione del colore può ridurre in modo sostanziale il rumore, specialmente in un singolo *frame* colorato), di ridimensionare l'immagine (utile quando gli anelli di Saturno appaiono a blocchi) e di ruotare l'immagine in modo da mettere il nord (o il sud) in alto. La maggior parte dei moderni *software* di elaborazione delle immagini hanno la funzione di autobilanciamento del colore, che cerca di bilanciare correttamente i colori rosso/verde/blu per gli oggetti illuminati dalla luce solare. Considerato che tutto il Sistema Solare è illuminato dalla luce del Sole, la funzione di bilanciamento automatico del colore può lavorare bene anche sui pianeti.

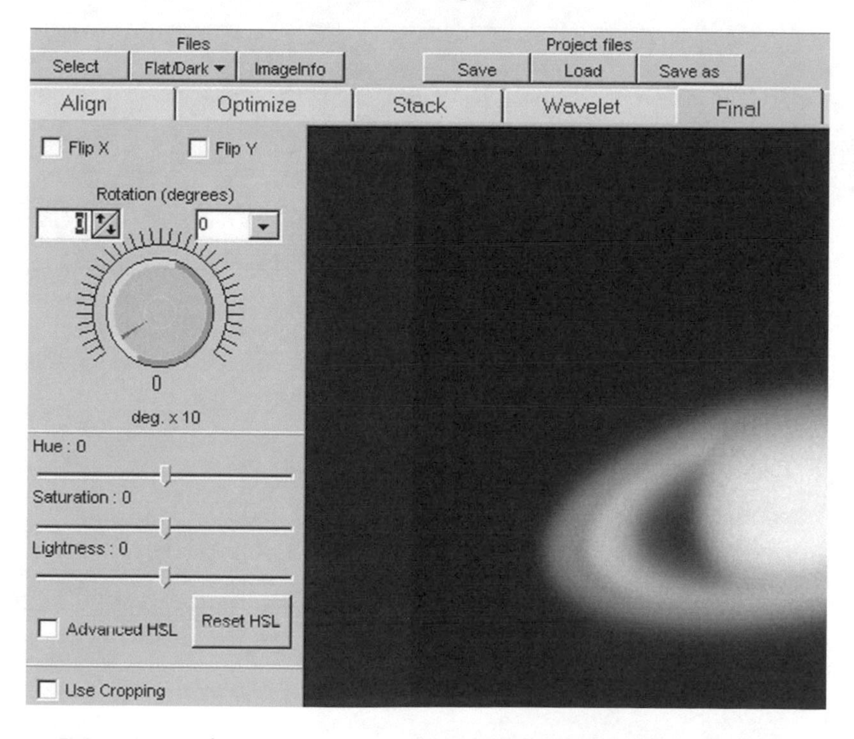

Figura 9.4. La pagina finale di *Registax* consente di ruotare l'immagine e di regolare colore, saturazione e luminosità.

CAPITOLO DIECI

La ripresa della Luna

Senza ombra di dubbio, i crateri e le montagne lunari sono gli oggetti su cui tutti gli aspiranti *imager* planetari in alta risoluzione si fanno le ossa. Infatti, la Luna è disponibile tutto l'anno (anche se non sempre ad altezze accettabili sull'orizzonte), è un bersaglio facile da puntare e il contrasto fra le regioni illuminate e oscure della superficie lunare supera quello dei dettagli di qualsiasi altro corpo planetario che sia visibile in cielo. Inoltre, la Luna è un oggetto molto più luminoso dei pianeti giganti come Giove e Saturno, a meno di non considerare le regioni vicino al terminatore (il confine fra la zona illuminata e quella in ombra). Se si assegna il valore 1 alla luminosità superficiale di Saturno, le luminosità relative dei pianeti sono le seguenti: Mercurio = 80, Venere = 300, Marte = 15, Giove = 3, Urano = 1/4, Nettuno = 1/15 e Luna = da 3 a 15 (dal Primo Quarto alla Luna Piena). Come si può vedere, malgrado il basso valore dell'albedo (la Luna riflette solo il 7% della luce incidente), la superficie lunare resta un bersaglio abbastanza luminoso per la *webcam*, ricco di dettagli molto interessanti da riprendere, come crateri, solchi, domi ecc. Nel complesso, si tratta di ottimi test sui quali perfezionare le esperienze di *imaging*.

Nord, sud, est e ovest

Prima di iniziare a osservare in dettaglio la Luna, voglio chiarire esattamente cosa si intende per nord, sud, est e ovest! I telescopi astronomici standard, come i rifrattori e i riflettori, mostrano sempre un'immagine della Luna rovesciata. Gli Schmidt-Cassegrain sono ancora più complessi dato che, spesso, vengono forniti con un prisma a 90° che permette all'occhio di accostarsi più comodamente l'oculare ma che rende l'immagine speculare. Tuttavia, storicamente, la Luna è sempre stata disegnata con il sud in alto, così come si vedeva dall'emisfero settentrionale attraverso un riflettore o un rifrattore. In questo capitolo, come in tutti i capitoli planetari, il sud è in alto, cioè la Luna viene rappresentata rovesciata rispetto a come appare a un osservatore a occhio nudo posto nell'emisfero settentrionale. Anche con l'est e l'ovest si può fare confusione. Prima dell'era spaziale, Langrenus, Petavius e il Mare Crisium, che stanno sul bordo destro per chi guarda a occhio nudo, erano considerati a ovest, mentre Aristarchus e Gassendi erano sul bordo sinistro, a est, così come lo era il Mare Orientale, parzialmente visibile di scorcio durante le librazioni favorevoli. Tuttavia, nell'era spaziale, l'Unione Astronomica Internazionale (International Astronomical Union, IAU) ha invertito questa regola, cosicché Langrenus, Petavius e il Mare Crisium ora sono a est, mentre Aristarchus e Gassendi sono a ovest. Il Mare Orientale ora è sul bordo occidentale: sì, è proprio così, il Mare Orientale è sul bordo ovest della Luna!

I moti della Luna

La Luna è l'unico corpo planetario che, ogni anno, può trovarsi alto sull'orizzonte, anche se viene osservato dalle alte latitudini temperate settentrionali, come negli USA o in Europa. Con i pianeti esterni all'orbita della Terra, invece, le grandi altezze sull'orizzonte sono possibili solo quando il pianeta si trova in opposizione nel cielo invernale, dato che solamente in questa occasione l'asse polare terrestre è inclinato verso il pianeta stesso. Purtroppo, le condizioni di *seeing* migliori tendono a verificarsi d'estate, quando la corrente a getto polare è lontana e i sistemi ad alta pressione sono limpidi e non nuvolosi. Considerato che Giove ha un periodo orbitale attorno al Sole di 12 anni e Saturno di 29 anni, aspettare che un pianeta sia nuovamente alto nel cielo può essere frustrante, a meno di non trovarsi vicino all'equatore o di essere pronti a viaggiare all'estero. La Luna orbita attorno alla Terra in circa 29 giorni, quindi si trova alla massima declinazione settentrionale una volta al mese e alla massima declinazione meridionale due settimane più tardi. Questo cambio di declinazione è in gran parte dovuto all'inclinazione di 23,5 gradi dell'asse terrestre ma, oltre a questo, c'è un'inclinazione supplementare di 5 gradi di cui tenere conto (è l'angolo che l'orbita della Luna fa con il piano dell'eclittica). Così, nei casi più estremi, nel corso di un mese la Luna può oscillare tra +28°,5 e −28°,5 di declinazione oppure, nove anni dopo, fra +18°,5 e −18°,5 gradi. Però, sto semplificando eccessivamente. Se si considerano gli estremi assoluti, causati dalle variazioni della distanza Terra-Luna, la Luna può oscillare tra +28,7 e −28,7 gradi di declinazione, come ha fatto nel 2006 e farà nel 2025 e 2043. Indipendentemente dall'emisfero in cui si vive, la Luna Piena è più alta in inverno, il Primo Quarto di Luna è più alto in primavera e l'Ultimo Quarto di Luna è più alto in autunno. La Luna Nuova è così vicina al Sole che si trova alla massima altezza fra la tarda primavera e i primi giorni dell'autunno.

Ci sono due fattori orbitali aggiuntivi che l'*imager* lunare più attento imparerà ad apprezzare: la variazione della distanza lunare e gli effetti della librazione.

Il perigeo, l'apogeo e la faccia nascosta della Luna

L'orbita che mensilmente la Luna percorre intorno alla Terra non è circolare, ma ellittica. Alla minima distanza (perigeo), il centro della Luna è a soli 356.410 km dal centro della Terra. Alla massima distanza (apogeo), i due centri sono distanti 406.697 km. In sostanza c'è una variazione di ±7%. In media, un piccolo cratere lunare di un chilometro di diametro sottenderà un angolo di circa 0,55 secondi d'arco e, in condizioni di *seeing* medio, sarà prossimo al limite di risoluzione di un telescopio amatoriale. Detto questo, però, va sottilineato che i solchi lunari ad alto contrasto sono ancora individuabili, se osservati in luce radente con l'illuminazione del tramonto o dell'alba, anche se hanno una larghezza al di sotto del chilometro.

La librazione è quel fenomeno grazie al quale è possibile scrutare oltre il bordo lunare e osservare, anche se da angoli radenti, l'emisfero nascosto della Luna. Infatti, grazie alle librazioni, in teoria è possibile vedere il 59% della superficie lunare, e non solo il 50% come ci si potrebbe aspettare. Sfatiamo un mito: contrariamente a quello che si potrebbe pensare in base alla terminologia popolare, non esiste un "lato oscuro della Luna", quindi l'osservazione di dettagli dell'altro emisfero non è certo ostacolata dalla mancanza di illuminazione. Infatti, quando la Luna è Piena, l'emisfero nascosto è al buio; ma quando la Luna è Nuova l'emisfero nascosto è illuminato quasi completamente. In realtà, la Luna ha un emisfero visibile e uno invisibile dalla Terra perché la rotazione attorno al suo asse è stata "bloccata" in questa configurazione dalle forze mareali esercitate sulla Luna dalla Terra stessa; così, se si trascurano gli effetti della librazione, l'emisfero lunare che è possibile vedere è solo quello rivolto in permanenza verso la Terra.

La Luna orbita attorno alla Terra in 29,5 giorni (da novilunio a novilunio), mentre rispetto alle stelle impiega 27,3 giorni (la differenza fra questi due valori è dovuta al fatto che l'intero sistema Terra-Luna orbita attorno al Sole). Tuttavia, allo stesso tempo la Luna ruota attorno al proprio asse, in modo tale che, dalla Terra, si vede sempre lo stesso emisfero, o quasi. Immaginate di parlare faccia a faccia con qualcuno. Se questa persona, occasionalmente, abbassa la testa, si potranno vedere meglio i capelli, mentre se la alza si potrà vedere meglio il mento. Se l'interlocutore scuote la testa, si potrà osservare ora un orecchio, ora l'altro. Succede la stessa cosa con i movimenti di librazione della Luna. Ma a cosa sono dovuti i movimenti di librazione? Dato che l'orbita della Luna è ellittica, la sua posizione angolare rispetto alla Terra non varia in modo uniforme; invece, la sua rotazione attorno all'asse è sempre la stessa. La velocità orbitale della Luna intorno alla Terra è maggiore al perigeo (punto più vicino dell'orbita), che all'apogeo (punto più lontano). A causa di questa variazione di velocità, si possono vedere l'uno o l'altro dei bordi orientali o occidentali per circa 8° di longitudine in più (per la precisione sono 7° 54'). Questo movimento è chiamato librazione in longitudine.

Oltre a questo c'è un ulteriore effetto, chiamato librazione diurna, che si somma a quella in longitudine. La librazione diurna è dovuta al fatto che la Terra ha un raggio di più di 6000 km e così, a seconda che la Luna stia sorgendo o tramontando (o se si è al polo nord o sud), ci si trova in posizioni spaziali diverse che consentono di osservare oltre il bordo dell'emisfero normalmente visibile. Tuttavia, la librazione diurna ha scarsa importanza perché la maggior parte degli osservatori guarda la Luna quando questa è in prossimità del meridiano locale e sicuramente non andrà nell'Artico o in Antartide per poterne osservare un pezzettino in più!

La librazione principale in latitudine (escludendo il caso di un viaggio ai poli della Terra) è causata dal fatto che l'equatore lunare è inclinato rispetto al piano orbitale della Luna (un po' come l'equatore terrestre è inclinato rispetto al piano dell'eclittica). Così, mentre la Luna orbita intorno alla Terra, prima un polo e poi l'altro si inclinano di 6° 41' verso la Terra (al momento, gli estremi assoluti della librazione sono di 6° 50').

In pratica, le librazioni mensili in latitudine e in longitudine si sommano vettorialmente, raggiungendo un valore di circa 10° quando esse toccano il massimo contemporaneamente. Questi massimi dell'oscillazione si mostrano sul bordo nord-occidentale, sud-occidentale, sud-orientale e nord-orientale della Luna. Naturalmente, l'effetto della librazione non è interessante se in quel momento la formazione che si vuole osservare è in ombra, ma lo diventa quando si verifica con un angolo di illuminazione favorevole e il cielo è limpido.

In condizioni di librazione estreme l'osservatore lunare equipaggiato con la *webcam* può riprendere immagini di regioni della Luna raramente visibili dalla Terra. Naturalmente, la Luna è stata completamente mappata da diverse sonde, fra cui le più recenti sono la Clementine e la Smart-1. Anche le regioni polari meridionali sono state completamente mappate, ma ciò non riduce il divertimento dell'osservazione e dell'*imaging* lunare. Anche se esistono mappe complete della Luna, è vero che non sono state tracciate mappe in alta risoluzione per ogni angolo di illuminazione. Seguire gli spostamenti delle ombre dei picchi delle montagne, quando crescono o si riducono al tramonto o all'alba, può essere un passatempo affascinante che, nell'era delle *webcam*, può essere portato avanti con una risoluzione senza precedenti. I crateri lunari possono diventare ben presto familiari all'osservatore lunare, e con la *webcam* è possibile "catturare" l'aspetto di un cratere in modo oggettivo, senza subire l'influenza dell'osservatore (come avveniva con il disegno).

A differenza di qualsiasi altro corpo planetario, la Luna è un soggetto estremamente fotogenico, anche in condizioni di *seeing* scarso, semplicemente perché è molto grande. Quando il *seeing* è scarso, basta ridurre il rapporto focale (rimuovendo la lente di Barlow o la Powermate) e riprendere immagini a una scala di 0,5 o 1,0 secondi d'arco per *pixel*. A questo proposito, le regioni montuose e il terminatore meridionale sono ottimi soggetti per le riprese a grande campo. Utilizzando una *webcam* con un Newton di piccola apertura si può ottenere un mosaico di una mezza dozzina di immagini in grado di riprendere un'intera falce lunare. In alternativa, si può usare una macchina fotografica digitale o una digitale SLR (cioè reflex) per avere comunque ottimi risultati.

Colore, monocromia e ombre del terminatore

Anche se la Luna mostra tenui variazioni di colore, è essenzialmente un mondo montagnoso, senz'atmosfera, privo dei tipici dettagli colorati che troviamo nelle atmosfere planetarie. I colori più intensi visibili sulla superficie lunare sono quelli provocati dalla dispersione dell'atmosfera terrestre! Per questo motivo, sulla Luna si possono usare, con buoni risultati, le sensibili *webcam* monocromatiche, come l'ATiK–HS. Per migliorare la risoluzione su un soggetto luminoso come il nostro satellite, queste *webcam* possono essere utilizzate con filtri per l'infrarosso vicino, con risultati notevoli. Utilizzando questa tecnica con un Cassegrain di 60 cm, l'astronomo francese Bruno Daversin ha ottenuto alcune immagini lunari veramente sbalorditive. In condizioni di buon *seeing*, un filtro verde può rendere più nitida l'immagine riducendo la dispersione.

Quando si riprendono i pianeti bisogna tenere conto della loro rotazione, altrimenti, da un video della durata di alcuni minuti ripreso con la *webcam*, si otterrà un'immagine finale con dettagli planetari confusi. Esiste un limite di tempo anche per la ripresa dei dettagli lunari? La risposta è sì!

Il terminatore (cioè il confine notte/dì), all'equatore si muove attraverso la superficie lunare a una velocità di 15 km all'ora. Naturalmente, per le formazioni che si trovano a latitudini più vicine alle regioni polari, la velocità è minore (essa varia come il coseno della latitudine, cioè alla latitudine di 60° nord il terminatore si sposta con una velocità che è la metà di quella equatoriale). Se si stanno osservando dettagli posti sull'equatore lunare e in meridiano (in altre parole, se si sta guardando il centro del disco), la velocità del terminatore si traduce in un movimento angolare di circa 8 secondi d'arco all'ora. Assumendo di voler riprendere dettagli piccoli fino a 0,3 secondi d'arco nelle condizioni di *seeing* migliori, se non si vuole che il terminatore si sposti in modo apprezzabile durante la ripresa del video AVI, la finestra temporale è di circa due minuti. Questo tempo-limite è simile a quello per l'*imaging* di Giove. C'è anche un altro fattore che vale la pena di considerare. Con gli angoli di illuminazione radente tipici del terminatore, le ombre dei picchi montuosi molto alti proiettate sul terreno lunare possono allungarsi o accorciarsi rapidamente. Questo è un ulteriore motivo per cui l'*imaging* in alta risoluzione di porzioni di superficie lunare con tempi di decine di minuti farà irrimediabilmente perdere dettagli. Tuttavia, in pratica, una finestra di cinque minuti può andar bene anche al centro del disco lunare perché, essendo il Sole una sorgente luminosa estesa, le ombre hanno i bordi diffusi. Talvolta si dice che un cratere lunare non si vede mai nelle stesse condizioni di illuminazione all'alba o al tramonto locali. Questo è vero. I crateri vicini al bordo lunare, a causa delle librazioni estreme, possono passare dall'essere quasi circolari a estremamente ellittici. Inoltre, l'alba o il tramonto su una data formazione di crateri possono verificarsi più tardi o prima di quanto atteso. Una finestra di ripresa di cinque minuti con la *webcam* permette di catturare molti *frame* da sommare ma, con la Luna, si può anche essere più selettivi nella scelta dei *frame* migliori, visto che si tratta di un corpo luminoso e ad alto contrasto. Inoltre, le distorsioni del *seeing* sui grandi campi di vista sono di gran lunga più evidenti quando si fa *imaging* di grandi crateri del diametro di uno o due primi d'arco. La somma di una dozzina di *frame* eccellenti darà spesso un'immagine migliore di quella ottenuta dalla somma di centinaia di *frame* distorti dal *seeing*. L'eccezione si ha quando si prova a risolvere piccoli craterini a basso contrasto posti sul fondo in ombra di un cratere: qui il rapporto segnale/rumore è cruciale e c'è bisogno della somma di tutti i *frame* che si possono ottenere. Con la Luna si ottengono immagini spettacolari con qualsiasi rapporto focale. Quando il *seeing* è scarso, anche andare fino a f/20, f/15 o utilizzare una SLR digitale può produrre un'immagine spettacolare. Riprendere l'intero disco lunare con una DSLR è abbastanza semplice. Con una lunghezza focale di 1,5 metri, la Luna avrà un diametro di 13 mm, una dimensione ideale per essere ripresa facilmente da un tipico *chip* DSLR.

La colongitudine selenografica corretta del Sole

Questo paragrafo è un po' difficile, ma non è necessario capirlo a fondo per riprendere immagini della Luna. Tuttavia, può aiutare a comprendere quando si verifica un'illuminazione critica. Il riferimento standard per trovare l'altezza del Sole sopra l'orizzonte lunare (e quindi sapere dove si trova il terminatore) è la tabella della colongitudine selenografica del Sole (in sigla SSC, Sun Selenographic Colongitude). Questa terminologia può sembrare astrusa, ma si tratta semplicemente dell'altezza del Sole sull'orizzonte (o della sua longitudine), così come è vista dalla superficie lunare. Quando la SSC è 0°, la Luna è intorno alla fase di Primo Quarto; a 90° la Luna è Piena; a 180° è l'Ultimo Quarto; infine, a 270° è la fase di Luna Nuova. Questo sembrerebbe un buon modo per predire esattamente quando il terminatore attraverserà una data formazione lunare. Tuttavia, non è così semplice, a causa del fatto che l'asse di rotazione della Luna può essere inclinato rispetto al Sole di 1°,5. Quindi, per gli oggetti posti a nord o a sud dell'equatore, per sapere dove cade esattamente il terminatore è necessario applicare una correzione alla SSC. La correzione c (in gradi) è data dalla formula $c = \arcsin(\tan b \times \tan i)$, dove c è la correzione richiesta, b è la latitudine della formazione e i è la latitudine del Sole (N+, S–), conosciuta anche come latitudine selenografica del Sole. La correzione sarà + o – a seconda che il Sole e la formazione siano, rispettivamente, dallo stesso lato oppure opposti rispetto all'equatore lunare. Una correzione di tipo + significa che, sulla formazione lunare, il sorgere del Sole si verifica prima e il tramonto dopo e, in entrambi i casi, l'ombra è più corta di quello che indica il valore della SSC; naturalmente, se la correzione è – si verifica il contrario. Incidentalmente, 1° di longitudine = 1,97 ore. Una piccola trappola, che potrebbe causare problemi quando si prova ad osservare ad un angolo di illuminazione ben preciso, è il fatto che per le formazioni situate lontano dall'equatore lunare, la differenza fra la SSC corretta e la longitudine della formazione non è una misura dell'altezza del Sole sull'orizzonte; per ottenere la vera altezza del Sole sull'orizzonte lunare, la differenza deve essere moltiplicata per cos b (per angoli solari piccoli). Sono in debito con l'esperto lunare Ewen Whitaker per avermi spiegato tutto questo in una lettera di circa vent'anni fa.

Siete confusi? Non preoccupatevi! Essenzialmente, bisogna tenere presente che, a causa delle librazioni, non si sta mai guardando una formazione lunare dallo stesso punto di vista e, a causa dell'inclinazione dell'asse di rotazione della Luna rispetto al Sole, il terminatore raramente è inclinato con lo stesso angolo quando attraversa l'emisfero lunare osservabile. Ma, in pratica, ci sono ripercussioni sulle osservazioni? Può darsi. Se si vuole riprendere una formazione lunare esattamente con lo stesso gioco d'ombra e luce, come in una ripresa già fatta in precedenza, si può arrivare in anticipo o in ritardo di alcune ore se non si corregge la SSC. Tutto questo è un buon motivo per riprendere immagini della Luna e dei suoi crateri con una certa continuità. Le formazioni lunari non appaiono mai esattamente le stesse.

I Fenomeni Lunari Transienti (TLP)

A partire dal 1950, diversi astrofili hanno riportato numerose testimonianze riguardanti l'osservazione di fenomeni luminosi o di oscuramento transitorio di porzioni limitate della superficie lunare. Di solito, questi eventi sono associati a crateri ben noti come Alphonsus, Plato, Aristarchus e Gassendi, ma anche crateri più anonimi, come Torricelli B, hanno generato alcuni allarmi. Indubbiamente, la caccia ai TLP è ai limiti dell'astronomia amatoriale. A mio parere, questa ricerca si trova sulla linea di confine tra scienza e pseudoscienza e, come tale, attrae un certo numero di persone eccentriche. Così come non mancano le persone strampalate, convinte che i rapimenti alieni si verifichino davvero o che l'astrologia abbia un significato reale, anche in ambito di *imaging* non mancano quelli che vogliono essere considerati come i nuovi Einstein o Stephen Hawking, ma senza fare lo sforzo mentale di condurre una ricerca scientifica tradizionale. Per 11 anni (1980-1991) sono stato un membro attivo della "Lunar Section TLP" della BAA (British Astronomical Association). una rete di osservatori lunari in grado di entrare velocemente in azione nel caso di segnalazione di un possibile TLP sulla Luna. In questo gruppo ho avuto un ruolo cruciale. Il mio compito era fotografare, e più tardi registrare su nastro magnetico, i crateri durante gli allarmi TLP, per cercare di dimostrare o confutare nel modo più oggettivo possibile quello che stava avvenendo. Quali sono stati i risultati di questa esperienza? La cosa principale che ho imparato è che non solo l'aspetto della Luna è diverso ogni notte a causa delle librazioni, della distanza lunare variabile e della posizione del terminatore, ma che un ruolo molto importante viene giocato dai colori spuri causati dalla dispersione atmosferica. Ad esempio, se si osserva il cratere Plato quando la Luna è alta nel cielo, si trova al perigeo (punto dell'orbita più vicino alla Terra) e con una librazione che sposta il cratere vicino al centro del disco, tutto sembra perfettamente normale. Tuttavia, se si osserva Plato quando la Luna è bassa sull'orizzonte e vicina all'apogeo, e le librazioni fanno sì che il cratere sembri molto ellittico, allora Plato appare maculato e con il bordo colorato. Di solito, è in queste ultime circostanze che si verificano gli allarmi TLP. Le tecniche di *imaging* del XXI secolo sono molto lontane dalla situazione dei primi anni '80, quando ero un accanito osservatore lunare. In quel periodo l'occhio umano poteva vedere maggiori dettagli di quanto fosse possibile riprendere con una buona fotografia. Ora la situazione è esattamente invertita. Un'immagine ottenuta dalla somma di centinaia di *frame* ripresi con la *webcam* può catturare tutti i dettagli che è in grado di vedere l'osservatore dotato della vista più acuta e anche di più. E indovinate che cosa è successo? Misteriosamente, non ci sono più segnalazioni di potenziali TLP! Penso che questo dimostri quello che i TLP sono realmente: effetti dell'atmosfera terrestre.

Tuttavia, la Sezione Luna della BAA sta analizzando tutti i vecchi *report* di TLP per calcolare quando si verificheranno le stesse condizioni di illuminazione che hanno generato l'allarme TLP nel passato. Lo scopo è provare a verificare se il TLP è dovuto al particolare angolo di illuminazione della luce solare. Un elenco di questi casi da verificare è tenuto da Tony Cook ed è disponibile all'indirizzo *web*:
www.lpl.arizona.edu/~rhill/alpo/lunarstuff/ltp.html.

Alcuni dei TLP storici sono stati rilevati da nomi noti dell'astronomia professionale e sarebbe bello che alcuni casi fossero davvero reali. Tuttavia, su questa eventualità, rimango piuttosto scettico, malgrado che sia stato un membro attivo del gruppo TLP della BAA. Ci sono solo una manciata di casi che potrebbero essere reali. Fra questi, la luce rossa nel cratere Gassendi osservata il 30 aprile 1966: è ancora un caso misterioso, ma ben documentato!

Alcune regioni spettacolari

Nelle prossime pagine parlerò dei miei 20 crateri o regioni lunari preferite. Per individuare questi dettagli sul disco della Luna i riferimenti sono le Figure 10.1a (i mari principali) e 10.1b (i crateri e i siti di sbarco delle missioni Apollo). Questo non è un libro sulla Luna, quindi la lista è lontano dall'essere esauriente. Tuttavia, ci sono abbastanza soggetti da rendere felice l'*imager* con la *webcam*. Come con tutte le immagini di questo libro, ho messo il sud in alto. Questo è quello che si vede quando si osserva visualmente attraverso un telescopio di tipo Newton. Gli astrofili che osservano la Luna e i pianeti hanno posto il sud in alto fin dall'alba dell'era telescopica, quindi mi atterrò a questa tradizione.

Soggetti per i test

Talune caratteristiche lunari sono diventate altrettanti test per saggiare la risoluzione di un telescopio. Probabilmente, le configurazioni più famose a questo riguardo sono i craterini sul fondo del cratere Plato (mostrati più avanti in questo capitolo nella Figura 10.21), il solco sinuoso vicino al cratere Triesnecker (Figura 10.2) e il solco sul fondo della Valle Alpina (Figura 10.3). Tutte queste strutture lunari sono molto adatte per condurre test su nuovi strumenti anche perché, a differenza dei dettagli planetari, sono (letteralmente) fatti di pietra e disponibili ogni mese. Il cratere Plato è ben noto a tutti gli osservatori ed è collocato a 9° ovest e 52° nord, stretto tra il Mare Frigoris e il bordo settentrionale del Mare Imbrium. Quando una librazione favorevole lo inclina

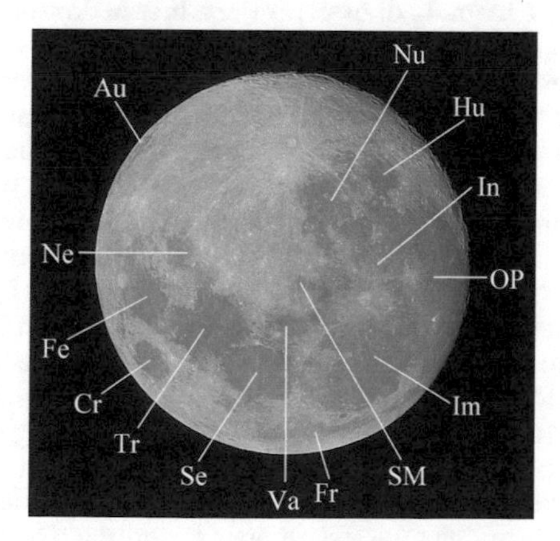

Figura 10.1a. I principali mari lunari. Significato delle sigle (in senso orario partendo dall'alto): Nu = Mare Nubium; Hu = Mare Humorum; In = Mare Insularum; OP = Oceanus Procellarum; Im = Mare Imbrium; SM = Sinus Medii; Fr = Mare Frigoris; Va = Mare Vaporum; Se = Mare Serenitatis; Tr = Mare Tranquillitatis; Cr = Mare Crisium; Fe = Mare Fecunditatis; Ne = Mare Nectaris; Au = Mare Australis. L'immagine è stata ripresa da Jamie Cooper, utilizzando un Newton Orion Optics SPX (250 mm f/6 ,3) e una Canon 300D.

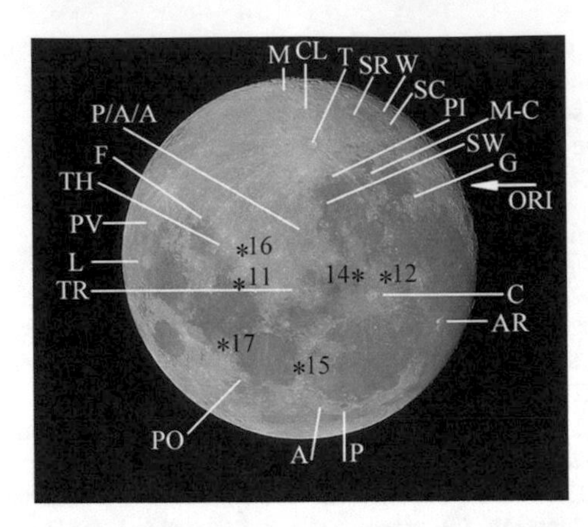

Figura 10.1b. I dettagli lunari preferiti dall'autore a cui si fa riferimento nel testo. I crateri e le caratteristiche geologiche sono indicati in bianco, mentre i siti di sbarco delle missioni Apollo (11, 12, 14-17) sono in nero. Apollo 13 non è atterrato sulla Luna a causa di un'emergenza a bordo. In accordo con la visione telescopica classica, tutte le immagini hanno il sud in alto. Significato delle sigle (in senso orario partendo dall'alto): M = Moretus; CL = Clavius; T = Tycho; SR = Schiller; W = Wargentin; SC = Schickard; PI = Pitatus; M-C = Mercator/Campanus e la regione del solco di Hippalus; SW = Muro Dritto; G = Gassendi; ORI = Mare Orientale, oltre il bordo e perciò invisibile; C = Copernicus; AR = Aristarchus; P = Plato; A = Valle Alpina; PO = Posidonius; TR = Triesnecker; L = Langrenus; PV = Petavius; TH = Theophilus e Cyrillus; F = Fracastorius; P/A/A = Ptolemaeus, Alphonsus & Arzachel. L'immagine è stata ripresa da Jamie Cooper, utilizzando un Newton Orion Optics SPX (250 mm f/6,3) e una Canon 300D.

verso il centro del disco lunare di quasi 7°, Plato può sembrare di forma quasi circolare. Al contrario, il cratere appare estremamente ellittico quando la librazione lo inclina di 7° verso il nord del disco lunare. In buone condizioni di *seeing* e con un'illuminazione adeguata, anche un neofita è in grado di osservare una mezza dozzina di craterini sul fondo liscio e oscuro di Plato. Il più grande di questi craterini è quello centrale, con un diametro di 3 km. I tre craterini più grandi successivi a questo (due dei quali hanno i bordi a contatto) hanno un diametro compreso fra 2 e 3 km, mentre gli altri sono molto più piccoli. Ma quanti sono i craterini sul fondo di Plato e quanti se ne possono osservare da Terra? Questa è una buona domanda a cui non c'è una risposta precisa. Damian Peach, utilizzando un Celestron 11 con un rapporto focale di f/31 e una *webcam* AtiK, ha risolto 22 craterini di Plato: quelli più piccoli arrivano a stento ad avere 0,5 km di diametro. Questo risultato si traduce in una risoluzione angolare di circa 0,3 secondi d'arco, leggermente al di sotto della risoluzione teorica di un telescopio di 28 cm (11 pollici) d'apertura. Ma questo non rappresenta il limite della risoluzione raggiunta dalla Terra. Bruno Daversin, usando un Cassegrain di 60 cm f/16 da un sito vicino a Cherbourg, nella Francia settentrionale (l'Osservatorio Planetario di Cap de la Hague, **www.ludiver.com**), ha ripreso 100 minuscoli craterini sul fondo di Plato, alcuni con un diametro di soli 0,3 km. A queste risoluzioni spinte, così vicine ai limiti del telescopio e al rapporto segnale/rumore dell'apparecchiatura, è essenziale la somma del maggior numero possibile di *frame*, anche su un soggetto ad alto contrasto come la Luna. I dettagli più fini emergono solamente quando i livelli del rumore sono bassi e il rumore diminuisce con la radice quadrata del numero di immagini sommate. Nelle notti di *seeing* cattivo, specialmente vicino alla fase di Luna Piena, può essere difficile individuare anche il craterino centrale del fondo di Plato. Tuttavia, con un buon *seeing*, anche un telescopio di 25 cm di diametro può rivelare una dozzina o più di craterini all'osservatore visuale.

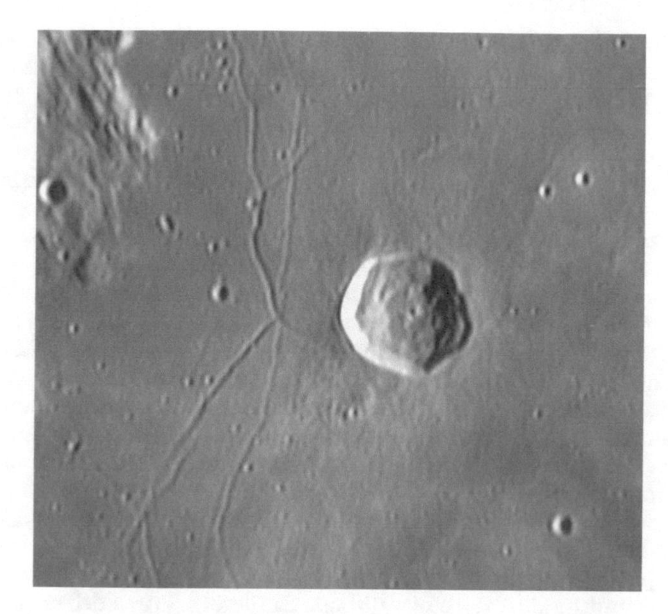

Figura 10.2. Triesnecker e il suo sistema di solchi ripreso il 5 settembre 2004, con una *webcam* ToUcam Pro e un Newton 250 mm f/6,3 a f/38. Il campo ripreso misura 110 km. Immagine: M. Mobberley.

Figura 10.3. La Valle Alpina e il suo solco ripresi da Damian Peach il 1° marzo 2004 con uno SCT Celestron 11 e una *webcam* ATiK–HS.

I solchi vicini al piccolo cratere Triesnecker sono stati usati a lungo dagli osservatori lunari per i loro test, sia per quanto riguarda le ottiche, sia per la stabilità atmosferica. Nel giugno 1981, *Sky & Telescope* pubblicò una notevole fotografia dei solchi di Triesnecker, che erano stati ripresi dagli astrofili statunitensi Thomas Pope e Thomas Osypowski nel 1964. Utilizzando un riflettore di 31,8 cm (12,5 pollici) a f/60, questi astrofili furono in grado di risolvere craterini di 2 o 3 km di diametro nella regione di Triesnecker. Questa posa di un secondo fu tra le più notevoli della sua epoca, mentre al giorno d'oggi può essere agevolmente uguagliata da un telescopio di 100 mm di diametro e da una *webcam*!

Triesnecker stesso misura solo 25 km di diametro, e il maggiore dei solchi di Triesnecker misura solo un secondo d'arco (meno di 2 km). Inoltre, c'è un assortimento di minuscoli craterini tutto intorno alla regione, che variano da 3 a meno di 0,5 km di diametro, in grado di fornire una serie eccellente di soggetti per i test sulla risoluzione. Ancora una volta, Bruno Daversin ha ottenuto la migliore immagine della regione (o almeno la migliore che ho visto) con il Cassegrain di 60 cm f/16 del Ludiver Observatory. Incidentalmente, nel 1969 anche l'equipaggio dell'Apollo 10 ha ripreso una storica fotografia, molto dettagliata, del cratere Triesnecker e dei solchi circostanti, da una distanza di soli 140 km. Il confronto della regione ripresa dall'Apollo con la fotografia di Daversin può essere molto istruttivo.

A differenza dei craterini di Plato e dei solchi di Triesnecker, il solco della Valle Alpina è una struttura singola e molto difficile da rilevare. Prima dell'era delle *webcam* solo i migliori visualisti ne avevano indicato la presenza. Infatti, ancora negli anni '40 del secolo scorso alcuni osservatori dubitavano della sua stessa esistenza: il solco è molto elusivo, a meno che non si osservi in condizioni di *seeing* eccellenti. La Valle Alpina è situata a 49° N, 3° E e, più correttamente, dovremmo chiamarla Vallis Alpes. Ha una lunghezza di quasi 180 km e passa attraverso i Montes Alpes che separano il Mare Frigoris dal Mare Imbrium. Il piccolo solco sinuoso sul fondo della valle può essere intravisto con un telescopio di almeno 15 cm di diametro, anche se a me è capitato molto raramente. Il solco, la cui larghezza a stento supera gli 1,5 km (circa 0,8 secondi d'arco), è inclinato di 45° rispetto alla direttrice nord-sud, quindi non può mai essere illuminato in modo favorevole, come invece avviene per i solchi di Triesnecker. Probabilmente, come test per la risoluzione, è il più severo a cui possa aspirare l'*imager* lunare.

I siti di sbarco delle missioni Apollo

Come tutti quelli che, in tenera età, hanno vissuto l'era delle missioni Apollo sulla Luna (avevo 11 anni nel 1969), trovo ancora affascinante ricercare e riprendere le immagini dei luoghi dove si sono verificati gli sbarchi sul suolo lunare. Mi faccio spesso una domanda: se le missioni Apollo venissero ripetute nel XXI secolo, che cosa sarebbero in grado di vedere gli *imager* moderni nell'osservazione di una astronave? In fondo, gli utilizzatori delle *webcam* hanno già ripreso immagini dettagliate della Stazione Spaziale Internazionale in orbita attorno alla Terra: sarebbero stati in grado di riprendere l'attracco fra il Modulo di Comando e il Modulo Lunare in orbita terrestre? O forse avrebbero potuto riprendere i getti di gas dei motori delle navicelle in orbita lunare, o immortalare le nubi di polvere sollevate dai terzi stadi dei razzi che sono stati fatti cadere deliberatamente sulla Luna?

Anche se è dal 1972 che gli astronauti non vanno oltre l'orbita terrestre, si può rivivere quel periodo esaltante individuando le posizioni di sbarco con l'utilizzo di un telescopio relativamente modesto. Con un riflettore di 25 cm di diametro e una mappa decente, si possono osservare dettagli lunari al di sotto di un chilometro di diametro, specialmente quando la regione sotto osservazione è prossima al terminatore lunare. In questo caso il rilievo superficiale, anche di minima estensione, è accentuato dalle lunghe ombre proiettate sia all'alba sia al tramonto.

L'Apollo 11

"Houston, qui base della Tranquillità. Aquila è atterrata." "Bene, Tranquillità, vi registriamo al suolo. C'è un sacco di gente qui che era diventata blu. Adesso respiriamo di nuovo. Grazie mille." Da ragazzo di 11 anni incollato alla BBC, questo scambio di battute tra Neil Armstrong e Charlie Duke mi ha fatto provare dei brividi giù per la schiena (la cronaca era a cura di James Burke e Patrick Moore). Ben presto rivolsi verso la Luna il mio piccolo rifrattore di 30 mm di diametro, che (ovviamente) mi mostrò ben poco della zona dello sbarco! La zona dell'atterraggio dell'Aquila era nel Mare della Tranquillità, non lontano dalla coppia di crateri Sabine e Ritter, di 30 km di diametro. Se si traccia una linea dal centro di Sabine al piccolo cratere Moltke di 7 km di diametro, a due terzi della strada verso Moltke si passa 20 km a sud della posizione di sbarco dell'Apollo 11. Circa un giorno prima della fase di Primo Quarto, la regione è prossima al terminatore e anche il solco Hypatia, vicino a Moltke, diventa ben visibile. Se si possiede un grosso telescopio e una buona mappa, ad alti ingrandimenti si possono vedere i minuscoli crateri Armstrong, Aldrin e Collins. Con un telescopio di 20 cm o maggiore e una *webcam*, in condizioni di buon *seeing*, è facile riprendere questi minuscoli crateri. Il sito di atterraggio dell'Apollo 11 è esattamente a 0°,65 N, 23°,51 E e la data dello sbarco era il 20 luglio 1969. Vedi la Figura 10.4.

Figura 10.4. Il sito dello sbarco dell'Apollo 11 ripresa da Mike Brown di York, Inghilterra, con il suo Newton di 37 cm di diametro a f/12. I crateri Ritter e Sabine sono vicini. Barlow 2× con CCD Starlight Xpress HX516.

L'Apollo 12

A 350 km verso sud-sudovest dello spettacolare cratere Copernicus, si trova il cratere Lansberg, di 40 km di diametro. Lansberg è il cratere più grande vicino al sito di sbarco dell'Apollo 12, nel Mare Insularum. Guardate quasi tre diametri a est-sudest di Lansberg, lì si trova la posizione di sbarco del Modulo Lunare Intrepid: era il 19 novembre 1969. La posizione esatta dello sbarco è alle coordinate 3°,04 S, 23°,42 W. Approssimativamente quattro o cinque giorni prima della Luna Piena, la regione ha l'illuminazione giusta per essere osservata nei dettagli. Notare che l'Apollo 12 atterrò a soli 180 metri dalla sonda Surveyor 3, scesa sulla superficie lunare 31 mesi prima. Il razzo lunare fu lanciato durante un furioso temporale e fu colpito da un fulmine 30 secondi dopo il lancio. Dopo avere colpito il Saturno V, alto 111 metri, la scarica proseguì verso il suolo, seguendo la scia di vapori lasciata dal razzo, fino alla piattaforma di lancio! Vedi la Figura 10.5.

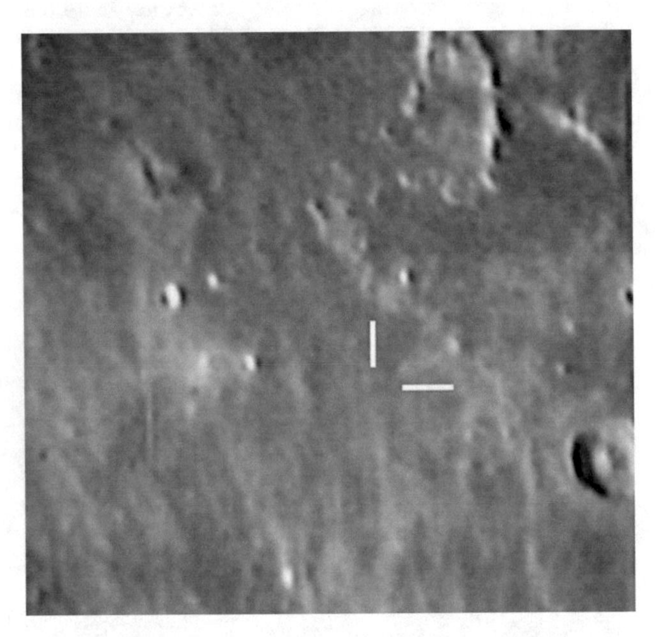

Figura 10.5. La posizione di sbarco dell'Apollo 12. Il campo di vista è largo 260 km e il cratere Lansberg è nella parte superiore a sinistra. Immagine tratta da un video CCD dell'autore, ripreso con un Cassegrain di 36 cm di diametro nel maggio 1987.

L'Apollo 14

Dopo il quasi disastro, ma con un salvataggio spettacolare, della missione Apollo 13, passarono quasi 15 mesi tra l'Apollo 12 e l'Apollo 14. Tuttavia, il 5 febbraio 1971, il quinto e il sesto degli astronauti della NASA, Alan Shepard e Ed Mitchell, atterrarono con il Modulo Lunare Antares nella regione montuosa di Fra Mauro, solo 160 km a est del sito di sbarco dell'Apollo 12. La posizione dello sbarco si trova alle coordinate 3°,66 S, 17°,48 W. Ancora una volta, il cratere Copernicus è il migliore riferimento per trovare questa regione attraverso un telescopio circa cinque giorni prima della Luna Piena, in modo che l'illuminazione solare sia radente e metta in evidenza il rilievo. Circa 400 km a sud-sudest di Copernicus si trovano i resti di un cratere circolare dal fondo piatto di quasi 100 km di diametro. Si tratta del circo di Fra Mauro. Si potrà notare che il fondo è attraversato da un certo numero di fratture caratteristiche. Approssimativamente 20 km a nord del bordo di questa struttura si trova la posizione dello sbarco dell'Apollo 14. Vedi la Figura 10.6.

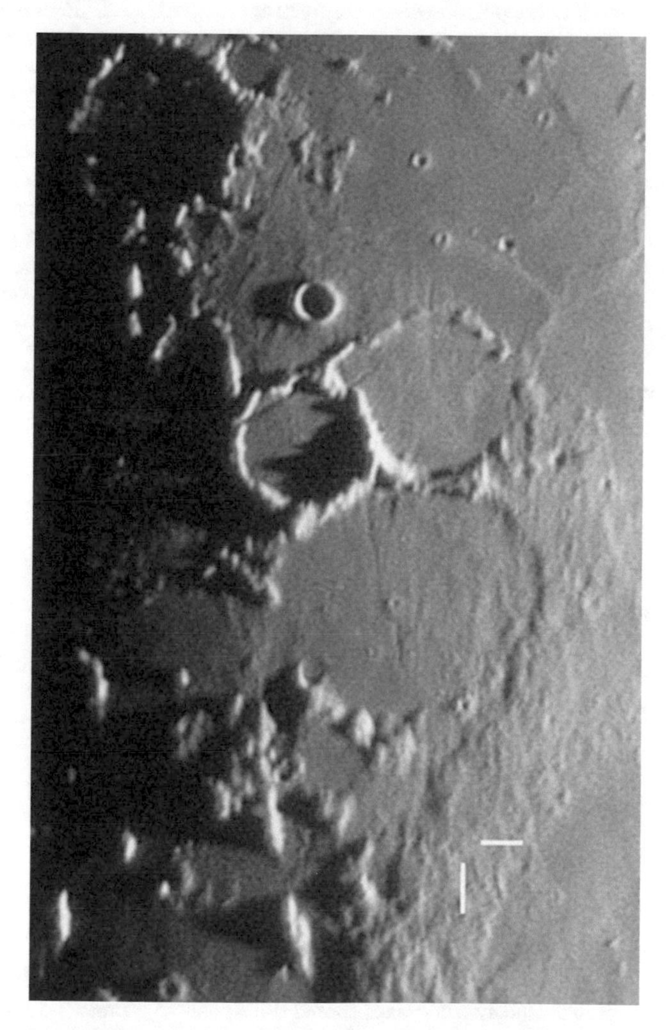

Figura 10.6. Il sito di sbarco dell'Apollo 14 ripreso da Mike Brown con un Newton di 37 cm di diametro e un CCD HX516. L'immagine riprende un campo di 350×220 km. Il circo di Fra Mauro si trova a nord dei crateri contigui Bonpland e Parry.

L'Apollo 15

Si tratta della prima delle missioni della cosiddetta "J Series", studiate per massimizzarne il ritorno scientifico. L'Apollo 15 ha portato la prima automobile sulla Luna: l'LRV, o Lunar Roving Vehicle (il *rover* lunare). Lo sbarco dell'Apollo 15 avvenne il 30 luglio 1971. Ora, finalmente, gli astronauti poterono coprire distanze di molti km sulla superficie lunare, senza il vincolo di dover restare in prossimità del LEM. Fra tutte le posizioni di sbarco degli Apollo, quella del solco di Hadley visitata dall'Apollo 15 è la regione più affascinante da esaminare attraverso un telescopio amatoriale e una *webcam*. La regione si trova 200 km a sud-est del cratere Archimedes, del diametro di 80 km. Il solco è chiaramente visibile in condizioni di buon *seeing*, anche se è largo solo mezzo chilometro. Gli innumerevoli meandri del solco, visitato dagli astronauti Dave Scott e Jim Irwin, possono essere osservati agevolmente ad alti ingrandimenti. Se si riprendono immagini della regione, usando la *webcam* con telescopi amatoriali, si possono risolvere dettagli di 0,5 km, un tratto molto più breve dei viaggi compiuti dagli astronauti con il loro LRV. Se si pensa che ci si trova a circa 380.000 km di distanza, riuscire a risolvere dal giardino di casa una distanza inferiore a quella percorsa dagli astronauti è veramente un'impresa notevole! La posizione dello sbarco è alle coordinate 26°,08 N, 3°,65 E. Il Modulo Lunare Falcon è quello che atterrò più vicino all'equatore lunare di qualsiasi altra missione Apollo, e le immagini dalla superficie, riprese con lo sfondo delle colline circostanti, sono veramente spettacolari. Osservando questa regione il giorno antecedente al Primo Quarto oppure un giorno o due prima dell'Ultimo Quarto (se vi piacciono le osservazioni mattutine), si potranno avere visioni molto gratificanti. Con l'occhio all'oculare e un po' di immaginazione, si può arrivare a pensare che, con una risoluzione leggermente migliore, si potrebbe riuscire a vedere anche la fase di discesa del modulo lunare. Se soltanto capitasse di nuovo! Vedi la Figura 10.7.

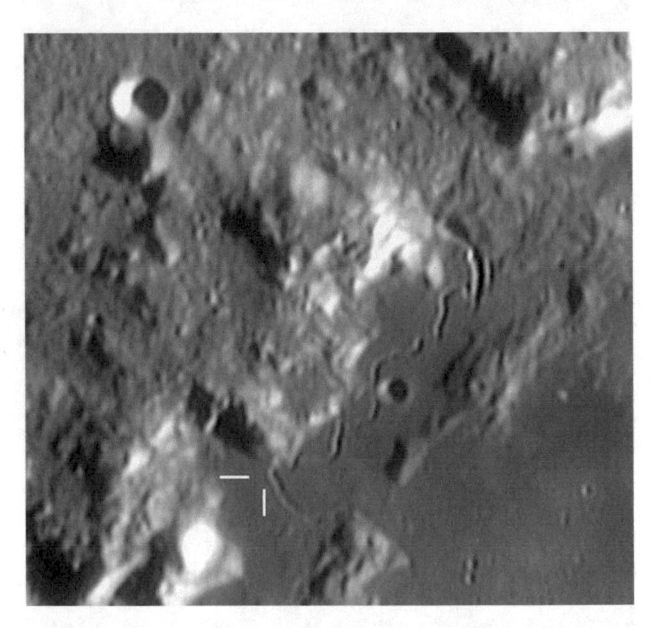

Figura 10.7. Il solco di Hadley, zona dello sbarco dell'Apollo 15, ripreso il 5 settembre 2004 con una ToUcam Pro e il Newton di 250 mm f/6,3 portato a f/38. Immagine: M. Mobberley.

L'Apollo 16

Circa 300 km a est dei grossi crateri Albategnius e Hipparchus, si trova la pianura di Cayley, a nord del cratere Descartes. È su questo terreno rugoso (posto a 8°,99 S, 15°,51 E) che atterrò il Modulo Lunare Orion della missione Apollo 16, con gli astronauti John Young e Charlie Duke (colui che teneva i contatti radio con l'Apollo 11). John Young era uno dei tre uomini volati fino alla Luna due volte. Era già stato sull'Apollo 10 e, in seguito, fu il primo comandante dello Shuttle. Solo altri due astronauti volarono verso la Luna due volte: Jim Lovell, con le missioni Apollo 8 e 13, e Gene Cernan, con Apollo 10 e 17. Tuttavia, nessuno ha mai camminato sul suolo lunare per più di una missione. La regione di Cayley si trova nelle condizioni ottimali di illuminazione al Primo Quarto e, anche se la zona non è così caratteristica come quella dell'Apollo 15, una volta trovato il cratere Descartes e il più piccolo Dollond, la regione dello sbarco è all'interno del campo dell'oculare. L'Apollo 16 atterrò sulla Luna il 20 aprile 1972. Vedi Figura 10.8.

Figura 10.8. La posizione dello sbarco dell'Apollo 16. I crateri Albategnius (in basso) e Hipparchus sono a destra di questa immagine, ampia 500 km, ripresa nel 1965 con il riflettore di 184 cm di diametro di Kottamia, in Egitto. L'Apollo 16 atterrò poco a nord dell'area bianca a nord del cratere Descartes. Tratto da un'immagine fornita da T.W. Rackham.

L'Apollo 17

Gli ultimi astronauti a camminare sulla Luna atterrarono l'11 dicembre 1972, e furono Eugene Cernan e Harrison (Jack) Schmidt, un geologo-astronauta. Lo sbarco avvenne alle coordinate 20°,17 N, 30°,77 E, il sito più lontano dal meridiano lunare, posto nella regione di Taurus-Littrow, appena oltre il bordo orientale del Mare Serenitatis. Una volta individuata la congiunzione fra il Mare Serenitatis, il Mare Tranquillitatis e il cratere Plinius di 43 km di diametro, si può saltare ai crateri Vitruvius e Littrow, posti nelle regioni montuose che delimitano la zona. 30 km sotto il bordo sud-ovest di Littrow si trova la posizione di sbarco del Challenger, il Modulo Lunare dell'Apollo 17. Vedi Figura 10.9.

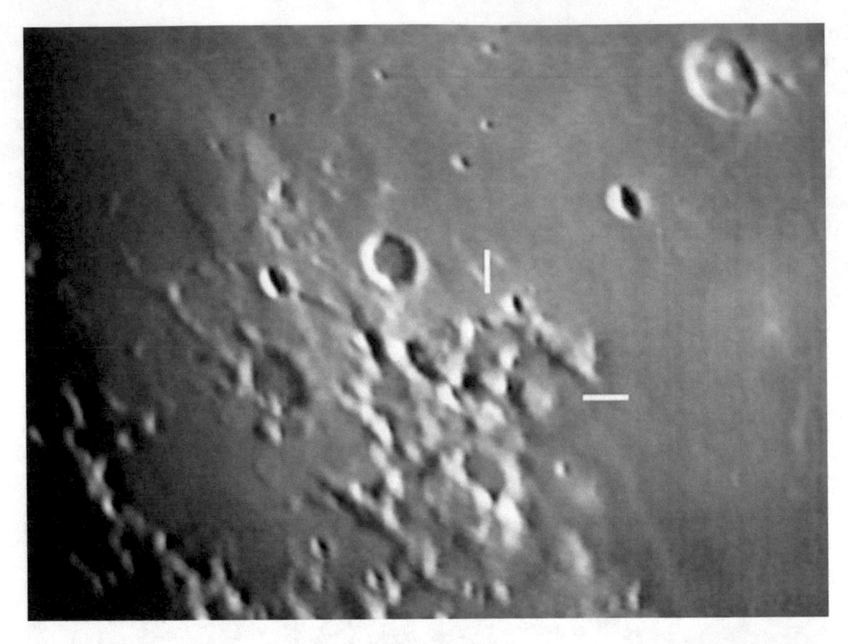

Figura 10.9. La posizione di sbarco dell'Apollo 17 in un'immagine video della regione ripresa dall'autore nel dicembre 1985, utilizzando un Newton di 36 cm di diametro. Il campo di vista è largo 400 km e il cratere Plinius è nell'angolo superiore destro.

I grandi crateri lunari

Ogni parte della superficie lunare è affascinante da esaminare, sia visualmente sia con la *webcam*, ma sarei un bugiardo se non dicessi che esistono circa 20 crateri che sono i soggetti preferiti fra gli astrofili. Questi crateri fanno capire quanto siamo realmente fortunati ad avere un grosso satellite così vicino a noi, da esaminare nei dettagli mese dopo mese. Dopo circa un anno di osservazione e *imaging* della Luna, questi crateri si incideranno nella memoria e si attenderà con impazienza il verificarsi di quelle condizioni critiche di luce e ombra sul loro fondo in grado di fornire visioni spettacolari. Ci si preoccuperà di quando si potrà vedere ancora un cratere con quella data illuminazione e quanto lontano si può proiettare l'ombra di questo o quel picco di montagna sul fondo del cratere. Il sogno sarà una notte serena, con *seeing* stabile, per poter catturare quella fase di illuminazione critica che non si è mai vista prima. In questa fase è estremamente consigliabile un libro, ora fuori stampa, che contiene l'essenza dell'osservazione lunare. Si tratta del testo di Harold Hill, *A Portfolio of Lunar Drawings*, pubblicato dalla Cambridge University Press nel 1991. Hill probabilmente è stato l'osservatore e l'artista lunare più grande di tutti i tempi. I suoi stupendi disegni, frutto di una vita di osservazioni, mi ispirano tuttora, anche se personalmente non sono in grado di fare il disegno di un solo cratere!

Questo non è un libro sulla Luna, ma sull'utilizzo della *webcam*. Tuttavia, trascurerei di fare il mio dovere se non indirizzassi il principiante verso alcuni dei crateri lunari più spettacolari. La mia lista non è in alcun modo completa; in gran parte vi compaiono solo i crateri e le mie regioni favorite. Per un resoconto completo su come osservare la Luna raccomando il libro di Gerald North, *Observing the Moon*, generosamente illustrato con fotografie lunari riprese con il telescopio di 1,55 m di Catalina in Arizona. Queste fotografie sono state fatte negli anni '60, e hanno una risoluzione simile alle immagini amatoriali di oggi.

Ecco qui alcuni dei più spettacolari crateri lunari (per la loro posizione vedi la Figura 10.1b).

Moretus [70°,6 S, 5°,5 O]

Probabilmente molti astrofili esperti non avranno alcuna familiarità con il mio primo obiettivo per l'*imaging* lunare, ma il cratere Moretus, di 114 km di diametro, è una struttura notevole. Moretus si trova a ovest del meridiano centrale, tra le regioni montuose dell'emisfero sud, e ha la migliore struttura a terrazze di qualsiasi altro cratere sulla Luna. Con le condizioni di illuminazione dell'alba e con un buon *seeing*, i dettagli della parete interna del cratere sono semplicemente imponenti, come documenta l'immagine ripresa da Damian Peach nella Figura 10.10.

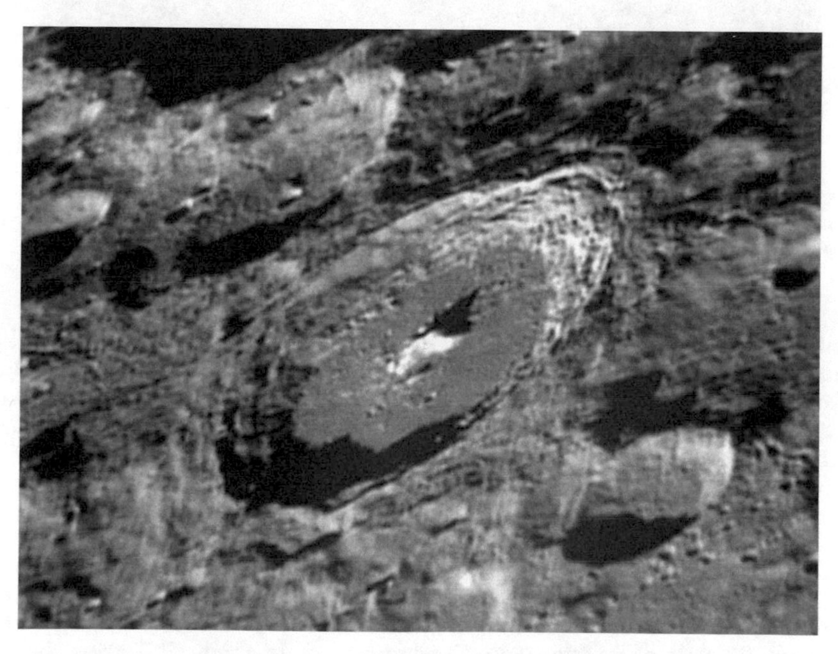

Figura 10.10. Questa spettacolare immagine del cratere Moretus e delle sue pareti interne terrazzate è stata ripresa utilizzando uno Schmidt-Cassegrain Celestron 9,25 e una *webcam* ATiK-1HS il 20 marzo 2004. Il telescopio stava lavorando a f/40. Immagine: Damian Peach.

Clavius [58°,4 S, 14°,4 O]

Si è portati a pensare che Clavius (Figura 10.11) sia il cratere più grande sull'emisfero visibile della Luna, ma non è così. Indubbiamente, è però il più grande tra i crateri spettacolari della superficie lunare, veramente imponente. Esistono crateri più

Figura 10.11. Un'eccellente immagine dell'enorme cratere Clavius, ripreso con un Newton da 250 mm f/6,3 della Orion Optics, portato a f/24. Immagine ripresa con una *webcam* ATiK–1HS il 19 marzo 2004 da Jamie Cooper.

grandi e molto più vecchi di Clavius, ma sono più difficili da individuare come una struttura completa perché degradati dagli impatti subiti dopo la loro formazione. Il più grande e profondo bacino della Luna è il Bacino Aitken, posto nell'emisfero meridionale: ha 2500 km di diametro e una profondità di 12 km al di sotto del raggio lunare medio. Tuttavia, per chi osserva dalla Terra, il più grande cratere visibile, anche se degradato dagli impatti, è Bailly, con un diametro di 287 km (situato a 69°,1 S, 66°,5 W); è così deformato dalla prospettiva che non è in alcun modo paragonabile a Clavius. Clavius stesso giace a 58°,8 S e 14°,1 W nelle regioni montuose meridionali e, con i sui 245 km di diametro, è una struttura imponente. Si trova solo 200 km a nord-ovest di Moretus. Il cratere viene illuminato circa un giorno dopo il Primo Quarto, e il Sole non tramonta sulla struttura fino a dopo l'Ultimo Quarto. Questo fattore, unito alle dimensioni, fa apparire Clavius come una caratteristica quasi permanente per chi osserva attraverso l'oculare di un telescopio. Ci sono regioni del fondo di Clavius che sono state, per decenni, un vero e proprio test per il fotografo lunare e ora sono un test per l'utente dotato di un piccolo telescopio e una *webcam*. Ricordo quella volta che mi sedetti nel leggendario studio di Horace Dall, nella città di Luton, nel 1984, ed egli mi mostrò orgogliosamente le sue migliori fotografie di una struttura a ferro di cavallo fatta da piccoli craterini sul fondo di Clavius. I craterini avevano un diametro di soli 2 km e, nell'era della pellicola, erano al limite di risoluzione (anche con il 39 cm di Dall, un Dall-Kirkham Cassegrain). Recentemente, Damian Peach mi ha mostrato un'immagine finale ottenuta con la *webcam*, ma ripresa con un apocromatico da 80 mm di diametro, che era paragonabile all'immagine di Dall! La *webcam* ha realmente aperto i nostri occhi al limite del possibile. Clavius è così grande che ci sono numerosi crateri di dimensioni decorose all'interno delle sue pareti. Il più caratteristico è il cratere Rutherfurd, di 50 km di diametro, con la catena di crateri curva, composta da strutture sempre più piccole (Clavius D, C, N e J) che conduce ad esso. Un altro cratere di 50 km di diametro, chiamato Porter, interrompe la parete nord-est di Clavius. L'unica difficoltà con Clavius è farlo stare tutto sul *chip* della *webcam*. Se siete *imager* planetari che aumentano frequentemente la lunghezza focale effettiva del telescopio a quasi 10 metri, è possibile che dobbiate rivedere la vostra strategia. Clavius ha un diametro apparente maggiore di due primi d'arco, quindi è necessaria una lunghezza focale effettiva di cinque metri o meno per riprenderlo tutto sul CCD di una *webcam*.

Tycho [43°,3 S, 11°,2 O]

Tycho (Figura 10.12) è un altro cratere spettacolare, piuttosto profondo (4,85 km) e giovane per gli standard lunari (approssimativamente ha un'età di 100 milioni di anni). Tuttavia, questo cratere di 85 km di diametro è collocato nelle regioni montuose meridionali dove può essere difficile da individuare quando l'angolo di illuminazione del Sole è molto basso, perché le ombre proiettate dalle montagne e dai crateri circostanti confondono la scena. Infatti, Tycho è uno dei pochi crateri che dominano durante la fase di Luna Piena. In queste condizioni di illuminazione, senza ombre proiettate, la Luna appare abbagliante e relativamente priva di dettagli. Tuttavia, lo spettacolare sistema di raggi di cui è dotato Tycho domina gran parte dell'emisfero meridionale della Luna Piena e il cratere stesso diventa un anello bianco abbagliante,

Figura 10.12. Il cratere Tycho ripreso con un piccolo rifrattore apocromatico Vixen di 80 mm di diametro a f/45. *Webcam* ATiK–1HS. Immagine: Damian Peach.

circondato da un'aureola oscura e con un centro luminoso. Naturalmente, la raggiera di Tycho è così prominente perché si tratta di un cratere da impatto relativamente giovane e altri impatti minori, causati da piccoli asteroidi, meteoroidi e micrometeoroidi, non hanno ancora eroso i suoi raggi. Molti neofiti, quando osservano la Luna Piena attraverso un telescopio, presumono che Tycho segni il polo lunare meridionale perché, inconsciamente, attribuiscono un significato geografico alla raggiera. Invece, Tycho è solo alla latitudine di 43° sud; quindi è 47° a nord del polo sud lunare.

Schickard [44°,4 S, 54°,6 O], Wargentin [49°,6 S, 60°,2 O] e Schiller [51°,8 S, 40°,0 O]

Ho raggruppato insieme Schickard, Wargentin (Figura 10.13) e Schiller (Figura 10.14), perché sono tutti all'interno di un cerchio di 6 primi d'arco di diametro posto vicino all'orlo sud-sudovest della Luna e sono tutti crateri grandi e affascinanti. Se esaminati da Terra, essendo così lontani dal centro del disco lunare, tutti questi i crateri appaiono fortemente distorti dalla prospettiva. Schickard è un cratere mostruoso:

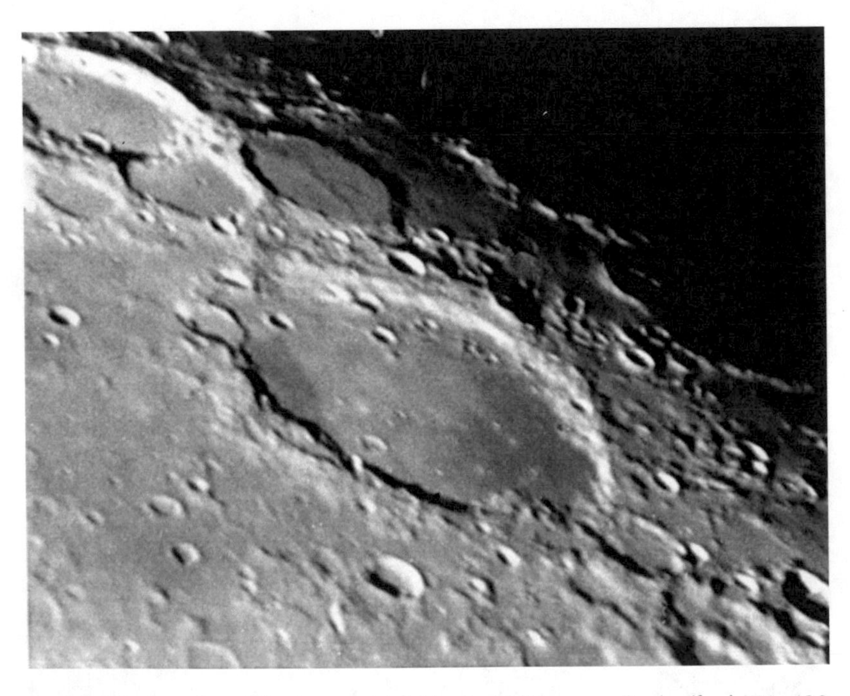

Figura 10.13. Una fotografia fatta il 14 febbraio 1984 con pellicola Ilford XP1 400 e un Cassegrain di 36 cm a f/70. Il grande cratere Schickard domina questa regione, insieme a Nasmyth e Phocylides. Sopra al cratere Schickard è visibile Wargentin, con l'interno colmo di lava. Fotografia: M. Mobberley.

Figura 10.14. Il lungo e sottile cratere Schiller. Si tratta di un'immagine straordinaria, ripresa il 21 aprile 2005 dalle Barbados, con una videocamera Lumenera e un Celestron 9.25 di 235 mm di diametro. Immagine: Damian Peach.

ha 227 km di diametro e non è molto più piccolo di Clavius. Il fondo del cratere è privo di dettagli: sembra relativamente liscio e possiede due distinte zone di "grigio lunare": grigio e grigio più scuro. Il fondo scuro e liscio del cratere ne fa una caratteristica notevole. A sud di Schickard si trova un cratere molto insolito. Infatti non assomiglia affatto a un cratere, dato che l'interno, a un certo punto, è stato riempito di lava: l'aspetto di Wargentin ricorda così quello di una moneta o una pastiglia, attaccata alla superficie lunare. Wargentin ha un diametro di 84 km e la cima piatta non è totalmente priva di dettagli, dato che ha alcuni "corrugamenti" che si irradiano dal centro. Esso confina con i grandi crateri sovrapposti Phocylides e Nasmyth. Poche centinaia di km a sud-est di Wargentin si trova uno dei più grandi e caratteristici crateri della superficie lunare: Schiller, di forma estremamente elongata, che misura 179×71 km. La forma lunga e sottile è esasperata dalla prossimità al bordo lunare. Sulla porzione nord-ovest del fondo, il cratere possiede alcune montagne caratteristiche, benché il resto sembri relativamente piatto. L'immagine di Schiller ripresa da Damian Peach è una delle più belle mai fatte dalla Terra.

Pitatus [30° S, 14° O] e il Muro Dritto [22° S, 7° O]

Pitatus (Figura 10.15) è un grande cratere con il fondo colmo di lava, posto sul bordo meridionale del Mare Nubium. Le sue pareti, in alcuni siti, sono state erose, specialmente a nord, ed è unito a Hesiodus sul suo bordo occidentale. Pitatus ha un diametro di 100 km e ha un picco montuoso relativamente piccolo e spostato verso ovest rispetto al centro geometrico del cratere. Benché il fondo di Pitatus sia stato

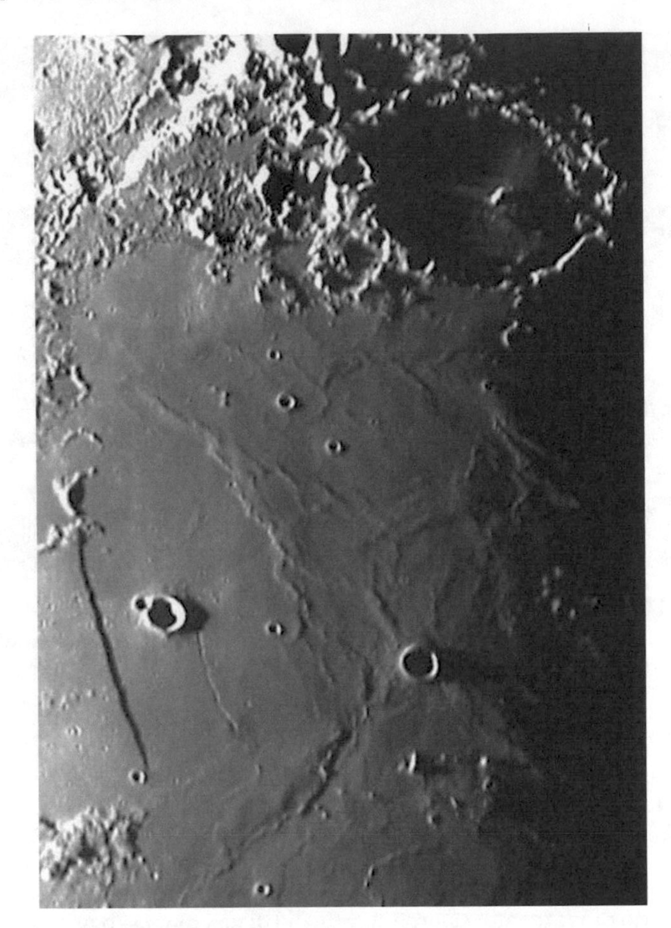

Figura 10.15. La regione che va dal cratere Pitatus (in ombra) al Muro Dritto (Rupes Recta) al cratere Birt. Newton di 37 cm di diametro con Barlow 2× e CCD Starlight Xpress H×516. Immagine: Mike Brown.

inondato dalla lava, ci sono alcuni piccoli solchi, ma sono dettagli di piccole dimensioni e non paragonabili alle colossali reti di solchi che si trovano, ad esempio, sul fondo di Posidonius e Gassendi. A circa 200 km dalla parete nord-est di Pitatus si trovano il cratere Birt e la Rupes Recta, o Muro Dritto (Figura 10.16). Ogni volta che penso a questa caratteristica, ricordo numerose conferenze a cui ho assistito, nelle quali Patrick Moore diceva: "Lo chiamano Muro Dritto, ma non è dritto e non è neppure un muro". Questa frase ha sempre strappato una bella risata al pubblico presente. Patrick aveva ragione, ma si tratta pur sempre di una delle più notevoli caratteristiche lineari presenti sulla Luna, anche se è leggermente curvata. Si tratta di una faglia geologica che ha una pendenza di circa 7°, sufficiente a farla assomigliare a una parete quando è vista con un angolo di illuminazione molto basso. Il cratere Birt, anche se è relativamente piccolo (solo 17 km di diametro), è meritevole di attenzione. È un piccolo cerchio quasi perfetto, eccetto dove si unisce al più piccolo cratere Birt A e alla Rima Birt, un solco lungo 50 km che si trova a nord-ovest e che unisce i craterini Birt F e Birt E.

Figura 10.16. Una straordinaria immagine, in alta risoluzione, del Muro Dritto, del cratere Birt (al centro) e dei crateri sovrapposti Thebit, Thebit A e Thebit L (a sinistra). Newton 250 mm f/6,3 e *webcam* ATiK–1HS. Immagine: Jamie Cooper.

Mercator [29°,3 S, 26°,1 O], Campanus [28°,0 S, 27°,8 O] e i solchi di Hippalus

Trecento km a sud-est di Gassendi si trova una vera gemma della Luna: si tratta di una regione che sembra disegnata dai graffi fatti dagli artigli di un gatto gigantesco (parte inferiore destra della Figura 10.17). Questa regione si trova ad est del vecchio cratere Hippalus e dei solchi ad esso associati. I solchi sono a nord-ovest della notevole coppia di crateri Mercator e Campanus. C'è tanto da dire su questa complessa regione che si potrebbe scrivere un intero capitolo solo su di essa. Per fortuna, un'immagine vale mille parole, quindi posso evitare il tentativo di descrivere la morfologia della zona. L'intera area sta al limite tra il Mare Nubium e il Mare Humorum e, sebbene i solchi di Hippalus catturino subito l'attenzione, ci sono molte cose interessanti sia per l'osservatore visuale sia per l'*imager* dotato di *webcam*. In condizioni di *seeing* medio, il fondo dei crateri Mercator e Campanus, di 50 km di diametro, appare abbastanza liscio e inondato di lava (eccetto che per la breccia e il grande craterino sul fondo di Campanus). In particolare, il fondo di Mercator sembra piuttosto liscio e uniforme. Ma se in una notte di *seeing* eccellente si riprendono alcune dozzine di buone immagini con la *webcam*, il fondo del cratere si rivela costellato di craterini minuscoli. Nelle vicinanze si trovano il cratere Kies, invaso dalla lava, e più avanti verso nord, il magnifico cratere Bullialdus (di 60 km di diametro), dotato di un picco centrale da manuale, con pareti interne terrazzate.

Figura 10.17. I crateri Mercator (a sinistra), Campanus (a destra) e i solchi di Hippalus (parte inferiore destra). Schmidt-Cassegrain di 30 cm a f/22 e *webcam* ToUcam Pro. Somma di 178 *frame*, 1° marzo 2004. Immagine: M. Mobberley.

Gassendi [17°,5 S, 39°,9 O]

Come Theophilus, di cui parlerò più avanti, anche Gassendi (Figura 10.18) è un cratere molto caratteristico, posto fra un mare lunare e un terreno più accidentato. In questo caso, il mare è il Mare Humorum e il terreno accidentato è quello che separa l'Humorum dall'Oceanus Procellarum. Gassendi è di una dimensione impressionante: approssimativamente ha 110 km di diametro. Tuttavia, quello che ne fa un oggetto veramente eccezionale sono i dettagli sul fondo. Gassendi è attraversato da una intricata rete di solchi, che rivela la sua complessità solo nelle notti di *seeing* eccellente. Ci sono anche diverse colline, picchi e craterini, che proiettano tutta una serie di ombre in condizioni di illuminazione critiche come l'alba o il tramonto. Un cratere significativo è Gassendi A (di 33 km di diametro), sovrapposto al bordo settentrionale di Gassendi. Gassendi è stato il sito di un allarme TLP (Fenomeno Lunare Transiente) verificatosi il 30 aprile 1966, quando molti astrofili esperti osservarono un cuneo arancione/banda rossa che si estendeva dalla parete del cratere verso i picchi centrali. L'evento non è mai stato spiegato completamente. Su Gassendi l'alba si verifica tre giorni dopo la fase di Primo Quarto.

Copernicus [9°,7 N, 20°,0 O]

Copernicus (Figura 10.19), situato nell'Oceanus Procellarum, è il cratere più evidente per l'osservatore lunare armato di binocolo. Anche se non è certamente il più grande cratere lunare, è ben visibile perché situato vicino al centro del disco e lontano da qualsiasi

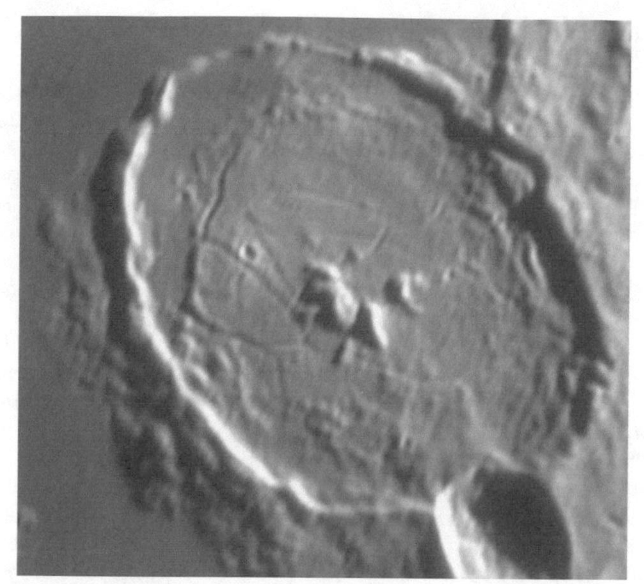

Figura 10.18. Il cratere Gassendi e la complessa rete di solchi che ne percorre il fondo. Newton Orion Optics di 250 mm di diametro, rapporto focale f/6,3, TeleVue Powermate 5×. Data: 9 settembre 2004. Immagine: M. Mobberley.

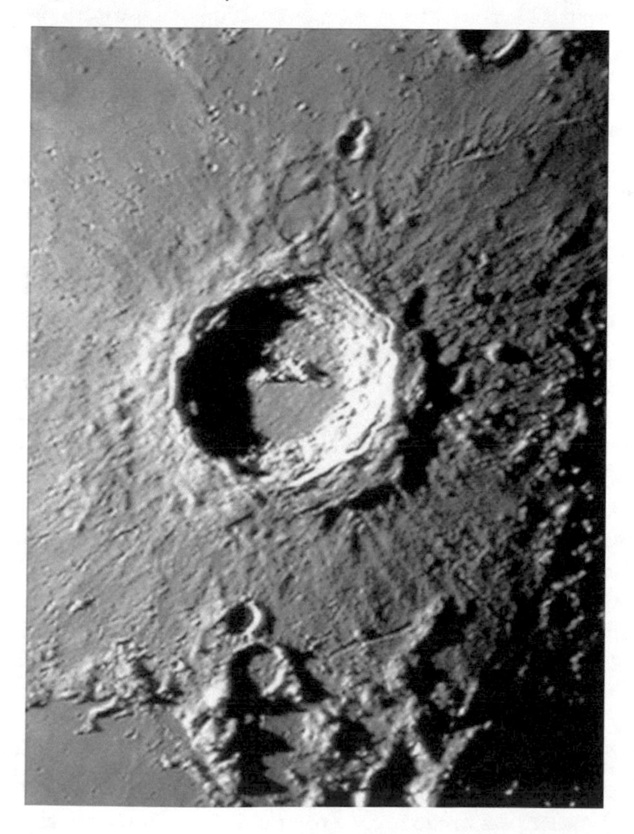

Figura 10.19. Il cratere Copernicus il 30 marzo 2004, ripreso con un Newton di 20 cm di diametro a f/18 e una *webcam* ToUcam Pro. Per questo risultato sono stati sommati solo 22 *frame*. Immagine: Mike Brown.

regione montuosa. Con la Luna in fase gibbosa crescente è il cratere più evidente, alcuni giorni dopo la fase di Primo Quarto. Le pareti di Copernicus sono veramente magnifiche e, a mio parere, questo è l'unico cratere lunare che sembra una caldera vulcanica. Naturalmente, non si tratta di un vulcano come gli altri crateri, anche Copernicus è una struttura da impatto. Le pareti si innalzano fino a 4 km rispetto al fondo interno e il diametro, da bordo a bordo, è di 90 km. Quando l'illuminazione è radente, solo le pareti del cratere sono illuminate mentre l'interno è ancora in ombra: in queste circostanze, Copernicus assomiglia a un grande lago nero. A causa della breccia sul fondo, posta alla base delle pareti, il diametro interno è molto più piccolo di quello esterno e pari a 65 km. Quando il terminatore lunare è a distanza di alcuni gradi, cioè subito dopo l'alba o subito prima del tramonto locali, il cratere sembra molto profondo ma, naturalmente, si tratta di un'illusione ottica. Uno dei primi eventi di *seeing* atmosferico quasi perfetto di cui sono stato testimone si verificò il 21 ottobre 1981. Era subito prima dell'alba e la Luna all'Ultimo Quarto era alta nel cielo. La visione del fondo di Copernicus era notevole, di gran lunga la più dettagliata che avessi mai avuto. Infatti, la visione era così incredibile che, in un momento di follia, avevo pensato di bussare alle porte dei vicini per trascinarli giù dai letti a dare un'occhiata al telescopio (dato che la temperatura era prossima allo zero, dubito che avrebbero condiviso il mio entusiasmo!). Quella notte, con poche altre era evidente come il fondo di Copernicus sia tutt'altro che privo di asperità. Considerati i dettagli del fondo, anche le pareti a terrazza erano spettacolari. Il famoso osservatore lunare T.G. Elger ha definito Copernicus "Il monarca della Luna": definizione molto azzeccata. Le pendici esterne di Copernicus, di fatto tutta la zona entro 200 km dal centro del cratere, sono il risultato di un impatto che ha avuto luogo circa 800 milioni di anni fa. Le strutture radiali che circondano il cratere assomigliano a quelle che si creano quando si getta una pietra nel fango, e ci sono piccoli crateri da impatto secondari sparsi ovunque. Un buon test, utilizzato dai fotografi lunari, era risolvere la catena dei "craterini di Stadius", posta vicino al circo fantasma di Stadius e al bel cratere Eratosthenes (più piccolo di Copernicus). Nell'era delle *webcam*, risolvere la catena di crateri da impatto secondari posta a metà strada tra Copernicus e Eratosthenes non è difficile, anche usando un telescopio modesto.

Aristarchus [23°,7 N, 47°,4 O]

Ancora più a ovest di Gassendi si trova Aristarchus (Figura 10.20), una struttura straordinariamente luminosa posta nell'Oceanus Procellarum. Il cratere è così luminoso che le tenui bande oscure presenti sulle sue pareti interne sono spesso visibili con difficoltà e tendono a essere cancellate dalle zone più luminose. Aristarchus ha un diametro di soli 40 km, ma anche i suoi dintorni sono molto interessanti. Appena a ovest di questo brillante cratere si trova il circo scuro di Herodotus. Verso nord, e a ovest di Herodotus, si trova la famosa Valle di Schroter, serpeggiante come un fiume, con la zona più larga che è chiamata "La testa del cobra". La valle parte con una larghezza massima di 10 km e si restringe fino ad appena 1 km. L'intera regione è completamente diversa da qualsiasi altro posto della superficie lunare, ma per poterla vedere emergere dal terminatore mattutino bisogna aspettare fino ad alcuni giorni prima della fase di Luna Piena.

Plato [51°,6 N, 9°,3 O]

Abbiamo già parlato del fondo liscio e oscuro di Plato in merito alla risoluzione dei suoi craterini, ma Plato (Figura 10.21) è un cratere affascinante di per sé. Con un fondo così liscio e con le montagne del bordo che raggiungono la massima altezza sulla parte

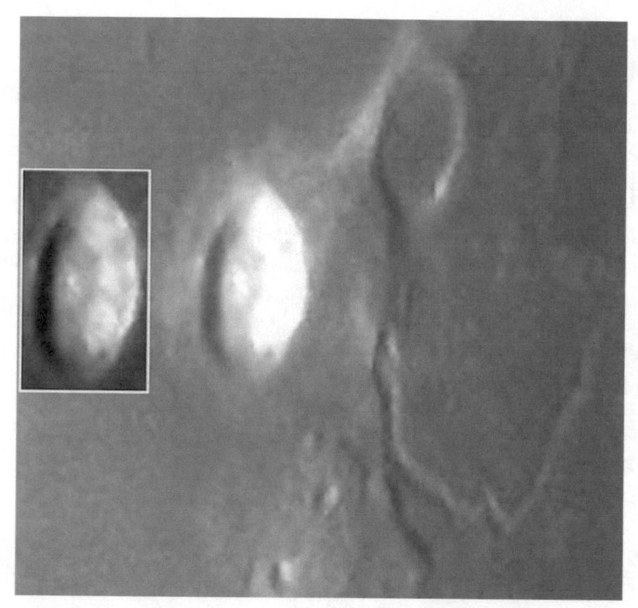

Figura 10.20. Il brillante cratere Aristarchus, oltre a Herodotus e alla valle di Schroter, ripresi con un Newton di 37 cm di diametro a f/14. Camera CCD Starlight Xpress HX516. Esposizione singola di 0,01 secondi ripresa il 29 marzo 1999. L'inserto a sinistra mostra come le sottili bande scure presenti sulla parete occidentale del cratere possano essere rivelate soltanto con una esposizione breve. Immagine: Mike Brown.

orientale, l'alba su Plato, alla colongitudine selenografica fra 10° e 13°, può essere molto affascinante. Il picco più alto posto sul bordo orientale del cratere (appena a sud-est), getta un'ombra incredibilmente diritta sul fondo di Plato, simile a quella proiettata da una matita. Se, mentre l'alba è in corso, si riesce a sorprendere il fondo del cratere riempito per un quarto dall'ombra del picco, viene spontaneo chiedersi se

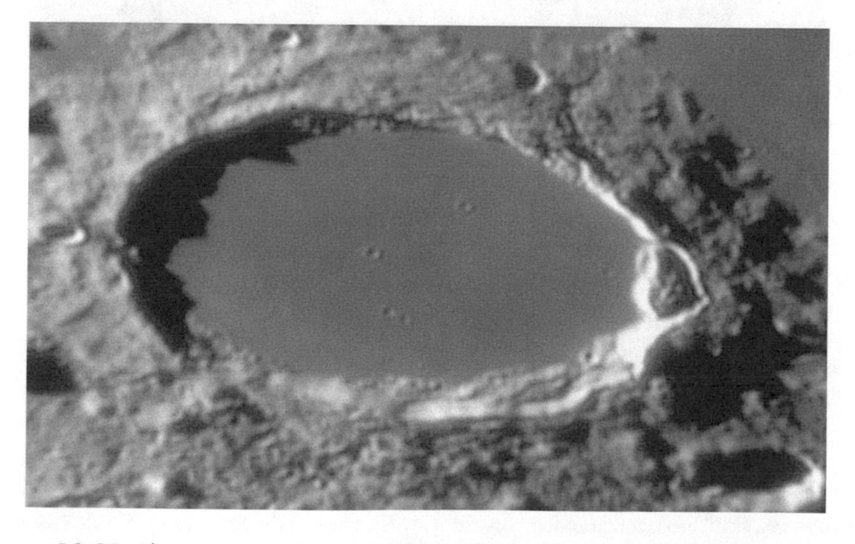

Figura 10.21. Plato e i minuscoli craterini del suo fondo. Newton di 250 mm di diametro a f/6,3 della Orion Optics e *webcam* ATik–1HS. Immagine: Jamie Cooper.

questa ombra appuntita possa raggiungere il bordo occidentale e se si riuscirà riprenderla il mese prossimo. In effetti, l'ombra del picco raggiunge realmente la base del bordo occidentale, anche se, nel punto dove diventa visibile, l'illuminazione del fondo del cratere è così bassa, rispetto al resto della superficie lunare, che, per essere sicuri di poterla riprendere è necessario aumentare il tempo di posa (a meno che non siate osservatori visuali veramente esperti). L'ombra di questo picco, alto solo 2 km, si proietta per ben 80 km sul fondo di Plato. Con le immagini riprese con la *webcam* e una *utility* per creare le GIF animate (disponibile nella maggior parte dei *software* di elaborazione delle immagini), una dozzina di frame, riprese su un periodo di alcune ore durante l'alba o il tramonto all'interno di un cratere, possono essere molto istruttivi. Una GIF animata può produrre un film affascinante, con le ombre che crescono o indietreggiano. L'alba su Plato è particolarmente interessante per la ripresa delle ombre, perché si verifica al Primo Quarto, quando la Luna transita in meridiano nella prima serata. In primavera, il transito si verifica quando la Luna è alta nel cielo. Non lontano da Plato si possono trovare la Valle Alpina e il suo solco, come già detto in precedenza.

Posidonius [31°,8 N, 29°,9° E]

Posidonius (Figura 10.22), è uno dei miei crateri lunari preferiti. Ha molte somiglianze con Gassendi in quanto si trova in una posizione di confine fra un mare lunare (il Mare Serenitatis) e una zona più accidentata (a nord delle Taurus Mountains). Il cratere giace diagonalmente opposto a Gassendi, dato che Posidonius si trova nel quadrante nord-est, mentre Gassendi è nel quadrante sud-

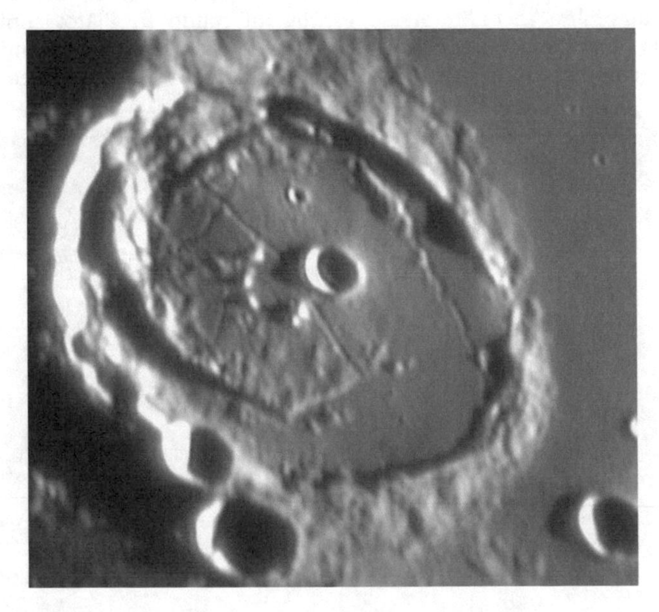

Figura 10.22. Il cratere Posidonius, ripreso il 4 settembre 2004 con un Newton di 250 mm di diametro a f/6,3, portato a f/38 con un TeleVue Powermate 5x. Immagine: M. Mobberley.

ovest dell'emisfero lunare visibile. Posidonius ha 95 km di diametro, e il suo sistema di solchi è spettacolare, così come quello del suo rivale sull'altro lato del disco lunare. Come per Gassendi, il bordo sud-orientale di Posidonius presenta una struttura di dimensioni significative: il cratere Chacornac, di 50 km di diametro. Inoltre, il fondo di Posidonius contiene almeno un cratere di dimensioni decorose (Posidonius A) e numerose colline e picchi posti tra la rete dei solchi. In condizioni di *seeing* eccellente i solchi sul fondo di Posidonius sono affascinanti da osservare. Posidonius si trova nelle migliori condizioni di osservazione alcuni giorni dopo la Luna Piena, quando il terminatore serale si avvicina alla regione e le ombre mettono in rilievo il sistema di solchi.

Langrenus [8°,9 S, 60°,9 E] e Petavius [25°,3 S, 60°,4 E]

Per un principiante, è facile scambiare Langrenus (Figura 10.23) per Petavius (Figura 10.24) e viceversa. Come Petavius, Langrenus si trova 60° a est del meridiano lunare centrale, ma 500 km più a nord. Langrenus è un grosso cratere (di 132 km di diametro), con pareti terrazzate, viste sotto un angolo obliquo. A differenza di Petavius, non haun sistema di solchi che attraversi il fondo dal centro verso il bordo.

Figura 10.23. Il cratere Langrenus ripreso con un modesto rifrattore apocromatico Vixen da 80 mm di diametro a f/45 e una *webcam* ATiK–1HS. Immagine: Damian Peach.

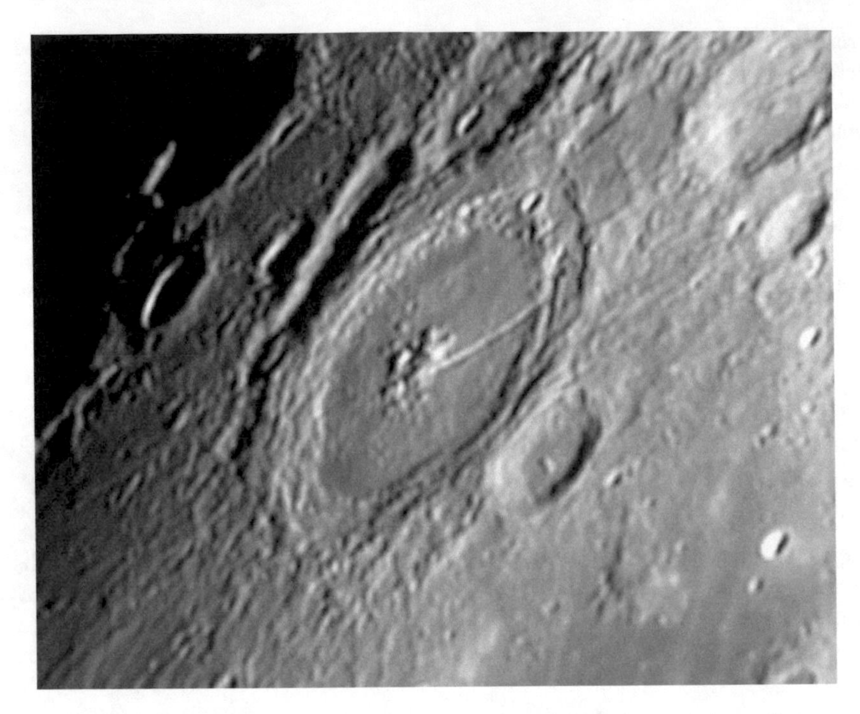

Figura 10.24. Il cratere Petavius, ripreso il 1° settembre 2004, con un modesto rifrattore apocromatico Vixen di 80 mm di diametro a f/45 e una *webcam* ATiK–1HS. Immagine: Damian Peach.

L'altro cratere, Petavius, giace sul bordo sud-orientale del Mare Fecunditatis, prossimo al lembo est della Luna. Malgrado la deformazione prospettica, dovuta alla prossimità al bordo lunare che lo fa sembrare un'ellisse, si tratta di una formazione magnifica. Ad alti ingrandimenti, questa visione prospettica dà al cratere un caratteristico aspetto tridimensionale, dato che la struttura a terrazze del bordo orientale interno è ovviamente meglio visibile; è quasi come trovarsi in orbita lunare e volare verso il cratere. Petavius ha un diametro di 177 km: al suo confronto, anche crateri magnifici come Copernicus e Tycho spariscono; possiede tutta una serie di picchi centrali. Ci sono molte fessure sul fondo , ma la struttura più evidente è il caratteristico solco che si irradia dalle montagne centrali dirigendosi verso sud-ovest, per finire sul bordo occidentale. Questo solco, ogni volta che lo vedo, mi ricorda il braccio di una centrifuga.

Theophilus [11°,4 S, 26°,4 E]

Theophilus (Figura 10.25) è uno dei crateri più fotogenici della Luna, grazie al fatto che forma una triade spettacolare con Cyrillus, a cui si sovrappone, e, più a sud, Catharina. Theophilus è il cratere più giovane della triade, e per questo motivo le sue pareti sono meno erose e più definite. Quello che attira subito l'attenzione in questo cratere è il tripletto (o quadrupletto) di picchi centrali alti 2 km. Probabilmente, il trio di crateri è particolarmente spettacolare perché è inserito fra il liscio Mare

Figura 10.25. Il trio di crateri Theophilus, Cyrillus e Catharina ripresi nel crepuscolo dell'alba del 7 ottobre 2001. Newton di 37 cm di diametro + Barlow. Immagine singola con esposizione di 0,03 secondi a f/10 con CCD Starlight Xpress HX 516. Immagine: Mike Brown.

Nectaris ad est e la più ruvida Rupes Altai a ovest. Theophilus si trova 26° a est del meridiano centrale della Luna ed è nelle migliori condizioni di illuminazione circa quattro o cinque giorni dopo la Luna Piena o, approssimativamente, sei giorni dopo la Luna Nuova. Di solito, nel primo caso, la Luna è ben alta sull'orizzonte e in un cielo scuro, mentre nel secondo caso è più bassa, ma è più comoda come orario di osservazione. Naturalmente, a causa degli effetti stagionali, il Primo Quarto è meglio osservabile di sera in primavera, mentre l'Ultimo Quarto di Luna è nelle condizioni più favorevoli nel cielo mattutino in autunno. È per questo motivo che le migliori osservazioni di Theophilus vengono fatte nel cielo serale primaverile.

Fracastorius [21°,2 S, 33°,0 E]

Sul bordo meridionale del Mare Nectaris, non lontano da Theophilus e Cyrillus, giace il caratteristico circo di Fracastorius (Figura 10.26). La parete settentrionale del cratere è mancante, e sembra che il bordo meridionale del Mare Nectaris ne invada la struttura. Fracastorius ha un diametro di 124 km. Anche se sul fondo non

Figura 10.26. Fracastorius ripreso nelle prime ore del 10 settembre 1998. Newton di 37 cm di diametro + Barlow. Esposizione di 0,05 secondi. CCD Starlight Xpress MX5c CCD. Immagine: Mike Brown.

c'è il picco centrale, all'interno della baia di Fracastorius si trova una miriade di craterini, così come un solco molto sottile, che può essere usato come test per il *seeing* e il telescopio anche nell'era delle *webcam*. Meno di 100 km a nord-ovest si trova il cratere Beaumont che, essendo la metà di Fracastorius, sembra un modello in scala del cratere più grande.

Ptolemaeus [9°,2 S, 1°,8 O], Alphonsus [13°,4 S, 2°,8 O] e Arzachel [18°,2 S, 1°,9 O]

Stando esattamente sul meridiano lunare centrale ma spostandosi verso sud, appena sotto il centro del disco, si trovano tre crateri impressionanti: Ptolemaeus, Alphonsus e Arzachel (Figura 10.27). La triade è così caratteristica che, anche per un principiante, è quasi impossibile non riconoscerla al primo colpo. Ptolemaeus, con un diametro di 153

Figura 10.27. La triade di crateri Ptolemaeus, Alphonsus e Arzachel. Immagine ripresa il 9 aprile 2002 con un Newton di 37 cm di diametro a f/14 e una *webcam* ToUcam Pro. Per questa immagine sono stati sommati solo sei *frame*. Immagine: Mike Brown.

km, è il cratere più grande. Essendo così vicino al centro del disco lunare, è anche il più grande che sia visibile come perfettamente circolare dall'osservatore terrestre. Anche se, apparentemente, il fondo scuro sembra privo di dettagli, in realtà un'attenta ispezione in condizioni di illuminazione radente rivela che è disseminato di depressioni e craterini. Risolvere i minuscoli craterini sul fondo di Ptolemaeus era una sfida per il leggendario fotografo e costruttore inglese di telescopi Horace Dall (1901-1986), dato che ce ne sono una miriade con diametri tra 1 e 2 km: praticamente il limite di risoluzione dell'era fotografica. C'è un solo cratere di dimensioni maggiori, inondato dalla lava, sul fondo di Ptolemaeus. Questo cratere è noto come Ptolemaeus A o Ammonius, ed ha un diametro di 9 km. Un cratere fantasma (cioè una struttura da impatto immersa sotto una coltre di lava), indicato con la lettera "B", si trova immediatamente a nord di Ammonius. A est di Ptolemaeus c'è il cratere gigante Albategnius, una formazione molto spettacolare.

Il secondo cratere della triade è Alphonsus, molto più piccolo di Ptolemaeus (119 km di diametro), ma non è meno interessante; inoltre c'è una storia molto controversa associata ad esso. Nel 1955 l'astronomo Dinsmore Alter riprese alcune fotografie di Alphonsus con il riflettore di 1,5 m (60 pollici) del Mt. Wilson Observatory, in California. Le fotografie furono prese alternativamente con un filtro infrarosso e uno blu-violetto. In queste fotografie, il fondo di Alphonsus appare confuso nell'immagine blu-violetta, ma nitido in quella infrarossa. Per un qualsiasi *imager* con la *webcam*, questa differenza di nitidezza fra rosso e blu non è una sorpresa, visto che il *seeing* è sempre più stabile nell'infrarosso che nel blu. Tuttavia, i risultati furono interpretati come la prova dell'esistenza di un'atmosfera lunare sul fondo di Alphonsus! A questa, seguirono cose ancora più folli. Il 3 novembre 1958, l'astronomo sovietico Kozyrev dichiarò di avere ottenuto uno spettro del picco centrale di Alphonsus che provava l'emissione di anidride carbonica a una temperatura di 2000 °C. Inutile dire che questa affermazione avviò una vivace discussione critica e che non è mai stata presentata una qualsiasi prova moderna a sostegno dell'attività geologica di Alphonsus. Infatti, molti astronomi moderni, sia amatoriali che professionisti, hanno concluso che Kozyrev non aveva la strumentazione adatta e trasse conclusioni costruite sulla sabbia. Tuttavia, questa vicenda ha riservato un posto nella storia sia ad Alphonsus che a Kozyrev. Il 24 marzo 1965 la sonda spaziale Ranger 9 atterrò in prossimità del picco centrale di Alphonsus, non lontano dai due solchi che serpeggiano intorno al lato orientale del fondo del cratere.

Il terzo cratere della triade è Arzachel, di 97 km di diametro. Leggermente più piccolo di Alphonsus, è quello dei tre che ha l'aspetto più accidentato, mostra spettacolari terrazze alte 4 km, un notevole picco centrale, un solco nella parte orientale del fondo e un craterino interno di 10 km di diametro. Arzachel è il cratere più piccolo e giovane della triade, ma per me è il più interessante. Una bella immagine di Arzachel, ripresa con la *webcam* da Jamie Cooper, è mostrata nella Figura 10.28.

Il bordo lunare

Come nota conclusiva, prima di lasciare la Luna, vorrei spendere alcune parole sull'osservazione delle regioni al lembo lunare. Si dice spesso che c'è poco interesse nell'osservazione della Luna Piena, semplicemente perché non ci sono ombre, mentre i dettagli più fini sono visibili solo quando il Sole è molto basso sulla formazione che si vuole studiare. Quindi, e all'alba o al tramonto che si ha il massimo contrasto delle formazioni sul terminatore. Quando è Luna Piena, praticamente tutte le regioni del disco lunare visibile dalla Terra hanno il Sole ben alto sopra l'orizzonte. Per le regioni che si trovano sul lembo lunare, vale però il contrario. Vicino alla fase di Luna Piena, le regioni al lembo sperimentano le condizioni di alba o tramonto: quindi è questa la fase ideale per riprendere qualche immagine del bordo lunare che, naturalmente, mostreranno quanto questo sia irregolare. Chiaramente, tutti i dettagli saranno incredibilmente deformati dalla prospettiva, ma le immagini ci daranno l'impressione di trovarci a bordo di un'astronave in orbita lunare bassa e in volo radente sulla superficie; inoltre permetteranno di apprezzare la curvatura della Luna. Alcune delle regioni sul bordo meridionale sono incredibilmente irregolari e, se si osserva con un'illuminazione e una librazione favorevoli, può essere sbalorditivo osservare lo scostamento del lembo lunare da una circonferenza. Questo tipo di osservazione rende evidente che la Luna è un mondo roccioso e corrugato, invece che una sfera perfetta con qualche cratere sulla superficie. Forse uno degli eventi più spettacolari a cui si può assistere è quello di un'occultazione stellare radente, quando cioè una stella luminosa sfiora lo scabro bordo lunare e le montagne occultano a tratti la stella se vista dalla Terra. Tali eventi, specialmente quando la stella ha una luminosità tale da essere visibile a occhio nudo, possono essere facilmente registrati con una *webcam*.

Naturalmente, data una librazione e un'illuminazione favorevoli, si possono avere rare visioni di strutture normalmente appartenenti all'emisfero nascosto della Luna. Probabilmente, la struttura più famosa appartenente a questa categoria è il Mare Orientale, il cui centro è situato alle coordinate 20° S, 95° W. Questo mare è al centro di un enorme bacino ad anelli multipli. Il Mare Orientale è circondato da un grande anello

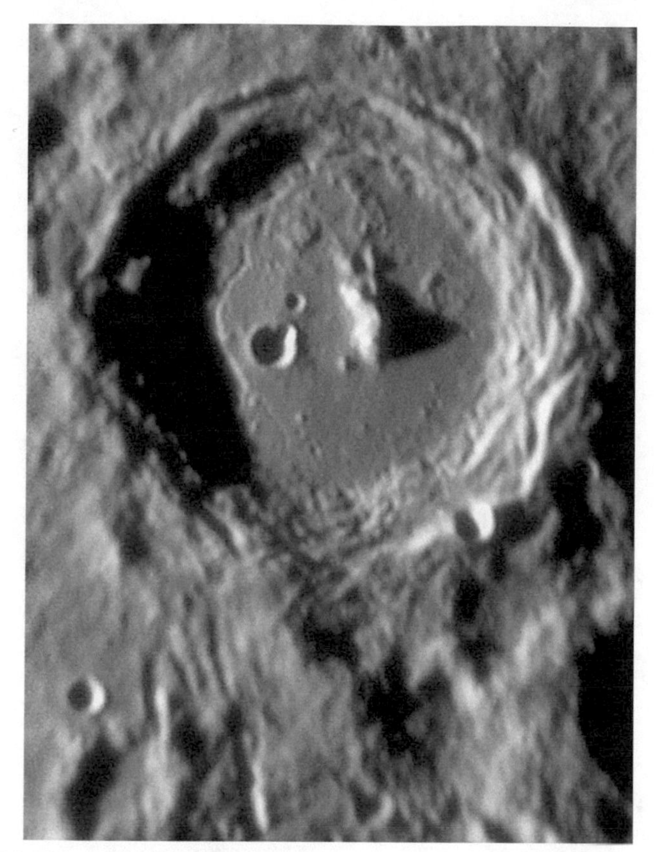

Figura 10.28. Una incredibile immagine in alta risoluzione di Arzachel ripresa il 18 marzo 2005 con un Newton di 250 mm di diametro a f/6,3 della Orion Optics e una *webcam* ATik-1HS a f/38. Immagine: Jamie Cooper.

di montagne chiamate Montes Rook. Al bordo orientale queste montagne si protendono verso l'emisfero visibile fino a raggiungere la longitudine di 85° ovest. C'è poi un altro anello di montagne, con un raggio ancora più grande, che circonda il Mare Orientale: sono i Montes Cordillera. Questa catena arriva fino alla longitudine di 80° ovest, cioè 10° entro l'emisfero visibile, circa 20° sud. Con una librazione lunare in grado di inclinare la Luna fino a 10°, è chiaro che i Montes Cordillera possono essere visti dalla Terra; sotto condizioni estreme, si può intravedere anche il Mare Orientale. Tuttavia, individuare con sicurezza la regione richiede un po' di dimestichezza con la superficie lunare. Il miglior indicatore per quest'area è il fondo oscuro e invaso dalla lava del bacino di Grimaldi, posto a 69° ovest e 5° sud. Spostandosi verso sud di una quantità pari a circa tre volte la lunghezza di Grimaldi e poi andando verso il bordo lunare si finisce, se la librazione è favorevole, sopra le montagne Cordillera. Come scoprire quando si verificherà una librazione favorevole? Niente di più facile. La maggior parte dei *software* planetari per PC, come *The Sky* o *Guide 8.0*, indicano l'ammontare della librazione lunare e il suo angolo di posizione (verso nord = 0°; est = 90°; sud = 180°; ovest = 270°) direttamente nella scheda contenente le informazioni lunari, che si apre quando si seleziona o si fa click sulla Luna. In mancanza di un software adatto, uno fra gli almanacchi astronomici più completi, come l'*Handbook of the British Astronomical Association*, riporta i valori delle librazioni estreme ad intervalli di due settimane.

CAPITOLO UNDICI

L'*imaging* di Mercurio e Venere

A prima vista potrebbe sembrare che non ci sia niente da guadagnare nel fare l'*imaging* dei due pianeti interni. A parte il fatto che non sono mai a un'altezza decorosa sull'orizzonte durante il crepuscolo, mediamente mostrano dischi con un piccolo diametro apparente, difficili da riprendere. Inoltre, quando si trovano alla minima distanza dalla Terra, sono entrambi visibili come falci sottili, con la maggior parte del globo nell'oscurità più totale. Non c'è bisogno di dire che, per l'*imaging* di Mercurio o Venere, bisogna fare grande attenzione affinché il Sole non entri nel campo di vista dcl telescopio. Se si sa dove guardare, non è difficile trovare Venere in pieno giorno, ma può essere rischioso. L'astrofilo inesperto non dovrebbe mai puntare un qualsiasi telescopio vicino al Sole fino a quando non sia stata acquisita la necessaria esperienza e una piena consapevolezza del rischio che si corre. È facile danneggiare la vista e, a differenza di una *webcam*, un occhio non può essere sostituito. Per le informazioni su come praticare un *imaging* sicuro del Sole e dei transiti solari di Mercurio e Venere si consulti il capitolo sulle riprese solari. Per essere sicuri di non correre rischi agli occhi, si può iniziare a riprendere immagini di Mercurio e Venere una volta che il Sole è tramontato (o prima che sorga). Di solito, a causa dell'irraggiamento solare, le condizioni diurne del *seeing* atmosferico sono molto scarse. Normalmente, questa fase di elevata turbolenza si protrae per un'ora o due dopo il tramonto, perché in questo periodo l'atmosfera della Terra si raffredda. Tuttavia, può capitare che durante la prima ora successiva al tramonto si abbia un periodo di *seeing* stabile. Questo limitato intervallo di tempo può essere ideale per la ripresa di immagini in alta risoluzione. In queste condizioni, una montatura equatoriale con un buon cerchio di declinazione o un "*go to*" affidabile è di aiuto inestimabile per trovare i pianeti nel cielo luminoso del crepuscolo.

Il roccioso Mercurio

Il piccolo Mercurio, un mondo roccioso e privo di atmosfera, non molto dissimile dalla Luna, ha un diametro di 4878 chilometri, che è del 40% più grande di quello del nostro satellite naturale, ma più piccolo di quello di Ganimede, la luna più grande di Giove, e di Titano, la luna maggiore di Saturno. La luna di Giove Callisto, con i suoi 4806 chilometri di diametro, è il corpo che ha dimensioni più simili a quelle di Mercurio.

Mercurio orbita attorno al Sole in 88 giorni, ma ruota sul suo asse in 58,6 giorni, quindi ha un giorno siderale molto inconsueto, con una durata pari a due terzi di quella dell'anno. Muovendosi lungo la propria orbita eliocentrica, supera in longitudine la Terra ogni 116 giorni, venendosi a trovare a una distanza minima di circa 80 milioni di chilometri, con un diametro apparente di 12,9 secondi d'arco. Naturalmente, quando si trova in questa configurazione (detta anche *congiunzione inferiore* con il Sole), è invariabilmente visibile come una falce sottile, troppo vicina al Sole per essere osservata. Durante la congiunzione inferiore, tredici o quattordici volte per secolo, Mercurio può attraversare il disco solare (quindi si ha un transito), come si è verificato il 7 maggio 2003. Il periodo migliore per osservare Mercurio è quando si trova alla massima distanza angolare dal Sole, detta anche massima elongazione. In questi periodi la fase sarà vicina al 50% (quindi il pianeta assomiglierà a un quarto di Luna), mentre il suo diametro apparente sarà di 7 o 8 secondi d'arco. A causa dell'eccentricità dell'orbita di Mercurio, la distanza angolare dal Sole durante le massime elongazioni può variare tra 18 e 27 gradi. Davvero il pianeta è sempre realmente vicino al Sole in cielo! Sfortunatamente, l'elongazione non è l'unico parametro da prendere in considerazione. Per essere facilmente osservabile dopo il tramonto o prima dell'alba, Mercurio, oltre a una buona distanza angolare dal Sole, deve essere a un'altezza accettabile sopra l'orizzonte. Come per il Sole e la Luna, anche la declinazione di Mercurio varia durante tutto il corso dell'anno, a causa dell'inclinazione di 23°,5 dell'asse di rotazione terrestre. Naturalmente, Mercurio è sempre vicino al Sole ma, per trovarlo a una buona altezza sull'orizzonte durante il crepuscolo, in occasione delle elongazioni, deve essere primavera nell'emisfero settentrionale, per una elongazione orientale/apparizione serale, o autunno nell'emisfero settentrionale, per una elongazione occidentale/apparizione mattutina. Perché? Semplicemente, perché in quei periodi l'asse di rotazione terrestre punta nella direzione ideale per innalzare Mercurio sull'orizzonte del crepuscolo. Detta in altro modo, l'angolo che il piano dell'eclittica forma con quello dell'orizzonte del crepuscolo è particolarmente favorevole. Per l'emisfero meridionale vale la stessa regola, ricordando che la primavera e l'autunno sono a sei mesi di distanza dalle corrispondenti stagioni dell'emisfero settentrionale.

Consideriamo nuovamente la strana durata del giorno di Mercurio e come ruota rispetto alla Terra. Quali dettagli può sperare di riprendere l'osservatore dotato di *webcam*? Come abbiamo visto, il periodo di rotazione siderale di Mercurio (cioè la rotazione rispetto alle stelle) è di 58,6 giorni. Inoltre, il pianeta percorre un'orbita estremamente eccentrica intorno al Sole: si trova a 45,9 milioni di chilometri al perielio e a 69,7milioni di chilometri all'afelio. Se ci si mette nei panni di un abitante di Mercurio (ma non tutti vorrebbero vivere su un mondo con temperature diurne di 430 °C), queste caratteristiche danno luogo a una situazione straordinaria. Dato che il pianeta si sposta più velocemente lungo la sua orbita durante il passaggio al perielio, e dato che l'anno mercuriano e il giorno siderale sono di lunghezza non troppo dissimile, la velocità di rotazione angolare orbitale del pianeta può superare la velocità della rotazione assiale. Questo significa che, per un osservatore sulla superficie di Mercurio, il Sole cessa di muoversi da est verso ovest e torna indietro per otto giorni prima di riprendere il consueto movimento verso ovest!

Per quanto riguarda noi qui sulla Terra, gli osservatori dei due emisferi, settentrionale e meridionale, nelle diverse apparizioni tendono a vedere le stesse caratteristiche del pianeta. Questo fatto portò i primi osservatori di Mercurio a concludere che il pianeta rivolgesse sempre lo stesso emisfero verso il Sole. Tuttavia, nel 1962, gli astronomi si resero conto che l'emisfero in ombra di Mercurio era troppo caldo per non essere mai rivolto verso il Sole. Alcuni anni dopo, gli echi radar riflessi dal pianeta e ricevuti dal radiotelescopio di Arecibo. a Portorico, accertarono che la rotazione effettiva avviene con un periodo di 58,6 giorni. Quindi, è solo da quarant'anni che abbiamo stabilito il periodo di rotazione di Mercurio: una testimonianza di come sia stata ingannevole l'osservazione dei sui dettagli superficiali. Ma perché dovremmo vedere sempre le stesse caratteristiche superficiali? Analizziamo la situazione. Se un osservatore terrestre sta osservando Mercurio durante un periodo favorevole (per esempio, nel cielo primaverile serale dall'emisfero settentrionale), questa situazione si verificherà nuovamente dopo tre periodi sinodici di Mercurio (il tempo che Mercurio impiega per tornare nella stessa posizione rispetto alla Terra). Il periodo sinodico di Mercurio è di 116 giorni e tre di questi periodi sono solo due settimane più corti di un anno terrestre. Inoltre, visto che la Terra si trova approssimativamente nella stessa parte della sua orbita, un osservatore terrestre guarderà un pianeta che ha ruotato approssimativamente sei volte attorno al proprio asse (6×58 giorni). Le due "coincidenze" qui sono che 3×116 non è molto diverso da 365 giorni e che 58 è la metà di 116.

Incidentalmente, ci sono diverse coincidenze o, piuttosto, periodicità orbitali nel Sistema Solare, la maggior parte delle quali è causata dalle forze gravitazionali o di marea. Otto anni terrestri sono uguali a circa 13 anni venusiani e due anni uraniani sono circa uguali a un anno nettuniano. Più avanti vedremo che anche per le lune di Giove esistono periodicità simili.

Le mappe di Mercurio

Abbiamo già visto che Mercurio, alla massima elongazione dal Sole, ha un diametro di soli 7 o 8 secondi d'arco. In queste condizioni quali sono, se ci sono, i dettagli visibili sul disco? La British Astronomical Association (BAA), da molto tempo raccoglitrice di osservazioni di qualità su tutti i pianeti, raccomanda di utilizzare la mappa dell'albedo prodotta dall'IAU Planetary Data Center di Meudon, preparata da J.B. Murray, sotto la direzione di A. Dollfus nel 1971. Inizialmente, Murray preparò una mappa in gran parte basata sulle fotografie in alta risoluzione riprese al New Mexico State University Observatory dal 1965 al 1970. Successivamente, per diverse aree furono utilizzate osservazioni visuali di Lyot e Dollfus fatte al Pic du Midi fra il 1942 e il 1966. Per la mappa è stato successivamente utilizzato il sistema di coordinate raccomandato nel 1970 dall'IAU (International Astronomical Union, Unione Astronomica Internazionale). Benché dal 1974 esistano le immagini in alta risoluzione riprese dalla sonda Mariner 10, queste sono troppo dettagliate (e fuorvianti) per mostrare quello che un osservatore terrestre può registrare. La mappa in questione, rielaborata da David

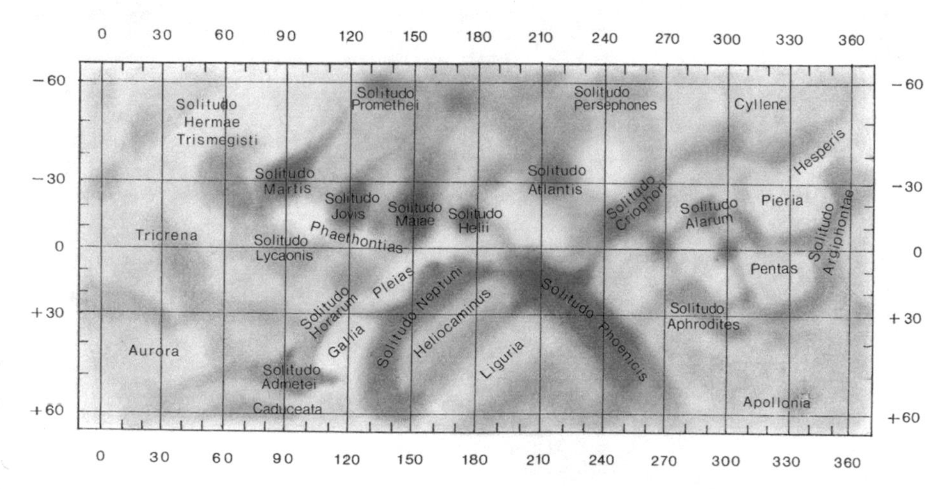

Figura 11.1. La mappa di Mercurio di David Graham: prodotta principalmente per gli osservatori della BAA, è una versione raffinata della mappa prodotta dalla IAU. Mappa: cortesia David Graham.

Graham della BAA e, pubblicata originariamente sulla rivista della BAA nel febbraio 1995, è riprodotta nella Figura 11.1. Naturalmente, con una *webcam* si possono riprendere maggiori dettagli di quelli osservabili visualmente dalla maggior parte degli astronomi del Pic du Midi negli anni '40 e '60, anche usando aperture modeste (*seeing* permettendo). L'astrofilo Mario Frassati di Crescentino (Italia) ha recentemente prodotto un'ottima mappa per gli amatori (Figura 11.2), basata sulle proprie osservazioni visuali del pianeta, fatte con uno Schmidt-Cassegrain di 203 mm di diametro. Anche questa mappa è stata pubblicata sulla rivista della BAA nel giugno 2002. I disegni sono stati fatti tra il gennaio 1997 e il maggio 2001: si tratta di 78 disegni di alta qualità, di cui 54 utilizzati per compilare la mappa. Mario Frassati, il suo telescopio e suo figlio appaiono nella Figura 11.3, mentre alcuni dei suoi eccellenti disegni visuali di Mercurio sono riportati nella Figura 11.4.

Mercurio è molto vicino al Sole e questo si traduce nell'unico vantaggio che si ha quando si riprendono immagini con la *webcam*: la luminosità superficiale è alta. L'albedo di Mercurio è solo il 6% (riflette il 6% della luce che incide sulla sua superficie), un valore paragonabile con quello della nostra Luna. Tuttavia, considerato che Mercurio orbita a una distanza dal Sole circa 2,6 volte inferiore (in media), la luminosità superficiale è quasi 7 volte quella della Luna. Ciò è di vitale importanza quando si voglia riprendere con esposizioni brevi in grado di congelare il *seeing* atmosferico. Tuttavia, va ricordato da quanto detto in precedenza sulle *webcam* che il tempo di esposizione effettivo indicato dal *software* può essere falso. In modalità manuale, con un *frame-rate* di 5 o 10 *frame* al secondo, l'esposizione sarà di 1/5 o 1/10 di secondo, indipendentemente dal valore di 1/25 di secondo indicato dal *software*. Inoltre, aumentare il *frame-rate* con una *webcam* USB 1.1 condurrà inevitabilmente a una sostanziale compressione dell'immagine, con alterazione dei dati. Possiamo utilizzare a nostro vantaggio la luminosità di Mercurio (e quella di Venere non filtrata), riducendo l'esposizione a 1/100 di secondo (mantenendo però il *frame-rate* a 10 *frame* al secondo) e aumentando il rapporto focale per ridurre il rumore inter*pixel* al di sotto di 0,1 secondi d'arco. Inoltre, anche usando un filtro IR a banda stretta, il pianeta sarà ancora luminoso.

L'immagine a più alta risoluzione di Mercurio mai ottenuta dalla Terra è mostrata

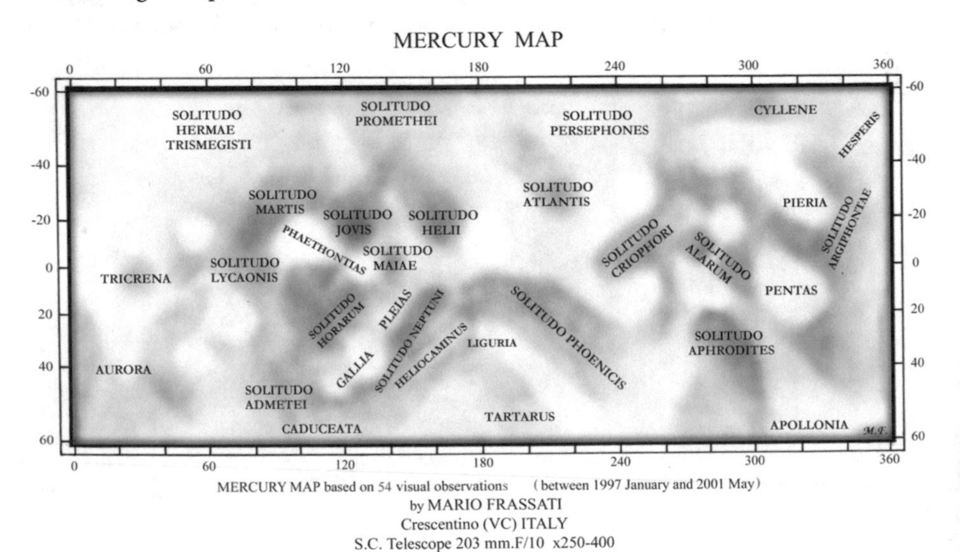

Figura 11.2. La mappa di Mercurio di Mario Frassati, interamente basata sulle proprie osservazioni visuali condotte con uno Schmidt-Cassegrain di 203 mm di diametro.

Figura 11.3. Il mappatore di Mercurio Mario Frassati e suo figlio Lorenzo, con lo Schmidt-Cassegrain di 203 mm.

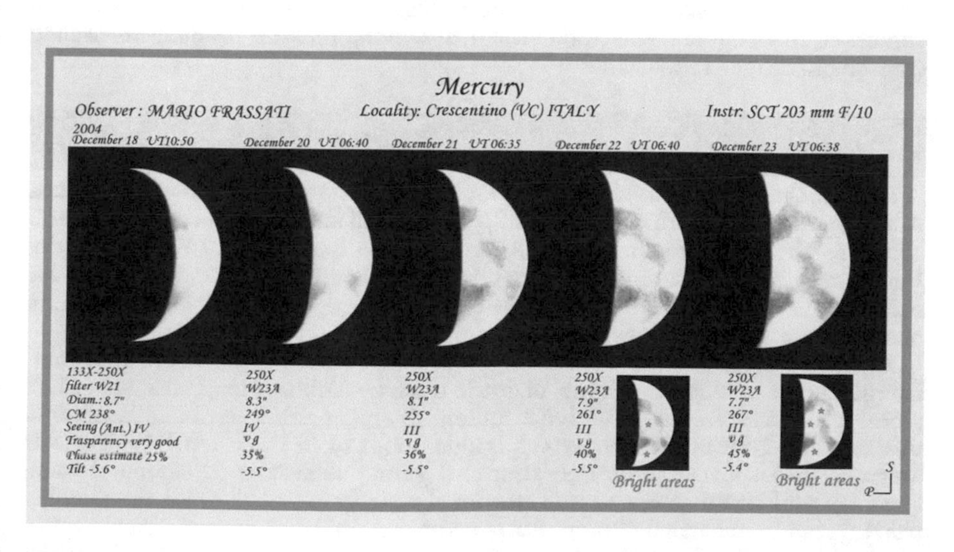

Figura 11.4. Schizzi di Mercurio fatti direttamente all'oculare da Mario Frassati con uno Schmidt-Cassegrain di 203 mm di diametro.

Figura 11.5. La migliore immagine di Mercurio ripresa dalla Terra, ottenuta dal gruppo della Boston University di Jeffrey Baumgardner, Michael Mendillo e Jody K. Wilson. Per la ripresa è stata usata una telecamera di sorveglianza RS 170 al fuoco f/16 del riflettore di 60 pollici (152 cm) di Monte Wilson. Questa configurazione ha prodotto una scala dell'immagine di 0,09 secondi d'arco per *pixel*. I migliori 60 *frame* sui 300.000 ripresi il 29 agosto 1999 (a 1/60 di secondo) sono stati utilizzati per comporre questa immagine in alta risoluzione. Al momento della ripresa il pianeta aveva un diametro di soli 7,7 secondi d'arco. Immagine: cortesia Jody Wilson.

nella Figura 11.5, ottenuta con un telescopio di 1,5 metri. È tuttavia possibile che, in condizioni di *seeing* adatte, astrofili armati di *webcam* possano raggiungere risultati comparabili quanto a risoluzione.

Il brillante Venere

I fattori che influiscono sulle osservazioni di Mercurio valgono anche per Venere. Anche questo pianeta orbita intorno al Sole stando all'interno dell'orbita della Terra ed è raro che sia molto alto sopra l'orizzonte dopo il tramonto. Come Mercurio, Venere raggiunge il massimo diametro apparente quando è visibile come una falce sottile (o quando transita sul disco del Sole) ed è nelle migliori condizioni di visibilità quando è alla massima elongazione dal Sole.

Venere è il pianeta con le dimensioni più simili a quelle della Terra. Ha un diametro equatoriale di 12.104 km, il 95% di quello terrestre. Orbita intorno al Sole in 224,7 giorni a una distanza media di 108,2 milioni di chilometri e raggiunge la minima distanza dalla Terra ogni 583,9 giorni (periodo sinodico). Se il periodo di rotazione di Mercurio ci è apparso abbastanza strano, il giorno venusiano (o citereo) è forse ancora più misterioso. Venere ruota attorno al suo asse in 243 giorni, il che significa che il giorno è più lungo dell'anno. Per la verità, questo dato è di scarso interesse per l'*imager* dotato di *webcam*, dato che la superficie di Venere non è mai visibile perché l'atmosfera molto è densa. Tuttavia, le nubi alte dell'atmosfera sono animate da una rotazione retrograda (cioè ruotano in senso orario se viste dal polo nord del pianeta, in senso concorde con la rotazione del corpo solido di Venere), con un periodo di rotazione di circa 4 giorni. Visualmente, Venere è bello, ma privo di dettagli. Per la verità, il disco non è completamente informe, dato che gli osservatori con vista acuta e con una buona esperienza possono riconoscere alcuni tenui dettagli atmosferici, specialmente se utilizzano un filtro appropriato sensibile alla parte violetta dello spettro. Per me, Venere è affascinante da vedere quando appare come una falce. In queste condizioni il pianeta è bello, grande (da 30 a 40 secondi d'arco di diametro, quando ha una fase, rispettivamente, tra il 40% e il 20%) e a una elongazione decorosa dal Sole (da 45 a 35 gradi).

Malgrado che i dettagli delle abbaglianti nubi di Venere siano tenui, c'è una coppia di fenomeni che sono di particolare interesse per l'astrofilo, benché puramente storico. Il primo fenomeno è quello dell'anomalia di fase, molto evidente quando Venere è al primo quarto, (dicotomia). In questo caso, il disco di Venere sembra illuminato a metà quando invece la fase teorica è leggermente maggiore. Detta in un altro modo, la parte illuminata osservata sembra più piccola di quanto dovrebbe essere. Per le apparizioni serali, con la fase che si contrae passando da gibbosa, al quarto, a una sottile falce, la dicotomia sembra avvenire alcuni giorni prima dell'istante teorico. Per le apparizioni mattutine, sembra invece che la dicotomia si verifichi alcuni giorni più tardi di quanto previsto. Per i principianti, va specificato che la differenza fra la fase teorica e quella osservata è molto piccola, ammontando a circa il 2% della fase. Usando immagini digitali non c'è alcuna discrepanza con le osservazioni visuali. L'effetto è indubbiamente causato dall'atmosfera di Venere e varia a seconda di quale filtro colorato si impiega nell'osservazione.

Il secondo fenomeno è di gran lunga più controverso. È chiamato *luce cinerea* (o "*ashen light*") e può essere visto solo quando Venere è una falce, di solito una falce sottile. Luce cinerea è il termine utilizzato per descrivere la visibilità dell'emisfero in ombra di Venere. Da noi, quando la Luna non è Piena, vediamo questo fenomeno ogni mese. Il lato non illuminato della Luna è leggermente luminoso a causa della luce riflessa dalla Terra (specialmente dalle nubi). Non c'è alcun mistero nella luce cinerea lunare. Il disco della Terra, visto dalla Luna, brilla come un oggetto di magnitudine −17, luminoso come 70 Lune Piene (perché la Terra è molto più grande e molto più riflettente della Luna). Tuttavia, la Terra non può riflettere una quantità di luce significativa su Venere. Da Venere, la Terra appare al massimo come un oggetto di magnitudine −6, non abbastanza luminoso per illuminare la coltre di nubi venusiana. Ma allora, a che altro può essere dovuta la luce cinerea? L'idea più diffusa è che si tratti semplicemente di un'illusione ottica, di un effetto di contrasto tra l'abbagliante falce di Venere e il cielo notturno: il cervello completa il resto del cerchio. Tuttavia, alcuni osservatori esperti, consapevoli degli scherzi che l'occhio e il cervello possono giocare, hanno provato a utilizzare minuscole barre occultatrici curvate, inserite nel fuoco dell'oculare, per schermare la falce. Ebbene, talvolta essi hanno continuato a vedere la luce cinerea. Al contrario, altri osservatori esperti hanno riferito di avere osservato, di tanto in tanto, che il lato oscuro di Venere è, in effetti, più oscuro del fondo cielo del crepuscolo. Naturalmente, questo fatto è impossibile da giustificare (o quasi), e probabilmente è dovuto a un'illusione ottica. Solo le osservazioni di una luce cinerea intensa, riportate da osservatori estremamente esperti che utilizzino una barra di occultazione, possono essere prese seriamente in considerazione. Ma, ammesso che questa piccola percentuale di casi sia genuina, quale può essere la causa? Sono poche le spiegazioni possibili: violenti temporali nell'atmosfera di Venere, intense aurore venusiane, diffusione atmosferica orizzontale della luce, osservatori che hanno una sensibilità eccezionale per l'infrarosso vicino, un'illusione. Per me, quest'ultima spiegazione, è la più probabile nella stragrande maggioranza dei casi. Fino a quando non

Figura 11.6. L'emisfero notturno di Venere ripreso da Christophe Pellier il 19 maggio 2004, con un telescopio Celestron 14 di 356 mm di diametro e una *webcam* ATiK–1HS. L'immagine a sinistra mostra, con una esposizione breve, la falce nel visibile, mentre, a destra, c'è la ripresa nell'infrarosso (somma di 105 *frame* con un'esposizione di 8 secondi ciascuno alla lunghezza d'onda di 1000 nm), che mostra l'emissione dell'emisfero in ombra del pianeta. Immagine: C. Pellier.

vedrò un'immagine CCD che documenti la luce cinerea di Venere, tenderò a considerarla un'illusione ottica, anche se conosco osservatori esperti che hanno visto questo elusivo fenomeno. Sono state riprese immagini CCD dell'emisfero notturno di Venere che mostrano l'emissione nella banda infrarossa dello spettro e saranno discusse più avanti.

L'*imaging* di Venere nell'ultravioletto

I dettagli delle nubi nell'alta atmosfera di Venere sono abbastanza evidenti se si osserva nella parte ultravioletta dello spettro (vedere la Figura 11.7). I filtri più utilizzati per questo tipo di lavoro sono i filtri fotometrici nella banda U con una finestra passante centrata sui 365 nanometri. Tali filtri consentono il passaggio della luce con lunghezze d'onda dai 300 ai 420 nanometri, con un massimo di trasmissione a circa 365 nm. I filtri fotometrici nella banda U hanno un grande vantaggio rispetto ai filtri più economici: le loro superfici sono trattate in modo tale da assorbire la radiazione infrarossa a cui i *chip* CCD sono particolarmente sensibili (ricordate che, quando si rimuove il piccolo obiettivo di una *webcam*, si rimuove anche il filtro standard incorporato nella lente, che blocca l'UV e l'IR). Un'alternativa molto più economica ai filtri fotometrici è un filtro fotografico standard come il Wratten 47. Tuttavia, ciò richiederà anche l'utilizzo di un filtro per bloccare l'infrarosso (un IR-Cut), visto che la maggior parte dei Wratten 47 in commercio permettono comunque alla radiazione infrarossa di arrivare sul CCD. È importante non fare confusione fra i filtri UV, IR, quelli che bloccano UV+IR e che bloccano l'IR! I filtri di bloccaggio, come già suggerisce il loro nome, assorbono la luce invece di farla passare e molti astrofili possiedono già dei filtri che bloccano l'UV+IR, in modo tale che anche una *webcam* priva di lenti possa essere limitata alla stessa banda spettrale a cui è sensibile l'occhio umano. Questa limitazione riduce gli effetti della dispersione atmosferica e dà un colore più naturale alle immagini. Tuttavia, combinare un Wratten 47 con un filtro per il blocco dell'UV+IR è disastroso, perché non passerà più luce: verrà tutta assorbita! Quindi, riassumendo: quello di cui avete bisogno è un filtro fotometrico nella banda U, oppure un Wratten 47 abbinato a un filtro per bloccare l'infrarosso.

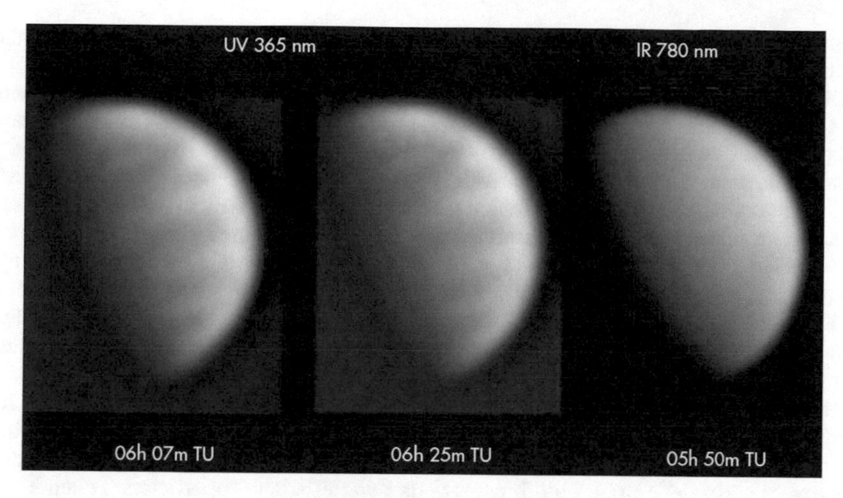

Figura 11.7. Venere ripreso nell'ultravioletto (le prime due immagini) e nel vicino infrarosso (l'immagine a destra) da Damian Peach il 19 settembre 2004, con un Celestron 11 di 280 mm di diametro.

I CCD non sono molto sensibili nell'ultravioletto. Infatti, la loro sensibilità cade praticamente a zero quando la lunghezza d'onda della radiazione incidente è al di sotto dei 300 nanometri. Tuttavia, questo non è un grosso problema perché a 365 nanometri (il picco di trasmissione di un filtro nella banda U) la risposta del CCD è certamente bassa, ma non nulla e, inoltre, Venere è un pianeta molto luminoso. Infatti, è vicino al Sole e ha un'albedo molto elevata. La luminosa atmosfera di Venere è una vera manna quando si fa *imaging* nell'UV. Tuttavia, se si utilizza una *webcam* a colori, come una ToUcam Pro, si otterranno risultati di gran lunga più "rumorosi" di quelli che si otterrebbero utilizzando una *webcam* monocromatica, come la ATiK–1HS, abbinata a un filtro ultravioletto.

Se non si possiede un filtro UV, Venere continua a restare un oggetto affascinante anche quando si riprende in luce bianca, dove la sua alta luminosità può consentire di ottenere immagini con un buon rapporto segnale/rumore anche con un tempo di esposizione molto breve. A differenza di pianeti come Marte, Giove e Saturno, la (lenta) rotazione del pianeta non è un fattore limitante nell'ottenimento di migliaia di *frame* da sommare. Il fattore limitante è invece rappresentato dal *software* di elaborazione e dalla capacità del disco fisso.

L'*imaging* di Venere nell'infrarosso

Benché i dettagli delle alte nubi dell'atmosfera di Venere siano visibili principalmente nell'ultravioletto, alcune ombreggiature più scure sono visibili anche nel vicino infrarosso. Per rilevarle è necessario un filtro con una finestra passante compresa fra 700 e 1000 nanometri. L'*imager* inglese Damian Peach ha sperimentato la ripresa di Venere sia in UV che in IR, sintetizzando la componente verde e mettendo insieme i risultati. In questo modo, si può ottenere un'immagine RGB in falsi colori formata da infrarosso, verde (IR+UV) e ultravioletto. L'immagine risultante mostra i dettagli UV di colore blu scuro e i dettagli IR di colore rosso, una specie di immagine con i colori esaltati che comprime i tenui colori di Venere riportandoli nell'intervallo visuale. Gli astronomi professionisti usano una tecnica simile per le riprese della luna di Saturno Titano da parte dalla sonda Cassini.

Ma quello che può interessare gli astrofili è la possibilità di riprendere la fantomatica luce cinerea venusiana nel vicino infrarosso. A questo punto, il lettore potrebbe chiedersi: "Ma, fino ad ora, non ci ha ancora provato nessuno?" In effetti, la risposta è positiva. Di tentativi ne sono stati fatti, da parte sia dei professionisti che degli astrofili, ma sono stati pochi e le segnalazioni visuali della luce cinerea sono ancora difficili da accettare o scartare. Probabilmente, il primo osservatore a riferire della luce cinerea di Venere fu Giovanni Riccioli, nel 1643. A metà degli anni '80, David Allen e i suoi colleghi all'Anglo-Australian Telescope hanno dimostrato che il lato notturno di Venere emette fortemente nell'infrarosso. Sfortunatamente, l'emissione è nell'infrarosso lontano, alle lunghezze d'onda di 1,7 e 2,3 micrometri (un micrometro è un milionesimo di metro). Ma non bisogna perdere le speranze! Nel 1990, il Near-InfraRed Mapping Spectrometer della sonda Galileo, in viaggio verso Giove, ha ripreso l'emisfero notturno di Venere a una lunghezza d'onda di soli 1,05 micrometri, prossima all'infrarosso vicino. Si è potuto dimostrare che lo spettrometro è stato in grado di rivelare il calore proveniente da regioni poste al di sotto delle nubi, quindi emesso da caratteristiche superficiali. Tenendo presente che la superficie di Venere è capace di raggiungere temperature diurne fino a 460 °C, questo risultato non è stato certo una sorpresa.

L'astrofilo Christophe Pellier, nel maggio 2004, ha ripreso con successo immagini infrarosse del lato notturno di Venere (Figura 11.6) sommando diverse pose di 10 secondi prese con un Celestron 14 (apertura di 356 mm) a f/11, una ATiK-1HS con CCD monocromatico e un filtro infrarosso a banda stretta centrato a 1000 nanometri. In queste riprese l'emisfero notturno è chiaramente visibile anche se, in osservazioni visuali della stessa notte, c'era solo un vago indizio della sua presenza usando un filtro a banda larga 780-1100 nanometri. Possiamo pensare che questa sia la prima prova della reale esistenza della luce cinerea di Venere? Probabilmente no. Infatti, la massima lunghezza d'onda a cui è sensibile l'occhio umano adattato all'oscurità è di circa 700 nanometri: quindi, l'idea che osservatori visuali possano arrivare a vedere fino a 1000 nanometri sembra assurda. Su questo problema sono necessarie maggiori ricerche.

Per concludere questo capitolo, voglio ripetere con qualche cautela quello che ho già detto all'inizio. Alcuni astrofili riprendono Venere anche in pieno giorno. Ciò non è difficile, dato che Venere può essere visto di giorno anche a occhio nudo, se si sa esattamente dove guardare. Di solito, osservare di giorno è molto peggio che farlo di notte, ma il pianeta è a una buona altezza sull'orizzonte e questo compensa la maggiore turbolenza atmosferica diurna. In ogni caso, l'*imaging* diurno di Venere (o di Mercurio) non è affatto raccomandabile al principiante. Con il Sole nel cielo ed entrambi i pianeti abbastanza vicini a esso, l'osservazione diurna è una attività pericolosa, a meno che non abbiate alle spalle qualche anno di esperienza.

CAPITOLO DODICI

L'*imaging* di Marte

Quando si parla di Marte, il pensiero corre immediatamente alla fantascienza, in particolare al libro di H.G. Wells *La guerra dei mondi*, e al programma radiofonico del regista e sceneggiatore statunitense Orson Welles (un programma che, per l'eccessivo realismo, spaventò un'intera nazione il 30 ottobre 1938!). Tornano alla memoria anche le visioni dei canali di Marte, "pubblicizzati" principalmente dal miliardario statunitense Percival Lowell, e l'opinione, accettata fino alla metà del XX secolo, che poteva esistere vita intelligente sul pianeta rosso. Gli osservatori visuali, fra la fine del XIX secolo e l'inizio del XX, erano incollati all'oculare per cercare di ottenere qualche prova sull'esistenza dei canali marziani ma, a causa della turbolenza dall'atmosfera terrestre, anche con una buona esperienza e una strumentazione di prim'ordine, la maggior parte di loro non era sicura se i canali fossero realtà o illusione. Solo quei pochi osservatori che avevano avuto la fortuna di osservare il pianeta in condizioni di *seeing* quasi perfette si erano resi conto che i canali, semplicemente, non esistevano. Ci volle il *flyby* della sonda interplanetaria Mariner 4, nel luglio del 1965, per dimostrare che Marte era un mondo estremamente craterizzato e non adatto alla sopravvivenza di una qualsiasi forma di vita intelligente. Ora, nel XXI secolo, è difficile capire con quanta intensità, all'epoca, le persone credessero all'esistenza dei marziani. Vale la pena di raccontare il seguente aneddoto, citato spesso da Patrick Moore. Il 17 dicembre 1900, fu offerto un premio di 100.000 franchi (il premio Guzman) a chiunque avesse stabilito un contatto con un essere proveniente da un altro mondo. Curiosamente, Marte fu escluso dal premio, perché si pensava che contattare un marziano fosse troppo facile!

Marte ha un diametro equatoriale di 6794 chilometri (contro i 12.756 chilometri della Terra). Orbita intorno al Sole in 23 mesi (687 giorni terrestri), e la Terra lo supera dall'interno ogni 26 mesi (780 giorni terrestri). Quindi la Terra, circa tre mesi terrestri dopo il compimento di un anno marziano, si trova alla minima distanza da Marte. Marte orbita intorno al Sole a una distanza media di 228 milioni di chilometri, approssimativamente il 50% più lontano della Terra: a causa dell'eccentricità della sua orbita, la distanza fra Marte e il Sole varia tra 207 e 249 milioni di chilometri. Con tale geometria, se la Terra sorpassa Marte quando questo è alla minima distanza dal Sole, i due pianeti possono trovarsi a una distanza minima di soli 56 milioni di chilometri. Durante questi periodi (che si verificano fra la fine di agosto e gli inizi di settembre), Marte può mostrare un diametro apparente di ben 25 secondi d'arco. Sfortunatamente per gli osservatori nordamericani ed europei, questi periodi favorevoli hanno luogo quando il pianeta è molto basso sull'orizzonte meridionale. Quando invece la Terra sorpassa Marte nel punto della sua orbita più lontano dal Sole, il disco del pianeta ha un diametro apparente di soli 15 secondi d'arco, una vera sfida per le riprese in alta risoluzione.

Osservazione e *imaging* di Marte

Per l'osservatore con la *webcam*, Marte è di gran lunga il pianeta su cui è più facile registrare dettagli ad alto contrasto. Ma, per qualsiasi *imager*, la cosa essenziale è avere a disposizione una buona mappa della superficie del pianeta. Una mappa di Marte veramente eccellente, pensata esplicitamente per l'astrofilo, è quella prodotta da Mario Frassati e Paolo Tanga, riprodotta nella Figura 12.1. La mappa mostra i dettagli planetari marziani esattamente come appaiono in un tipico telescopio amatoriale, anche se, episodicamente, le tempeste di polvere possono modificare notevolmente l'aspetto di qualche regione del pianeta.

Marte è luminoso; non così brillante come Mercurio e Venere, ma, a scapito di questi ultimi, si consideri che i pianeti interni non possono mai essere visti con il disco illuminato quando sono alla minima distanza dalla Terra, e non hanno la ricchezza di dettagli superficiali contrastati che ha il pianeta rosso. Marte ha un'albedo del 16%, ben maggiore di quella della nostra Luna (che ha un'albedo del 7%) e maggiore di quella di Mercurio (il 6%). Inoltre, il colore rosso di Marte è un enorme vantaggio per l'osservatore con la *webcam*. Non finirò mai di insistere su questo punto. Nelle tipiche condizioni di *seeing* mediocre in cui si ritrova l'osservatore planetario, un filtro rosso scuro migliorerà la visione in modo significativo. Improvvisamente, grazie al filtro, un'immagine sfuocata e in continua agitazione può mostrare solo lente oscillazioni. Questo fatto è di scarsa importanza pratica se l'oggetto in questione mostra la maggior parte dei suoi dettagli nella parte blu dello spettro; Marte è invece nelle migliori condizioni di visibilità (cioè i dettagli superficiali sono ad alto contrasto) proprio quando viene osservato attraverso un

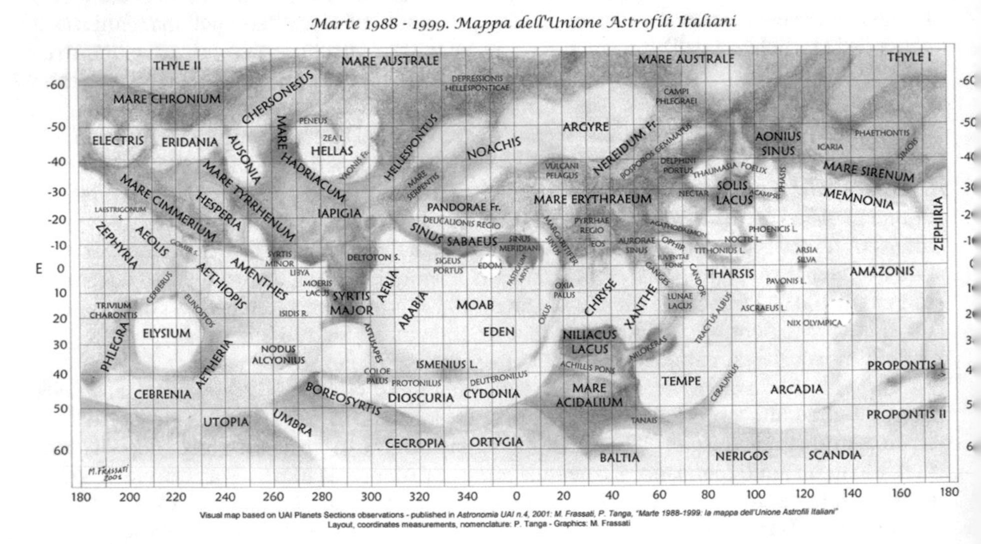

Figura 12.1. L'eccellente mappa di Marte prodotta per gli astrofili italiani da Mario Frassati e Paolo Tanga. Per gentile concessione degli autori.

filtro rosso. In questo modo, come vedremo più avanti, si possono ottenere immagini LRGB molto spettacolari (a patto che la luminanza sia ottenuta tramite il filtro rosso scuro).

Per l'osservazione visuale di Marte è molto adatto un filtro rosso cupo come il Wratten 25A, che aumenta notevolmente il contrasto fra le zone scure e chiare della superficie marziana e, inoltre, tende ad attenuare gli effetti del *seeing* atmosferico. Dall'altra parte dello spettro, un filtro blu chiaro come il Wratten 80A aumenterà la visibilità delle nubi al bordo del pianeta. Marte è un pianeta famoso per le sue imprevedibili tempeste di polvere che, al loro massimo sviluppo, possono circondare l'intero globo. In tali circostanze, i dettagli superficiali possono diventare completamente invisibili e Marte può assumere un colore arancio uniforme.

La rotazione di Marte

Se osservato con la *webcam*, il pianeta presenta anche altri vantaggi. Ha un disco relativamente piccolo, se paragonato al gigantesco Giove, e ruota sul suo asse in 24 ore e 37 minuti (mentre il giorno di Giove dura meno di 10 ore). La piccola dimensione e la rotazione più lenta concedono più tempo per la cattura delle immagini con la *webcam*, prima che i dettagli risolvibili al centro del disco si siano spostati di una quantità apprezzabile. Ma come calcolare la lunghezza massima possibile della ripresa? Per prima cosa bisogna decidere qual è il massimo spostamento che consentiremo ai dettagli che si trovano sull'equatore e sul meridiano del pianeta (cioè al centro del disco): un buon valore può essere 0,5 secondi d'arco. Ammetto che, in condizioni di *seeing* perfette, si possono raggiungere risoluzioni più alte, ma 0,5 è un valore ragionevole con cui iniziare. La formula che ci serve è la seguente:

Finestra temporale = limite di spostamento/(($\pi \times$ diametro del pianeta)/periodo di rotazione)

Le unità di misura per la finestra temporale e il periodo di rotazione devono essere le stesse, per esempio minuti. Allo stesso modo, le unità di misura per il limite di spostamento e il diametro del pianeta devono essere concordi, per esempio secondi d'arco.

Vediamo alcuni esempi pratici. Per un limite di spostamento di 0,5 secondi d'arco, la finestra temporale quando Marte ha un diametro apparente di 25 secondi d'arco (la rotazione avviene in 1477 minuti) è: 0,5/((3,14 × 25)/1477) = 9,4 minuti. Questo è il tempo che ci è concesso per raccogliere le immagini. Sempre con lo stesso limite di 0,5 secondi d'arco, se il diametro apparente è di 15 secondi d'arco, il limite temporale diventa: 0,5/((3,14 × 15)/1477) = 15,7 minuti.

Questo tempo può essere confrontato con quello di Giove all'opposizione con, diciamo, un diametro di 45 secondi d'arco e un periodo di rotazione di 590 minuti: 0,5/((3,14 × 45)/590) = 2,1 minuti.

Con così tanto tempo a disposizione, l'*imager* con *webcam* può ottenere belle immagini nitide, semplicemente utilizzando una *webcam* ToUcam Pro e un filtro rosso scuro. Inoltre, Marte è un corpo così luminoso che non è necessario usare una *webcam* monocromatica con un set completo di filtri colorati. Personalmente, nel 2003 ho ottenuto belle immagini LRGB di Marte usando una normale *webcam* a colori per riprendere un file AVI a colori, e un filtro rosso scuro, con la stessa *webcam*, per riprendere un file AVI supplementare. C'era tempo sufficiente per riprendere sia l'immagine con il filtro rosso scuro sia per rimuovere l'unità *webcam*/Barlow e sostituire il filtro rosso con un filtro UV-IR/Cut per la ripresa a colori. Alla fine, quello che ho ottenuto è un'immagine colorata un po' confusa e un'immagine filtrata nel profondo rosso ad elevato contrasto. Separando l'immagine a colori nelle sue componenti RGB e usando l'immagine filtrata nel rosso come "L", o luminanza monocromatica, il risultato è stato eccezionale. Il tutto utilizzando un solo filtro e sfruttando la lenta rotazione di Marte e le sue piccole dimensioni.

Da quanto detto risulta chiaramente che l'*imaging* di Marte, se paragonato a quello di Giove, è molto più comodo! Tuttavia, anche la lenta rotazione di Marte può essere frustrante.

Se c'è un pianeta che ha bisogno di una rete amatoriale di osservatori distribuiti su tutto il globo, quello è proprio Marte. Come abbiamo visto, il giorno marziano è solo 37 minuti più lungo del nostro, cosicché gli astronomi possono esaminare un solo emisfero alla volta. Prima che si renda visibile l'altro emisfero, il pianeta fa in tempo a tramontare ed è giorno. Per osservare un'intera rotazione marziana, da una data posizione osservativa, è necessario un intervallo di tempo di cinque settimane! Questo significa che, se alcune notti sono nuvolose, non sarà un grosso problema: non si perde molto. Per un principiante, osservare Marte attraverso un telescopio astronomico può essere motivo di confusione. In un telescopio che inverte le immagini, il sud è in alto. In questo strumento, Marte ruoterà lentamente da destra verso sinistra con il terminatore mattutino a destra e il terminatore serale a sinistra. Osservando Marte un giorno più tardi, esattamente alla stessa ora, si potranno vedere 10 gradi in più di longitudine. Ma i dettagli sembreranno "emersi" dal terminatore serale, a sinistra, come se il pianeta stesse ruotando all'indietro! Naturalmente è un'illusione: semplicemente si stanno osservando dettagli di Marte che il giorno precedente erano già tramontati, ma la cosa può essere fuorviante.

I dettagli di Marte

Sulla sua superficie Marte presenta molti dettagli di colore scuro, facilmente visibili (con un po' di pazienza) anche da un osservatore alle prime armi. Nella Figura 12.2 sono mostrate sei "facce" di Marte, riprese dall'autore. Per il principiante, il dettaglio più evidente è la grande forma a "V" della Syrtis Major, ma anche altre regioni scure, come il Sinus Meridiani e il Solis Lacus, hanno forme molto caratteristiche. Con molta pratica all'oculare l'esperienza aumenta, quindi l'occhio e il cervello diventano sempre più bravi nell'individuare un gran numero di dettagli (che possono sfuggire a un novizio), gli stessi dettagli che emergono, come per magia, quando si impiegano le *routine* di *image-processing* sull'imma-

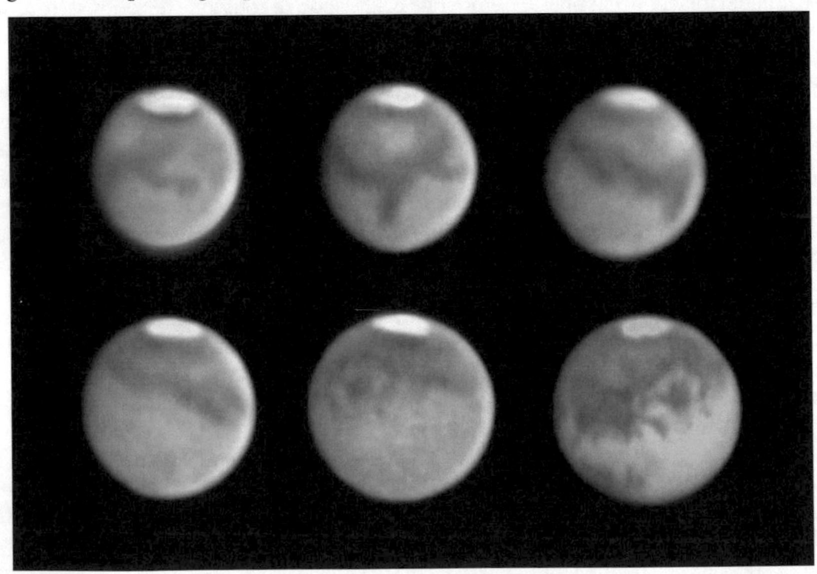

Figura 12.2. In questa sequenza di immagini, ottenute dall'autore con la *webcam*, è registrata quasi una rotazione completa di Marte. La prima immagine è quella in alto a sinistra, l'ultima è quella in basso a destra. La registrazione ha richiesto un periodo di quattro settimane (da luglio ad agosto 2003), utilizzando un LX200 di 30 cm di diametro a f/22. Il sud è in alto, e in ogni singola immagine sono visibili approssimativamente 60 gradi in più del pianeta che emergono dal terminatore serale (a sinistra), dando l'illusione che il pianeta ruoti all'indietro! I dettagli principali al centro del disco di ogni immagine sono rispettivamente: Sinus Meridiani, Syrtis Major, Mare Cimmerium, il deserto di Amazonis, Solis Lacus, alla sinistra del centro, e Solis Lacus, alla destra del centro.

gine ottenuta sommando i *frame* registrati con la *webcam*.

Penso che il modo migliore per descrivere i dettagli di Marte a un neofita consista nell'immaginare quello che si vedrebbe spostandosi verso destra a partire dal terminatore serale (con il sud in alto): in altre parole, muovendosi in senso contrario alla rotazione del pianeta, così da descrivere ciò che apparirebbe a un osservatore terrestre durante un periodo di cinque settimane. Vale la pena di osservare che un principiante avrà bisogno di un po' di tempo per identificare visualmente le caratteristiche principali del pianeta, perché la stabilità atmosferica (dell'atmosfera terrestre!) è essenziale per la risoluzione dei dettagli più minuti. Spesso, Marte è un corpo che mostra un diametro apparente molto piccolo e può cambiare aspetto in modo considerevole e sorprendente. Va ricordato che Marte ha un'inclinazione dell'asse di rotazione di quasi 24° (come la Terra), così talvolta si ottiene una visione più favorevole dell'emisfero meridionale, talaltra di quello settentrionale; in qualche occasione, sono ugualmente favoriti entrambi gli emisferi. Inoltre, a seconda che nell'emisfero che si sta guardando sia primavera, estate, autunno o inverno, la calotta polare può essere grande, in rapido restringimento o piccola. L'inclinazione assiale è un fattore cruciale per capire l'aspetto che avranno i dettagli principali posti alle alte latitudini, specialmente le calotte polari. Se a tutto questo si aggiunge il fatto che il disco ha un diametro che può andare da alcuni secondi d'arco fino a 25 secondi d'arco e che c'è l'ulteriore fattore della potenziale attività delle tempeste di polvere, si può capire come Marte possa apparire molto diverso da un'opposizione all'altra. Oltre a tutto questo c'è un problema già citato, cioè che i dettagli dell'emisfero opposto a quello visibile non possono essere visti prima di un mese, semplicemente perché Marte ruota in 24 ore e 37 minuti. Così, mentre un osservatore in Florida sta studiando, diciamo, la Syrtis Major, il suo collega a Hong Kong, 12 ore più tardi, potrà studiare il Solis Lacus, ma nessuno dei due sarà in grado di vedere bene il dettaglio dell'altro prima di alcune settimane.

Partiamo dalla "V" della Syrtis Major. Qui devo ammettere subito un mio problema psicologico. Per me, la Syrtis Major e le zone contigue fanno assomigliare Marte a un'arancia con un piccolo pipistrello attaccato sopra! Al di sopra (cioè a sud) di questa enorme "V" oscura, c'è una struttura ovale notevolmente più chiara chiamata Hellas (un grande bacino da impatto). Molte delle tempeste di polvere che periodicamente sconvolgono il pianeta hanno origine in quest'area. Con il trascorrere dei giorni, osservando sempre alla stessa ora, si potranno vedere ulteriori dettagli emergere a sinistra dal terminatore serale. Dopo una settimana o anche meno, si noterà che dal terminatore emergono sempre meno zone scure, salvo una banda diretta verso l'alto che si allontana dalla regione della Syrtis Major. Questa è la zona del Mare Tyrrhenum/Mare Cimmerium e segna l'inizio di quella regione che io, da bravo neofita "marziano" degli anni '80, ero solito chiamare "il lato noioso di Marte"! Infatti, in questo emisfero le zone con albedo scura sono una rarità, se si escludono le regioni alle alte latitudini meridionali. Dopo una settimana o più passata a sopportare questo "lato noioso" di Marte, il neofita inizierà a vedere emergere dal terminatore serale una caratteristica affascinante. Si tratta del Solis Lacus, o "Lago del Sole". Dapprima si presenta come una linea scura al bordo ma, quando si porta sul meridiano centrale del disco, assomiglia a un occhio o al mozzo di una ruota, con una serie di macchie che si irradiano dal suo centro. Il Solis Lacus è circondato dal bordo dell'Aurorae Sinus, mentre in basso, verso nord, si può vedere una regione rara da osservare, il Mare Acidalium. Solo alcuni giorni più tardi si potrà vedere emergere un'altra zona caratteristica. È chiamata Sinus Meridiani, e alla sua sinistra si può osservare una lunga linea oscura: il Sinus Sabaeus. A me (tenete presente il mio problema con il pipistrello che aderisce all'arancia!) la zona Sabaeus Meridiani richiama la zampa di un orso con un artiglio alla fine. Il Sinus Meridiani è chiamato così perché si tratta del punto di origine delle longitudini sul globo marziano (è l'equivalente di Greenwich sulla Terra). Infine, alcuni giorni dopo la completa emersione del Sinus Sabaeus, ritorna sul terminatore serale la "V" scura della Syrtis Major. A questo punto abbiamo osservato Marte per più di un mese.

L'espansione o il restringimento delle calotte polari di Marte sono fenomeni unici e molto interessanti da monitorare per l'osservatore terrestre, ma possono anche essere un problema per l'*imager* con la *webcam*, dato che sono le regioni più luminose del pianeta (vedi le Figure 12.3 e 12.4). In questo caso, un esperto osservatore visuale ha un certo margine di vantaggio, dato che la combinazione occhio-cervello può sopportare un intervallo di luminosità molto più grande rispetto a un *frame* a 8 *bit* digitalizzato da una *webcam*. Qualche volta, l'unica soluzione alla luminosità della calotta polare è riprendere il pianeta con due esposizioni diverse, in modo da rilevare eventuali dettagli sulla calotta stessa. La presenza di dettagli nelle calotte è un'eventualità rara, ma può succedere, specialmente sul bordo in ritiro per l'avanzare della primavera locale. Di solito, durante il ritiro della calotta meridionale, compaiono due spaccature (la Rima Australis e la Rima Angusta); in seguito, sopravvive una porzione della calotta (Schiaparelli la chiamò Novissima Thyle) che poi si disgrega e va a formare le "Montagne di Mitchel", un dettaglio visto per la prima volta da O.M. Mitchel all'Osservatorio di Cincinnati nel 1845. Cambiamenti simili possono essere osservati anche nella calotta settentrionale. Con l'inizio dell'autunno, si forma una foschia polare che copre la vera calotta e che può essere scambiata per essa. Ma, indipendentemente da tutto questo, le calotte polari sono strutture molto luminose, e per ottenere immagini dettagliate sia di Marte sia delle calotte è necessaria una combinazione di esposizioni brevi, filtri e un uso attento dei controlli di luminosità, contrasto e gamma.

Occasionalmente si sente dire che i colori marziani, ottenuti utilizzando una *webcam* a colori come la ToUcam, non sono molto realistici e ben al di sotto della fedeltà che si potrebbe ottenere utilizzando un insieme di veri filtri RGB. I filtri incorporati nei *pixel* della ToUcam (un blu, due verdi e un rosso per ogni gruppo di 2×2 *pixel*) hanno una banda passante maggiore rispetto a quella dei filtri scientifici a banda stretta, e possono catturare un

Figura 12.3. Marte ripreso da Damian Peach il 22 agosto 2003, quando si trovava a una buona altezza sopra l'orizzonte, dall'isola di La Palma, nell'arcipelago delle Canarie. Per la ripresa sono stati utilizzati uno Schmidt-Cassegrain di 25 cm di diametro a f/40 e una *webcam* ToUcam Pro. Il grande "occhio" scuro in alto a destra è il Solis Lacus.

Figura 12.4. Marte ripreso un giorno più tardi rispetto alla Figura 12.3 e 30 minuti prima. Il Solis Lacus è a destra del disco, l'Aurorae Sinus è vicino al centro e il Sinus Meridiani è a sinistra del disco.

segnale di intensità maggiore. Qualche tempo fa, gli *imager* planetari Damian Peach e Tan Wei Leong (di Singapore) hanno approfondito questo argomento. La loro conclusione è stata che l'uso di un filtro UV-IR/Cut combinato con un filtro magenta (un filtro per la sottrazione del verde) consentirebbe un migliore filtraggio e l'immagine ottenuta con la ToUcam potrebbe essere separata in modo pulito nei canali rosso e blu, mentre il verde può essere creato dal blu + rosso, per ottenere un'immagine a colori anche esteticamente piacevole. Tuttavia, con l'avvento delle *webcam* monocromatiche e dei filtri a basso costo, questa tecnica è stata utilizzata raramente. Quando si considera la dispersione atmosferica, le caratteristiche del telescopio e i metodi di elaborazione delle immagini di ogni singolo osservatore, si può concludere che le uniche immagini con valore scientifico sono quelle eseguite con l'uso di filtri monocromatici a banda stretta, e poi combinate per formare una piacevole immagine a colori. Un altro approccio nell'*imaging* di Marte, proposto da Antonio Cidadao (Portogallo), consiste nel riprendere il pianeta nell'IR e nell'UV e sintetizzare il canale verde combinando le immagini IR e UV. In Figura 12.5 si possono vedere i risultati di questa tecnica, che permette di catturare sia i dettagli della superficie sia le foschie atmosferiche al bordo. In Figura 12.6, viene mostrato il risultato di un approccio più standard, seguito da Don Parker.

Spesso, Marte è trascurato dagli astrofili quando il disco ha un diametro apparente inferiore ai 10 secondi d'arco. Eppure, si possono fare ancora buone osservazioni, specialmente quando il pianeta è ben alto sull'orizzonte e il *seeing* è discreto. Come prova, basta dare un'occhiata alla notevole immagine di Damian Peach riportata nella Figura 12.7.

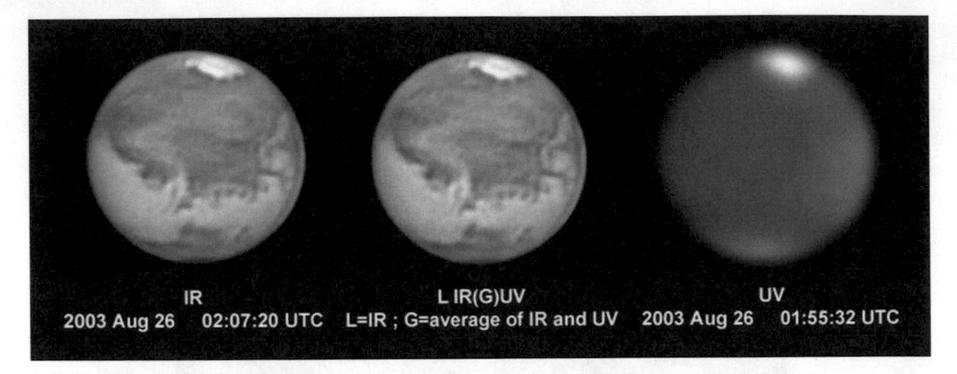

Figura 12.5. Il portoghese Antonio Cidadao è un pioniere della tecnica di simulazione del canale verde nell'*imaging* planetario. Qui la sua tecnica è utilizzata su Marte. L'immagine infrarossa cattura i dettagli della superficie marziana, mentre quella ultravioletta cattura la foschia atmosferica al bordo. Combinando le immagini IR e UV per ottenere un verde sintetico, si realizza un'immagine a colori di Marte che mostra tutto quello che c'è di interessante utilizzando solo due filtri. Telescopio SCT da 250 mm di diametro, dotato di un dispositivo di ottica adattiva Stellar Products, con camera CCD Finger-Lakes Instruments CM7-1E. Immagine: A. Cidadao.

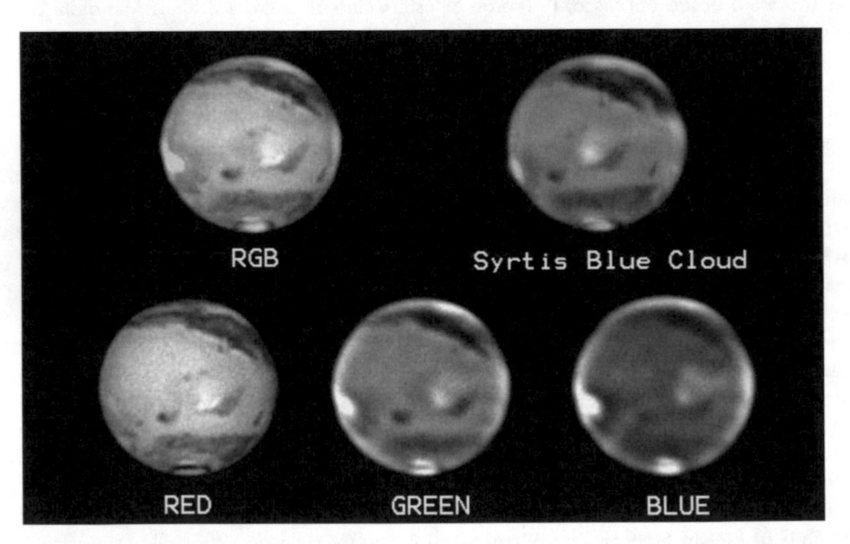

Figura 12.6. Marte ripreso il 24 aprile 1999 da Donald Parker di Coral Gables, Florida. Parker ha usato il suo Newton di 40 cm a f/6 e una camera CCD PC Lynxx con i filtri rosso, verde e blu. Notare il diverso aspetto del pianeta in ogni colore. L'immagine mostra un "fronte freddo" proveniente dalla calotta polare nord, una brillante nube orografica sul Monte Olimpo prossimo al terminatore serale (a sinistra) e nubi sulla regione vulcanica di Elysium, vicino al centro del disco. Nell'immagine con colori esaltati si può notare, in alto a destra, anche la famosa Blue Syrtis Cloud sul terminatore mattutino.

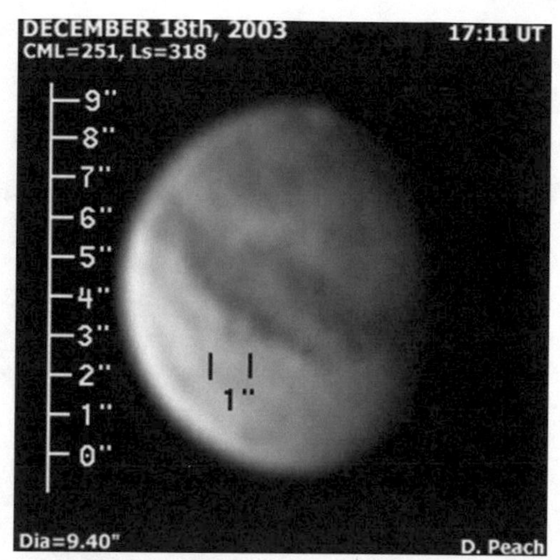

Figura 12.7. Questa incredibile immagine in alta risoluzione di Marte è stata ottenuta il 18 dicembre 2003 dalla Gran Bretagna da Damian Peach, nel cielo del crepuscolo. Sono stati utilizzati un telescopio Celestron 11 e una *webcam* ATiK–1HS. La risoluzione è leggermente migliore di quanto ci si aspetterebbe per uno strumento di questa apertura: notare la scala in secondi d'arco! Immagine: Damian Peach.

Le lune di Marte

Una vera sfida per l'astrofilo, anche durante un'opposizione favorevole, consiste nell'individuare le lune di Marte, Phobos e Deimos. Se queste lune fossero due corpi isolati, per un grande telescopio amatoriale non sarebbero un problema: infatti, si tratta di due oggetti di magnitudine +11 e +12. Purtroppo, Phobos e Deimos non si allontanano mai molto dal brillante disco di Marte e le loro orbite strette implicano notevoli spostamenti anche in una sola notte. Phobos, con i sui 20 km di diametro, è la luna più grande, ma non si allontana mai per più di un diametro marziano dal pianeta, e questo lo rende un oggetto difficile da scorgere. Deimos ha circa 12 km di diametro, ma può allontanarsi fino a tre diametri dal pianeta, cosicché la luna più debole è anche più facile da vedere. Per un osservatore visuale, la cosa migliore da fare è utilizzare un oculare con una sottile "barra di occultazione" nel fuoco. Mettendo Marte dietro la barra si riduce in larga misura l'abbagliamento e si possono osservare entrambe le lune. Tuttavia, per sperare di avere successo bisogna conoscere, per ogni notte, la posizione esatta delle lune, ricavabile da un planetario *software* come *Guide 8.0*. Phobos e Deimos orbitano attorno al pianeta rosso rispettivamente in 8 e 29 ore.

Naturalmente, con una *webcam* l'uso di una barra occultatrice non è essenziale, perché il *chip* CCD di una *webcam*, a differenza dell'occhio umano, non può essere abbagliato (anche se sicuramente Marte lo saturerà). Visto che le orbite di Phobos e Deimos sono così vicine a Marte, riprendere il pianeta e le lune sulla stessa immagine non è difficile: per fare una bella immagine composita, si può ritagliare l'immagine sovraesposta di Marte e incollarci sopra un'esposizione più breve, in modo da avere sia i satelliti sia il disco di Marte sulla stessa immagine. Si potrebbe pensare che una *webcam*, con esposizioni brevi, non sia in grado di raggiungere oggetti deboli di magnitudine +11 o +12 ma, di fatto, ciò è possibile (una soluzione alternativa con una ATiK o una *webcam* modificata consiste nel riprendere una lunga esposizione oltre il normale limite di 1/5 di secondo di una *webcam* commerciale). Anche una modesta ToUcam Pro può registrare stelle di magnitudine +11 con un'esposizione di 0,1 secondi e un'apertura di 25 cm a f/10. Con una *webcam* monocromatica e un'esposizione di 0,2 secondi, nell'immagine somma di centinaia di singoli *frame* si possono registrare senza problemi stelle deboli fino alla magnitudine +12 o +13.

CAPITOLO TREDICI

L'*imaging* di Giove

Giove, di tutti i pianeti del Sistema Solare, è il più gratificante da studiare perché si possono osservare cambiamenti da una notte all'altra, a mano a mano che le nubi trascinate dalle grandi correnti atmosferiche del pianeta si spostano l'una rispetto all'altra. Non mi stancherò mai di vedere la Grande Macchia Rossa comparire al bordo o i satelliti con le loro ombre attraversare il disco del pianeta gigante. Giove è il pianeta con il periodo di rotazione più breve di tutto il Sistema Solare: anche un neofita è in grado di individuare i dettagli che si spostano attraverso il disco durante una sessione osservativa di circa mezz'ora. L'enorme cono d'ombra (peraltro invisibile) che Giove proietta dietro di sé ha un suo proprio fascino, perché le quattro lune galileiane del pianeta vi entrano ed escono, sparendo e riapparendo all'osservatore; inoltre, periodicamente questi satelliti si eclissano e si occultano a vicenda. Su queste grosse lune, nelle notti di *seeing* perfetto possono anche essere osservati dettagli.

Giove è un pianeta massiccio, con un diametro equatoriale di 142.880 chilometri, cioè più di 11 volte quello della Terra. Composto principalmente di gas e liquidi, con (probabilmente) un nucleo roccioso relativamente piccolo, ha una massa circa 318 volte quella della Terra. Le regioni equatoriali di Giove (Sistema di riferimento I) ruotano in 9 ore, 50 minuti e 30 secondi, mentre il resto delle regioni visibili (Sistema II) impiega 5 minuti e 11 secondi in più. Un terzo sistema di riferimento (Sistema III), basato sui segnali radio emessi dal pianeta, ha un periodo di rotazione di 9 ore, 55 minuti e 29 secondi. Considerato che non è visibile alcuna superficie solida, le longitudini dei diversi sistemi di riferimento che passano in meridiano in un dato istante devono essere calcolate con una formula matematica. In questo modo, le longitudini di certe caratteristiche (come la Grande Macchia Rossa) tendono ad avere un lento moto di deriva rispetto al sistema di riferimento in cui si trovano. Per controllare la longitudine di un dato sistema in transito sul meridiano centrale in un dato momento si possono utilizzare *software* di tipo planetario come *Guide 8.0* della Project Pluto (o simili), oppure un buon almanacco astronomico. Giove orbita intorno al Sole a una distanza media di 778 milioni di chilometri. Quando si trova alla minima distanza dalla Terra, il suo diametro apparente può arrivare a 50,1 secondi d'arco, anche se la dimensione tipica all'opposizione è di 45 secondi d'arco. Il pianeta gigante orbita intorno al Sole in 11,86 anni e quindi passa metà di questo tempo sopra l'eclittica (condizione favorevole per gli osservatori dell'emisfero settentrionale) e l'altra metà sotto (condizione favorevole per gli osservatori dell'emisfero meridionale). Come sempre, gli osservatori posti sull'equatore non hanno alcun motivo per lamentarsi, visto che per loro Giove è sempre in posizione favorevole sull'eclittica. Ogni anno Giove raggiunge l'opposizione 32 giorni più tardi rispetto all'anno precedente. La nomenclatura delle bande, delle zone e dei flussi delle correnti a getto del pianeta gigante è estremamente complessa, ma la Figura 13.1 dovrebbe chiarire le cose. Le Figure 13.2 ÷ 13.6 mostrano alcune immagini in alta risoluzione di Giove riprese con la *webcam*.

I satelliti galileiani

Le quattro lune giganti di Giove (Io, Europa, Ganimede e Callisto) sono obiettivi molto interessanti per l'*imager* con la *webcam*, per un numero di buone ragioni. Giove è un corpo gassoso, privo di caratteristiche a elevato contrasto, come la Syrtis Major marziana, o dai bordi ben definiti, come gli anelli di Saturno. In queste condizioni su che cosa si può mettere a fuoco l'immagine? I dettagli atmosferici o il bordo del pianeta, nella maggior parte dei casi, vengono continuamente sfocati dalla turbolenza atmosferica, a meno che non si utilizzi un filtro infrarosso, e quindi risulta difficile capire quando l'immagine è perfettamente a fuoco: ma il satellite Io è un ottimo obiettivo. È sempre relativamente vicino al pianeta (cercando a est o a ovest di Giove si può trovare facilmente, a meno che non sia proprio davanti o dietro il pianeta) ed è abbastanza luminoso da poter essere ripreso con una *webcam* con il guadagno alto. Certo, non si tratta di una sorgente puntiforme come una stella, tuttavia, per un neofita, focheggiare su Io fino a ottenere un pallino il più piccolo possibile è un buon modo

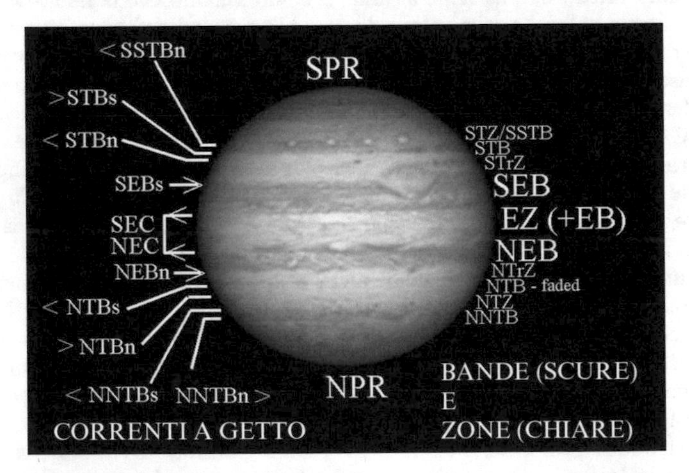

Figura 13.1. Il complesso sistema di bande, zone e correnti di Giove, con la Grande Macchia Rossa alla destra del meridiano centrale. Le bande sono di colore scuro, mentre le zone sono di colore chiaro. Le punte delle frecce indicano la direzione delle correnti a getto del pianeta che tendono a giacere lungo i confini zona/fascia. Il vortice della Grande Macchia Rossa ruota in senso antiorario. Immagine di Giove: D. Peach. Legenda dall'alto in senso orario: SPR = *Regione Polare Sud*; STZ/SSTB = *Zona Temperata Sud / Banda Temperata Sud Sud*; STB = *Banda Temperata Sud*; STrZ = *Zona Tropicale Sud*; SEB = *Banda Equatoriale Sud; EZ + EB = Zona + Banda Equatoriale*; NEB = *Banda Equatoriale Nord*; NTrZ = *Zona Tropicale Nord*; NTB = *Banda Temperata Nord*; NTZ = *Zona Temperata Nord*; NNTB = *Banda Temperata Nord Nord*; NPR = *Regione Polare Nord.* A sinistra la terminologia è uguale, con s e n che indicano le correnti a getto del bordo sud e nord delle bande. NEC/SEC = *Corrente Equatoriale Nord/Sud.*

Figura 13.2. Un'immagine estremamente dettagliata di Giove ripresa con la *webcam* dall'osservatore giapponese Isao Miyazaki, veterano delle osservazioni planetarie, il 28 febbraio 2004, utilizzando una ToUcam Pro e il suo Newton di 40 cm f/6. In alto a sinistra è visibile l'ovale a lunga vita BA. Immagine: I. Miyazaki.

Figura 13.3. Un'altra immagine di Giove ripresa con la *webcam* da Isao Miyazaki l'11 marzo 2004. L'ovale BA è in alto a destra, mentre la Grande Macchia Rossa è prossima al bordo a sinistra. L'ombra della luna Callisto sta per lasciare il disco del pianeta. Immagine: I. Miyazaki.

Figura 13.4. Un'immagine di Giove ripresa dall'autore l'11 aprile 2004, utilizzando un LX200 di 30 cm di diametro a f/22 e una *webcam* ToUcam Pro; sono stati sommati 366 *frame*. Immagine: M. Mobberley.

Figura 13.5. Un'eccellente immagine di Giove ripresa il 17 marzo 2003 da Eric Ng da Hong Kong, utilizzando un Newton di 250 mm di diametro f/6 (portato a f/34,5) con ottiche William Royce su una montatura Vixen Atlux e una *webcam* ToUcam Pro. Immagine: Eric Ng.

Figura 13.6. Una delle più belle immagini di Giove fra quelle ottenute da Damian Peach ripresa il 4 marzo 2003 (alle 23h 29m TU), con un Celestron 11 a f/30 e una *webcam* ToUcam Pro. Sul pianeta si scorgono Io e la sua ombra. Immagine: Damian Peach.

per avere una messa a fuoco accettabile. Per l'operazione di messa a fuoco possono essere usate anche le altre lune galileiane, che però di solito sono molto più lontane dal disco di Giove. In ordine di distanza crescente da Giove, i satelliti Io, Europa, Ganimede e Callisto orbitano, rispettivamente, a una distanza angolare massima di 2,3, 3,7, 5,8 e 10,3 primi d'arco dal centro del disco del pianeta nelle condizioni di un'opposizione tipica (con Giove che ha approssimativamente un diametro apparente di 45 secondi d'arco). Il tempo impiegato da ogni luna per completare un'orbita è, rispettivamente, di 1,8, 3,5, 7,2 e 16,8 giorni. Nello stesso ordine, i diametri delle lune sono 3650, 3130, 5268 e 4806 chilometri; quindi, in un'opposizione media di Giove con il pianeta gigante a 4,2 UA dalla Terra, essi sottendono un diametro angolare di 1,2, 1,0, 1,7 e 1,6 secondi d'arco. Questi valori ci dicono che, in buone condizioni di *seeing*, sulle lune gioviane dovrebbe essere possibile poter risolvere dettagli. Infatti, è possibile, come è mostrato nella Figura 13.7.

Osservare e riprendere immagini delle lune galileiane mentre transitano sul disco del pianeta può essere un'attività molto stimolante. A parte quando transita in prossimità del bordo planetario (che è più scuro del centro del disco), poiché l'albedo dei satelliti è simile a quella delle zone più luminose di Giove, generalmente il satellite risulta invisibile sullo sfondo del disco. Callisto, con un'albedo del 20%, è di gran lunga il satellite più scuro (Io, Europa e Ganimede hanno un'albedo del 61, 64 e 42% dcontro un'albedo media di Giove del 43%). La prima volta che si vede Callisto transitare sul disco di Giove si può essere indotti a credere che si tratti di un'ombra di uno degli altri satelliti! Tuttavia, non accade spesso che Callisto attraversi il disco; con un periodo orbitale di 16,8 giorni, impiega alcune ore per attraversare il globo di Giove, sempre che lo attraversi (essendo a 1,9 milioni di chilometri da Giove, spesso l'inclinazione orbitale fa sì che il transito non avvenga). Gustatevi bene il momento in cui osserverete il disco scuro di Callisto attraversare il disco di Giove: è uno spettacolo abbastanza raro!

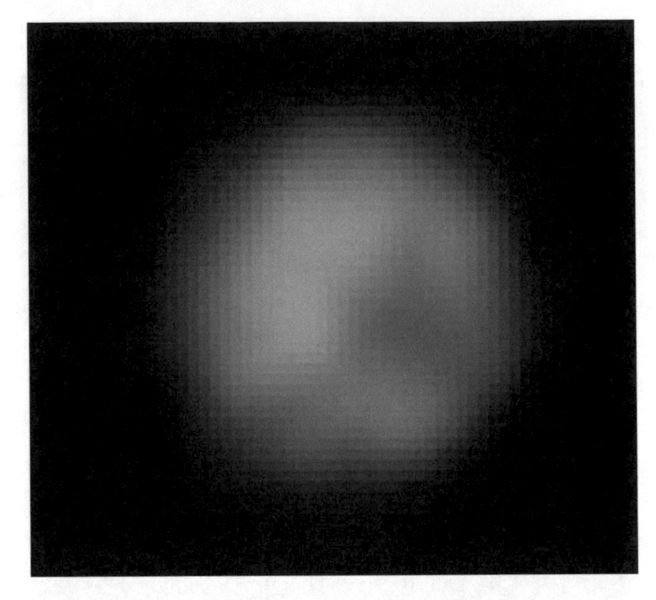

Figura 13.7. Una straordinaria immagine ad alta risoluzione di Ganimede, il più grande satellite di Giove, ripreso con un Celestron 11 di 280 mm di diametro a f/30, da Tenerife, con una *webcam* ToUcam Pro. Il satellite ha un diametro angolare di soli 1,7 secondi d'arco! Immagine: Damian Peach.

Una domanda che sorge spontanea è la seguente: se si pone un limite massimo di due minuti di tempo per riprendere le immagini di Giove (pari a uno spostamento dei dettagli al centro del disco di circa 0,5 secondi d'arco), questo è un periodo di tempo abbastanza breve per evitare che le lune (o le loro ombre) si allunghino durante l'esecuzione della ripresa?

Chiunque si diverta a osservare i satelliti di Giove e i transiti delle loro ombre avrà notato che quando Io, Europa o Ganimede stanno transitando sulla parte centrale del disco del pianeta sembra quasi che facciano parte del pianeta stesso: infatti l'atmosfera e il satellite (sul disco di Giove) si spostano a una velocità simile! Il corpo che transita con maggiore frequenza è Io, visto che orbita in 1,77 giorni a 422.000 chilometri dal pianeta. I dati corrispondenti per Europa, Ganimede e Callisto sono 3,55/671.000, 7,16/1.070.000 e 16,8/1.880.000. Alla distanza media di opposizione dalla Terra, alle quattro velocità orbitali dei satelliti corrispondono spostamenti di 20, 16, 12,7 e 9,5 secondi d'arco all'ora, mentre la velocità delle nubi al centro del disco di Giove è pari a 16 secondi d'arco all'ora. Quindi, in una ripresa di due minuti durante l'opposizione, il satellite più veloce, Io, si sposterà di due terzi di secondo d'arco rispetto al bordo di Giove, ma molto meno rispetto ai dettagli del centro del disco, anch'essi in rapido movimento. Essenzialmente, in un periodo di due minuti il movimento di Io (rispetto al bordo di Giove) è pari a circa la metà del diametro di Io stesso. Questo movimento è irrilevante, anche nelle notti con la migliore risoluzione, a meno che non si aumenti il tempo di ripresa per avere un maggiore numero di *frame* da sommare. Naturalmente, se uno qualunque dei quattro satelliti galileiani si sta muovendo su regioni molto vicine al bordo del pianeta, il loro movimento relativo (rispetto ai dettagli atmosferici di Giove) sarà più rapido a causa della distorsione prospettica al lembo. Tuttavia, nessuna delle grandi lune attraversa il disco di Giove nell'arco di tempo tipico per una ripresa di *imaging*. Detto questo, ho visto un'immagine molto bella di Giove fatta da Damian Peach con l'impiego di filtri, dove Io appare doppio perché sono trascorsi quattro minuti tra l'inizio della prima immagine (con filtro infrarosso) e la fine della seconda (con filtro blu). Quindi Io, con riprese sufficientemente lunghe e *seeing* buono, può essere visto spostarsi sul disco di Giove. Naturalmente, per risolvere dettagli sui satelliti bisogna dire a *Registax* di usare il satellite stesso come riferimento per allineare i *frame*.

Ogni sei anni, o quasi, l'asse polare di Giove (che ha una modesta inclinazione sul piano orbitale) è allineato ad angolo retto con la linea Sole-Giove (proprio come l'asse polare della Terra è allineato ad angolo retto con la retta Sole-Terra all'equinozio di primavera e d'autunno). Quando si verifica questa condizione, dalla Terra le orbite di tutte le lune di Giove sono viste di taglio, quindi i satelliti galileiani sembrano andare avanti e indietro, rispetto al pianeta, muovendosi su una linea retta. Questa situazione può creare alcune interessanti "opportunità fotografiche", perché le lune gioviane possono occultarsi ed eclissarsi reciprocamente. Quando le condizioni di *seeing* sono perfette, è possibile risolvere dettagli abbastanza fini da mostrare l'ombra di una luna che passa sull'altra o il bordo di una luna che ne occulta un'altra, come mostrato nella Figura 13.8.

È possibile vedere due, tre o anche quattro lune (o le loro ombre) attraversare il disco del pianeta gigante contemporaneamente? Vedere due ombre attraversare il disco è un evento piuttosto comune se si ha il cielo limpido ogni notte. Tuttavia, in pratica, quante persone lo fanno? Nella realtà, anche se siete osservatori assidui ma il cielo è spesso nuvoloso, vi può capitare di osservare poche volte in un anno un evento di questo tipo. L'osservazione di tre ombre è, in pratica, un evento che può capitare una sola volta nella vita. Lo studente di astronomia che studia Giove, presto si rende conto che ci sono certe relazioni fra i periodi di rivoluzione delle lune gioviane, così come ci sono per i pianeti che orbitano attorno al Sole. Due rivoluzioni di Io intorno a Giove uguagliano una rivoluzione di Europa, e due rivoluzioni di Europa ne fanno una di Ganimede. Le relazioni non si ripetono per Ganimede e Callisto. Il periodo di rivoluzione di quest'ultimo è, in effetti, 2,3 volte il precedente. Queste relazioni significano che certi eventi dei satelliti gioviani si ripetono ogni 3,6 o 7,2 giorni (i periodi di rivoluzione di Europa e Ganimede). Anche il neofita può notare il periodo di 7,2 giorni piuttosto velocemente. Così vi può capitare di sentirvi chiedere: "Non è che questo stesso evento Europa-Ganimede è già accaduto la settimana scorsa?". Sì, può essere, ma questa settimana si verifica circa tre o quattro ore più tardi. La periodicità di 3,6 giorni Io-Europa è più difficile da individuare, perché la frazione 0,6 del giorno

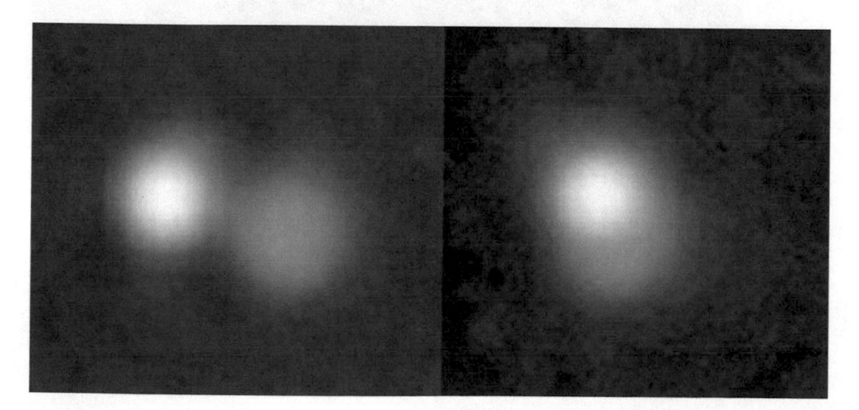

Figura 13.8. Un'altra sorprendente immagine di D. Peach. In questo singolo *frame*, ripreso con la *webcam* il 24 dicembre 2002, Callisto viene occultato da Io, cioè Io sta transitando davanti a Callisto. Io ha un diametro di 1,2 secondi d'arco, mentre Callisto misura 1,6 secondi d'arco. L'immagine a sinistra è stata ripresa alle 3h 6m TU, quella a destra alle 3h 10m TU. Telescopio Celestron 11 a f/30 e *webcam* ToUcam Pro. Immagine: Damian Peach.

tende a far ripetere l'evento durante il giorno; inoltre, visto che tanti osservatori trovano il tempo per osservare solo nel fine settimana, una periodicità molto vicina a una settimana è più probabile che sia destinata ad essere notata!

Come ho già detto, vedere tre ombre di satelliti attraversare contemporaneamente il disco di Giove è un evento molto raro, mentre avere quattro transiti simultanei è impossibile: Io, Europa e Ganimede non possono mai essere coinvolti contemporaneamente in questa configurazione, così gli eventi tripli devono necessariamente riguardare Callisto e due delle tre lune interne. Il belga Jean Meeus, esperto di astronomia sferica e matematica, ha calcolato accuratamente tutti gli eventi tripli dal 1900 al 2100 e ha riportato i risultati nel suo libro *Mathematical Astronomy Morsels* (seguito da: *More Mathematical Astronomy Morsels* e *Mathematical Astronomy Morsels 3*). Consiglio vivamente l'acquisto di questi affascinanti libri di Meeus. Sfortunatamente, i prossimi tre eventi tripli sono lontani nel tempo: 12 ottobre 2013, 3 giugno 2014 e 24 gennaio 2015. Dopo questi, bisogna aspettare fino al 20 marzo 2032! Così come si hanno tre ombre di satelliti che attraversano il disco di Giove, si possono avere tre satelliti che transitano contemporaneamente. Ho visto un evento di questo tipo: il transito triplo del 17/18 gennaio 2003. Al suo massimo, sul disco di Giove c'erano cinque oggetti contemporaneamente (Figura 13.9 nell'immagine di Damian Peach di quella notte). Questi cinque oggetti erano le ombre di Io e di Europa, e i satelliti Io, Europa e Callisto. Tre lune e due ombre! In effetti, dato che stavo osservando in condizioni di *seeing* scarso, l'immagine era simile a quella di un transito di ombre triplo, visto che Callisto è scuro mentre Io ed Europa, benché più luminosi, erano invisibili contro le nubi del pianeta. Riprendere eventi così rari è una grande sfida per l'astrofilo, ed è comprensibile il desiderio di avere memoria e immagini di tali occasioni.

Figura 13.9. Un'immagine molto rara di Giove ripresa il 17 gennaio 2003 (23h 39m TU), con uno SCT Celestron 11 di 280 mm di diametro da Tenerife. Da sinistra a destra, sul pianeta sono visibili: Callisto, l'ombra di Io, Io, l'ombra di Europa e, appena oltre il bordo, Europa stesso. Notare che Callisto è talmente scuro che assomiglia a un'ombra. Immagine: Damian Peach.

Le nubi di Giove

Una descrizione dettagliata delle nubi di Giove e della sua meteorologia va oltre lo scopo di questo libro. A questo proposito, il libro di riferimento è *The Giant Planet Jupiter* di John Rogers (direttore della Sezione Giove della BAA). Si tratta della migliore guida all'osservazione di Giove, e acquistarne una copia è un *must* per l'osservatore planetario impegnato. A differenza di qualsiasi altro pianeta del Sistema Solare, Giove mostra variazioni nei dettagli atmosferici che sono visibili anche con modesti telescopi. I dettagli dell'atmosfera di Saturno sono difficili da osservare (se si esclude la presenza di qualche grosso ovale), e anche la meteorologia marziana non è così evidente, salvo la presenza di grosse tempeste di polvere e la contrazione o la crescita delle calotte polari.

Il dettaglio dell'atmosfera gioviana più facile da osservare (e quindi il più famoso) è la Grande Macchia Rossa, o GRS (*Great Red Spot*). Probabilmente, questa tempesta ciclonica più grande della Terra è stata osservata per la prima volta nel 1665 dall'italiano Gian Domenico Cassini (direttore dell'Osservatorio di Parigi), anche se ci sono indizi circa l'osservazione da parte dell'inglese Robert Hooke un anno prima. È però possibile che i dettagli osservati da Cassini e Hooke non fossero la GRS: non si può esserne sicuri. La prima osservazione certa della GRS è del 1831, ad opera di S.H. Schwabe. La GRS si trova nella SEB, o Banda Equatoriale Sud, e così la sua longitudine è misurata nel Sistema II. Siccome il periodo di 9 ore, 55 minuti e 41 secondi a cui fa riferimento il Sistema II è solo un valore medio per tutti i dettagli non equatoriali, la longitudine della GRS varia nel tempo. Al momento della stesura italiana di questo libro (2007) la sua longitudine è circa 119°, ma sta lentamente crescendo. Per la verità, negli ultimi 130 anni si è spostata avanti e indietro rispetto al Sistema II, facendo il giro del globo di Giove ben cinque volte! Dal 1870 circa fino alla fine degli anni '30 è tornata indietro rispetto al Sistema II. Da allora, negli ultimi 60 anni, si è mossa in avanti, ma in modo molto più lento. Dal 1878 al 1882 la GRS divenne molto evidente e di colore rosso mattone. A un certo punto si allungò fino a 40.000 chilometri, il doppio della sua lunghezza attuale.

Il monitoraggio della velocità di deriva e dell'evoluzione della Grande Macchia Rossa e delle macchie più piccole sparse a ogni latitudine è lo scopo principale delle osservazioni di Giove. Il metodo utilizzato in passato per determinare la longitudine di una macchia consisteva nel misurare il tempo del transito della macchia sul meridiano centrale di Giove. Ora però, considerata l'alta qualità delle immagini con la *webcam*, è molto più accurato individuare la posizione di una macchia usando un cursore e misurarla direttamente, che stia passando o meno sul meridiano centrale. Probabilmente, il sistema più avanzato per la determinazione delle longitudini su Giove è il *software* JUPOS, sviluppato da Hans Joerg Mettig per la BAA.

Per capire la meteorologia di Giove è importante sapere che il pianeta può essere diviso in una serie di bande scure e zone chiare. Un neofita può essere in grado di identificare le due bande equatoriali scure, la SEB (*South Equatorial Belt*) e la NEB (*North Equatorial Belt*) e le regioni polari più scure (SPR e NPR). Oltre a queste, possono essere osservate anche attraverso un piccolo telescopio la *Equatorial Zone* (EZ) e le regioni biancastre tra le regioni polari e le bande equatoriali (NEB e SEB). Inutile dire che le cose sono molto più complicate di così e infatti, quando si analizzano immagini di Giove in alta risoluzione, ci si rende conto che il pianeta può essere diviso in 20 fra bande e zone (vedi la Figura 13.1).

Ma questo non è tutto. L'osservatore esperto vorrà capire non solo come riconoscere le bande e le zone ma anche che tipo di movimenti delle macchie aspettarsi al loro interno. Quando si osserva un'immagine della Terra ripresa da satellite si possono individuare i fronti delle perturbazioni ma non le direzioni dei venti e delle correnti atmosferiche. Giove ha un sistema di correnti atmosferiche lente associate alle caratteristiche più evidenti dell'atmosfera ma ha anche numerose correnti a getto (*jetstream*) sia progradi (concordi con la rotazione del pianeta) sia retrogradi (contrari alla rotazione del pianeta) ai confini tra bande e zone. Quando si guardano i rapporti degli osservatori di Giove si può restare confusi per due motivi. In primo luogo, le immagini planetarie vengono mostrate con il sud in alto (perché i telescopi astronomici mostrano all'oculare un'immagine rovesciata, e con le immagini digitali ci si adegua a questo standard). In secondo luogo, si usano frequentemente le lettere *p* e *f*. Queste lettere stanno per *precedente* e *seguente* (*following* in inglese). In altre parole, un oggetto precede un altro se, a mano a mano che il pianeta ruota, entra per primo nel campo di vista dell'osservatore.

Quando si osservano le zone color crema, le bande brunastre o gli altri dettagli di Giove, che cosa si sta guardando esattamente? L'atmosfera di Giove è principalmente composta da idrogeno (il 90%) ed elio compone quasi tutto il resto. Ma allora, da dove vengono i colori che si vedono? Questa non è una domanda a cui sia possibile rispondere in modo semplice. Infatti, nel libro di John Rogers *The Giant Planet Jupiter*, ben 20 pagine sono dedicate alla discussione della struttura verticale dell'atmosfera, ai colori visti dall'osservatore e alle caratteristiche delle "nubi". Anche dopo la missione della Galileo, non è possibile spiegare facilmente ciò che si sta guardando quando si osserva il disco di Giove sullo schermo del PC o direttamente all'oculare. Forse può sorprendere sapere che neppure la spettroscopia fornisce automaticamente una risposta. La situazione è estremamente complicata. Eppure, qualche semplificazione è possibile. In sintesi, i colori visti su Giove derivano da minuscole quantità di elementi chimici che non sono idrogeno o elio.

Le nubi bianche di cui sono costituite le zone chiare del pianeta gigante sembra siano formate da cristalli di ghiaccio di ammoniaca galleggianti nell'idrogeno gassoso (i gas riscaldati dal considerevole calore interno del pianeta gigante salgono nell'atmosfera di idrogeno e si raffreddano). Infatti, queste zone chiare sono più alte e più fredde delle bande scure.

I colori rosso-marrone, grigio-marrone o semplicemente marrone che caratterizzano la SEB e la NEB possono essere dovuti a polimeri di solfidrato ammonico.

La GRS è spesso la caratteristica di colore rosso o arancione più evidente dell'atmosfera di Giove, e il colore può essere causato dalla condensazione del fosforo. Attualmente, le immagini amatoriali riprese con la *webcam* sono di risoluzione abbastanza elevata da mostrare la rotazione della macchia stessa. Il vortice della GRS, caratterizzato da una velocità del vento fino a 360 chilometri all'ora, ruota in senso antiorario. Sul bordo esterno una rotazione viene completata in 12 giorni, mentre sul bordo interno si ha una rotazione completa ogni 9 giorni. Sembra che questo vortice sia una zona di alta pressione che si innalza di 8 chilometri sopra le nubi circostanti, a causa dei moti convettivi sottostanti.

Così come per le bande e le zone principali, Giove mostra dettagli più piccoli e difficili da individuare la cui terminologia può essere fuorviante per il neofita. I cinque termini più ambigui che è possibile incontrare sono: *festoon*, *barge*, *oval*, *spot* e *porthole*.

Un *festoon* è un filamento scuro, di solito di colore bluastro, che, partendo dal bordo meridionale di NEB, si proietta nella bianca zona equatoriale in senso contrario alla direzione di rotazione del pianeta. Esistono anche varianti di questa struttura, come i *loop festoon*, le *plume* o le *projection*.

Barge è un termine che, utilizzato per la prima volta dal Capitano Ainslie nel 1917, si riferisce a dettagli scuri e allungati con una tipica colorazione rosso bruna, tipo "sangue raggrumato". Ad Ainslie questi dettagli sembravano barconi arenati, a causa della bassa marea, sul bordo nord della NEB. *White oval*, è un termine generalmente utilizzato per descrivere gli ovali bianchi a lunga vita del pianeta, mentre il termine *white spot* indica dettagli più piccoli e di vita breve. Probabilmente, dopo la GRS, i tre ovali bianchi chiamati BC, DE e FA erano le caratteristiche di maggiore durata (anche se molto più piccole della GRS) che fossero state studiate dal momento dell'invenzione del telescopio e dell'inizio delle osservazioni rigorose di Giove. Questi ovali bianchi hanno dominato l'attività della *South Temperate Region* di Giove dal 1940 fino alla fine del XX secolo. Attualmente si sono fusi in un unico ovale, il BA, che da alcuni viene chiamato GRS Junior da quando ha sviluppato una colorazione rossastra, alla fine del 2005. Il termine *porthole* è spesso utilizzato per descrivere gli ovali bianchi anticiclonici posti in una banda scura come la NEB.

I maggiori cambiamenti dell'atmosfera di Giove

Di tanto in tanto, nell'atmosfera di Giove hanno luogo notevoli variazioni, che possono mutare l'aspetto del pianeta in modo significativo per un periodo di diversi anni. Una rapida occhiata alle fotografie prese negli ultimi cento anni rivela quanto le cose possono cambiare da un decennio all'altro, e spesso ancora più velocemente. Attualmente, la GRS ha circa la metà della lunghezza che aveva all'alba dell'era della fotografia astronomica tradizionale. Gli eventi maggiori, che possono catturare l'attenzione degli *imager* con la *webcam*, includono la fusione di *spot* e *barge* e l'interazione delle *spot* con il vortice della GRS. Ma il pianeta può dare luogo a eventi su scala molto più grande, e cogliere i primi segni di questi cambiamenti è estremamente importante. La GRS sta a cavalcioni sulla parte meridionale della SEB (di colore grigio, marrone o rossastro) e sulla più chiara *South Tropical Zone*. Tuttavia, periodicamente (di solito ogni cinque anni), la SEB perde di intensità per alcuni mesi, fino a quando la componente meridionale quasi non scompare del tutto. Di solito, questa dissolvenza dura da uno a tre anni, fino a quando non si ha un *revival* della SEB. Mentre la SEB è debole, la GRS tende a diventare più scura e rossa. Il *revival* della SEB inizia sempre con una macchia scura o con una banda scura che giace nel mezzo della SEB. Qualche volta è visibile anche una macchia chiara che precede la macchia o la scia scura. A questo punto, macchie scure nascono e si espandono a tutte le longitudini e la SEB, riacquistando intensità, viene ripristinata al suo stato precedente.

A latitudini simili, la *South Tropical Zone*, nella quale risiede la metà meridionale della GRS, può andare incontro ad altri tipi di eventi, noti come *South Tropical Disturbance*. C'è stata una *Great South Tropical Disturbance* dal 1901 al 1939, ma altri sei eventi hanno avuto luogo a partire dal 1850. Spesso, le *South Tropical Disturbance* iniziano alla fine del bordo precedente della GRS. Molto spesso si osserva una perturbazione scura influire sulla STB e sul bordo meridionale del SEB. Di solito, la perturbazione può durare per un anno o più.

Come la SEB, anche la NEB ha mostrato talvolta un indebolimento, seguito da un *revival* tre anni dopo. Tuttavia, l'indebolirsi della NEB è un evento molto meno eccezionale di quelli che si verificano nella NTB. La NTB è una banda molto più sottile della SEB o della NEB, e può scomparire completamente perdendo colore; in genere, lo fa ogni dieci anni. Occasionalmente, anche parti della NNTB sono scomparse contemporaneamente alla NTB.

Per l'osservatore di Giove c'è sempre qualcosa da monitorare.

Una volta che un nuovo *imager* di Giove ha acquisito l'esperienza necessaria, può voler contribuire con alcune delle proprie osservazioni agli archivi delle organizzazioni nazionali o internazionali, dove le immagini possono essere misurate e i risultati confluire in appositi *database*. L'appendice contiene una lista di siti *web* dove possono essere contattati i coordinatori delle principali organizzazioni di raccolta dati. Indubbiamente, John Rogers è il maggiore esperto della meteorologia gioviana e noi della BAA siamo fortunati ad averlo come direttore della sezione Giove, ma anche altre organizzazioni, come l'Association of Lunar and Planetary Observers (ALPO), hanno i loro bravi esperti.

Senza dubbio, l'evento più eccezionale accaduto su Giove è stato l'impatto con la cometa Shoemaker-Levy il 9 nel luglio 1994. Sfortunatamente, questo evento è accaduto alcuni anni prima che le *webcam* facessero la loro comparsa sulla scena dell'astronomia; ma non prima che alcuni *imager* amatoriali, come Donald Parker dalla Florida, si equipaggiassero con veloci camere CCD e iniziassero a riprendere immagini in alta risoluzione dei pianeti. Molti *imager* amatoriali e professionisti (tra cui io stesso) pensavano che l'impatto di un un insieme di nuclei cometari delle dimensioni di un chilometro con un pianeta gigante di 143.000 chilometri di diametro non avesse alcun effetto visibile. Eravamo in torto! Su Giove, come conseguenza degli impatti, sono apparse enormi macchie scure, più grandi della Terra! Se si lascia cadere una gocciolina d'inchiostro in acqua si produce un effetto simile: la differenza di volume può essere enorme ma l'inchiostro lascia un segno evidente.

Riprendere Giove con la *webcam*

Giove, se paragonato a Venere o a Marte, non è un pianeta con un'elevata luminosità superficiale. Sicuramente, è ben luminoso nel cielo serale, ma questo è dovuto principalmente alle sue dimensioni fisiche. Comunque, è molto più luminoso di Saturno e, fatto cruciale, è sufficientemente brillante da poter essere registrato facilmente con una *webcam*, anche con un'esposizione di solo 1/10 di secondo per congelare il *seeing*. Il problema maggiore con Giove è la velocità con cui ruota. Come abbiamo già visto in precedenza, la formula per calcolare la finestra temporale di una deriva massima pari a 0,5 secondi d'arco nel centro del disco, quando il pianeta sottende 45 secondi d'arco, è: $0{,}5/((3{,}14\times45)/590) = 2{,}1$ minuti. A differenza di Saturno, il cui globo ha meno della metà delle dimensioni angolari di Giove e in cui i dettagli sono molto meno marcati, se vogliamo fare dell'*imaging* con filtri può essere un vero problema mantenersi entro il margine di tempo massimo concesso. Con una *webcam* a colori, il cambio dei filtri non è necessario, ma quando gli astrofili mirano a risultati di maggiore qualità, utilizzano spesso filtri rossi, verdi e blu. Dividendo i 2,1 minuti per tre, si ottengono solo 40 secondi disponibili per ogni ripresa filtrata. Tuttavia, va sottolineato come diventi critico fare bene le cose quando si lavora al freddo, all'umido e al buio con poco tempo a disposizione. Una seduta tipica potrebbe essere la seguente. Si sta osservando attraverso gli squarci delle nubi. Sul vostro Schmidt-Cassegrain si forma la rugiada ed è necessario usare un asciugacapelli per pulire la lastra correttrice. Quindi bisogna attendere affinché la lastra correttrice (o lo specchio secondario del Newton) si riportino di nuovo alla temperatura ambiente. Purtroppo, quando sono tornati allo stato iniziale, cominciano di nuovo ad inumidirsi. In queste condizioni, bisogna cambiare il filtro ogni 40 secondi, rifocheggiare e ricentrare il pianeta. Infatti, durante il cambio del filtro, sarà inevitabile colpire leggeremente il tubo e spostare il pianeta al margine o al di fuori del campo inquadrato dal CCD (va ricordato che il campo di vista può essere ampio solo qualche primo d'arco). A meno che non si disponga di una ruota porta-filtri motorizzata molto scorrevole e di una montatura robusta per il telescopio, cambiare tre volte filtri in 2 minuti può essere un'attività snervante. Giove mostra un numero considerevole di dettagli quando si usa un filtro infrarosso (banda passante fra 700 e 1000 nanometri). L'uso di un filtro IR per la ripresa delle immagini permette di ottenere buoni risultati, specialmente quando Giove è basso sull'orizzonte, come mostrato nella Figura 13.10. *Imager* specializzati come Antonio Cidadao spesso riprendono immagini di Giove alle lunghezze d'onda IR delle bande del metano a 619, 727 o 890 nanometri; la banda a 890 nanometri è quella dove il metano assorbe più luce ed è la regione dello spettro più importante da studiare. Quando si usava la pellicola fotografica, questa regione spettrale era invisibile per l'*imager*.

Un'altra opzione ingegnosa, usata frequentemente da Damian Peach e dall'autore, consiste nel riprendere Giove attraverso filtri infrarosso/rosso e blu e sintetizzare il verde sommando i canali rosso e blu (vedi la Figura 13.11). Questa tecnica funziona eccezionalmente bene, e l'immagine nel rosso può mostrare dettagli molto fini. Tuttavia, correggere il bilan-

Figura 13.10. Immagini riprese nell'infrarosso (700-1000 nm) da Antonio Cidadao con uno SCT di 35 cm di diametro dal Portogallo. Sono mostrati gli emisferi opposti del pianeta, con la GRS ai bordi. Notare i fini dettagli visibili a questa lunghezza d'onda. Immagine: A. Cidadao.

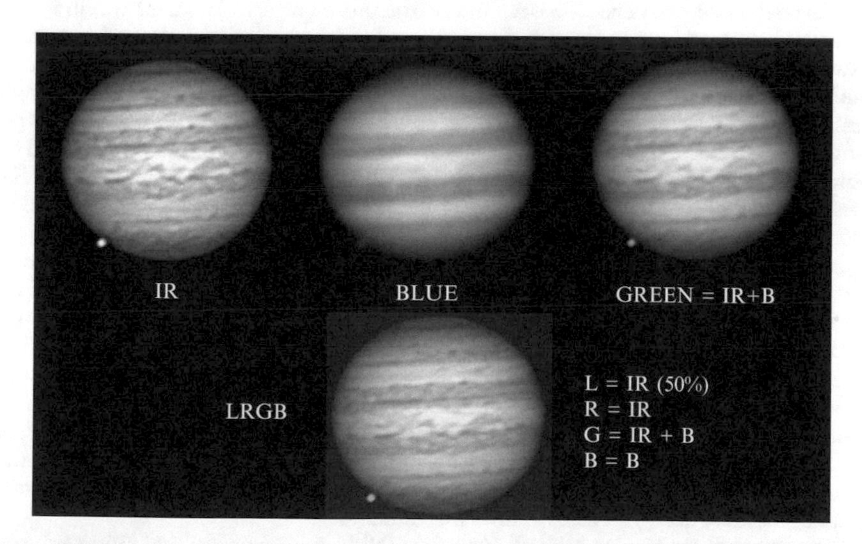

Figura 13.11. Quando Giove è basso sull'orizzonte e l'immagine è sfocata, si possono ancora ottenere buoni risultati usando solo due filtri: un filtro IR e un filtro blu. La figura mostra una immagine infrarossa (700-900 nm) e una blu riprese dall'autore il 28 marzo 2005. In alto a destra è visibile l'immagine verde sintetizzata sommando il canale infrarosso e quello blu. L'immagine in basso è un'immagine LRGB dove il 50% della luminanza è stato ottenuto dall'immagine IR (e l'altro 50% da R, G, B). Le informazioni sul colore RGB provengono dall'IR, dal verde sintetizzato e dall'immagine blu. Le immagini sono state sommate ed elaborate con *Registax*, mentre la sintesi LRGB è stata fatta con *Maxim DL*. Immagine: M. Mobberley.

ciamento dei colori per fare in modo che il pianeta abbia un aspetto naturale può essere una bella sfida. Nell'infrarosso, le lune di Giove appaiono molto luminose e quindi molto più rosse del normale nell'immagine a colori. Sfortunatamente, anche se il *seeing* e il contrasto migliorano sostanzialmente nella banda I, ci sono un paio di casi in cui i dettagli vengono persi. Infatti, i *barge* marroni della NEB non sono ben visibili alle lunghezze d'onda infrarosse, così come non lo sono certi dettagli arancioni come la NNTB. Questi dettagli alle lunghezze d'onda IR non sono così scuri come nel rosso e nel verde. La tecnica di sintesi del canale verde è utile, specialmente quando Giove è basso sull'orizzonte, dove il *seeing* e il contrasto sono normalmente più scarsi. Tuttavia, l'utilizzo di un vero filtro verde porta ad avere un contrasto migliore nella NEB, conferendole quel tipico colore rosso mattone che il verde sintetizzato non riesce a evidenziare.

Quando il pianeta è lontano dall'opposizione o le condizioni del *seeing* sono scarse, la finestra temporale per le riprese aumenta. Se Giove è appena emerso dalla congiunzione con il Sole, può avere un diametro di soli 30 secondi d'arco, e in questo caso, con lo stesso limite di 0,5 secondi d'arco per la deriva al centro del disco, ci sono tre minuti di tempo per raccogliere le immagini. Se Giove è basso e sfocato sull'orizzonte e non c'è alcuna speranza di ottenere immagini nitide, anche una ripresa di quattro minuti può permettere di produrre un'immagine molto piacevole, che mostra tutti i dettagli che le condizioni consentono di riprendere. Se la vostra immagine a colori è il risultato di una luminanza rossa/infrarossa e di un'immagine blu, con il verde sintetizzato, dovete preoccuparvi solo che l'AVI nel rosso abbia una lunghezza di due minuti. Solo l'occhio umano nota comunque la nitidezza della luminanza, e quando si allineano il blu e il verde sintetizzato con i dettagli nel rosso sul pianeta (cioè si allineano i dettagli, non il bordo), l'errore di allineamento influirà solo sulle regioni prossime al bordo planetario. Una soluzione alternativa al cambio dei filtri consiste nel lavorare con più *webcam*; una può essere utilizzata per la luminanza (B/N) e una per il colore (basta una normale *webcam* commerciale). Se si ha una Barlow o una Powermate per ciascuna delle *webcam*, bene ... basta rimuoverne una e fare scivolare dentro l'altra. Ma ci sono problemi anche con questo tipo di approccio. La *webcam* B/N e quella a colori avranno, invariabilmente, posizioni di fuoco leggermente diverse. Questo, a sua volta, può volere dire una lunghezza focale leggermente diversa e quindi una differente dimensione dell'immagine per il B/N e il colore. Un altro problema con questo approccio è che il PC e il *software* possono bloccarsi durante il passaggio da una *webcam* USB all'altra. L'ultima cosa con cui si vorrebbe avere a che fare, nei due o tre minuti della finestra di *imaging*, è riavviare il PC! Se si possiede un telescopio con un buon diametro e una postazione osservativa con *seeing* spesso buono, una *webcam* standard a colori può produrre immagini di Giove con un rapporto segnale/rumore molto alto con tempi di esposizione inferiori al solito 1/10 di secondo. Va ricordato che, per evitare la compressione e l'alterazione del segnale di una *webcam* dotata di cavo USB 1.1, è buona norma mantenersi a un *frame rate* di 10 *frame* al secondo, ma se nella finestra per i settaggi della *webcam* si riduce ancora il tempo di esposizione si otterrà un'esposizione ancora più breve (anche se il tempo indicato non è attendibile). In Florida, Don Parker ha ripreso immagini spettacolari di Giove usando una *webcam* ToUcam Pro e il suo Newton di 0,4 m a f/16, portato a f/14. La Florida è un sito rinomato per il buon *seeing*, e anche se ridurre la lunghezza focale può far perdere qualcosa in risoluzione nelle notti di *seeing* migliore, nelle notti mediocri faciliterà significativamente il centraggio del pianeta sul sensore; inoltre, i dettagli visibili saranno più nitidi.

Giove, essendo un pianeta privo di superficie solida, non sembrerà mai nitido sui *frame* grezzi prodotti dalla *webcam*, a meno che non si stia facendo *imaging* nell'infrarosso. Se si sta utilizzando un filtro IR, l'immagine IR dovrebbe essere la prima a venire messa a fuoco perché sarà la più nitida, e di solito si può evitare di rifocheggiare quando viene usato il filtro blu (il rifocheggiamento del verde è facoltativo se non viene sintetizzato da IR e blu). Ci sono altri due vantaggi nel sintetizzare il verde come una media "IR + blu" invece di usare un filtro verde distinto. In primo luogo, Giove, di solito, ha la stessa luminosità sia nell'infrarosso sia nel blu, quindi non si perde tempo ad abbassare il guadagno della *webcam* quando si riprende l'immagine verde (che è più luminosa). In secondo luogo, certi dettagli, specialmente le lune, sono molto luminosi nell'immagine IR e più deboli nel blu. Se il verde di un satellite è sintetizzato da un'intensa immagine rossa e da una più scura immagine blu, l'immagine risultante del satellite sarà un arancione non troppo intenso. Se si usa un vero canale verde, insieme all'IR e al blu, di solito le lune finiscono per assumere una colorazione rosso vivo. Ricordate che, quando si utilizza la tecnica LRGB, l'immagine di luminanza non deve contribuire necessariamente al 100% della luminanza stessa. Un'immagine LRGB composta al 100% da una luminanza IR e con il canale rosso sempre dovuto ai dati IR, può sembrare assai poco naturale. In *software* come *Maxim DL*, il contributo della luminanza può essere modificato nella miscela LRGB. Sembra che il rapporto più naturale sia quello dove la luminanza pesa per il 50%, cioè il 50% dall'IR e il 50% dai normali valori RGB, anche quando il rosso in realtà è l'IR stesso e il verde è stato sintetizzato. Così, in un *software* come *Maxim DL*, basta semplicemente impostare il rosso come IR, il blu come blu, il verde come la sintesi IR + blu e, infine, la luminanza come IR con un peso del 50%. Essenzialmente, si tratta di fare molte prove per vedere quale sia la combinazione che fornisce al pianeta l'aspetto più naturale possibile.

Quando si riprende Giove con una *webcam* commerciale, solo le lune e le loro ombre saranno sempre nitide; il resto del pianeta apparirà piuttosto come un disco grigiastro e slavato. Nell'*imaging* di Giove può essere una buona idea ridurre il valore del gamma nella finestra delle proprietà della *webcam*. Un valore elevato del gamma può rendere le zone di Giove troppo luminose, e c'è il rischio della saturazione con conseguente perdita di dettagli. Con Giove, è necessario avere i valori intermedi della luminosità leggermente più bassi del normale, in modo tale che le zone non perdano i particolari più evanescenti come, ad esempio, le *projection* e i *festoon* bluastri che dalla NEB si immettono nella zona equatoriale. La scomparsa dei dettagli può essere parzialmente compensata più avanti, usando anche altri *software*, a patto che il gamma originale della *webcam* venga lasciato invariato. In questo caso, sembra che un cambiamento del gamma da 1,0 a circa 0,6 funzioni bene. Usando una tipica *webcam* a colori come la ToUcam Pro, sembra che l'immagine di Giove esca con una strana colorazione verdognola. In questo caso, un buon rimedio consiste nell'alterare il colore del pianeta gigante, per aumentare il peso del rosso e diminuire quello del verde. In alternativa, un buon punto di partenza è la funzione di bilanciamento automatico del bianco di *Photoshop* (o di *software* simili). Come consiglio finale, valido con qualsiasi pianeta ma specialmente con Giove o Saturno, posso dire che conviene regolare la luminosità della *webcam* in modo tale che la parte più luminosa del globo del pianeta (cioè l'equatore o la regione del meridiano centrale) sia prossima alla saturazione. Questo consiglio può sembrare paradossale se si considera quello che ho appena detto sul gamma, ma assicurerà alla vostra immagine finale un buon intervallo dinamico.

Con Giove, il problema per tutti i fotografi è sempre stato l'oscuramento del bordo. Oggi, con i potenti *software* per l'*image processing* che ci sono a disposizione, non è più un grosso ostacolo, ma fare in modo che le parti più luminose dell'immagine arrivino effettivamente al 100% assicurerà che il bordo di Giove sia visibile e non talmente scuro da fare apparire il pianeta più piccolo di quanto non sia in realtà. La visibilità del bordo è inoltre essenziale se si vuole che l'immagine sia adatta per le misure di posizione dei dettagli. Se inviate le vostre immagini a un centro di raccolta per l'analisi, assicuratevi di conoscere esattamente l'ora e il minuto coincidente con l'istante di metà ripresa del filmato AVI. Questo dato può essere facilmente recuperato selezionando il file AVI con il pulsante destro del *mouse* e scegliendo "proprietà". Le date in corrispondenza di "creazione" e "modifica" vi diranno l'ora iniziale e finale della ripresa con la *webcam*. Naturalmente, quando si procede a questo controllo bisogna verificare che l'orologio del PC sia sufficientemente preciso (altrimenti vengono alterati tutti i valori delle longitudini dei dettagli). Se il PC è stato tenuto spento per alcune settimane, l'orologio può essere molto impreciso e una regolazione è assolutamente necessaria prima di iniziare le riprese.

Animazioni dell'atmosfera di Giove

Le immagini del pianeta gigante possono diventare particolarmente spettacolari se vengono utilizzate per creare un'animazione della rotazione planetaria. Considerato che Giove ruota in circa 10 ore, ha un buon diametro apparente e mostra molti dettagli, un insieme di immagini riprese a mezz'ora l'una dall'altra durante un periodo di alcune ore, può essere trasformato in un film molto spettacolare sulla rotazione dell'atmosfera. Nel giro di alcune ore, i dettagli visibili al lembo mattutino, deformati dalla prospettiva, diventano ben visibili quando transitano sul meridiano centrale e scompaiono successivamente alla vista quando si portano sul terminatore serale. Se nell'animazione possono essere inclusi un satellite (e/o la sua ombra), tanto meglio. Il formato GIF per le immagini si presta molto bene per questo tipo di lavoro. I *file* GIF sono "*lossless*" (cioè, l'immagine conserva tutte le informazioni anche se è compressa) e quando questo formato fu progettato da Compuserve, molto prima dell'era attuale, vi venne inclusa anche la funzione per le animazioni, cioè la possibilità di porre numerose immagini all'interno di uno stesso *file*. Mentre la compressione jpeg utilizza una funzione matematica che rende l'immagine a "blocchi" e la degrada a mano a mano che la compressione aumenta (per immagini planetarie la compressione dovrebbe essere sempre posta uguale a zero), il formato GIF codifica i dati senza degradarli, utilizzando un'economica "scorciatoia" digitale. Se in un'immagine GIF si trova una riga di *pixel* tutti con lo stesso colore e luminosità, la dimensione del *file* può essere ridotta significativamente. Da qui si capisce perché il formato dei diagrammi a blocchi, che di solito contengono solo pochi colori, sia il GIF. Le immagini GIF sono al più a 8 *bit* e quindi se si converte un jpeg in GIF a volte si può ottenere un'immagine innaturale, senza i colori con le sfumature intermedie. Nonostante questo, l'utilizzo del formato GIF animato è un ottimo modo per produrre brevi filmati, anche se con movimenti un po' a scatti. Inoltre, grazie alle ridotte dimensioni del *file*, le animazioni possono essere inviate con la posta elettronica senza intasare la casella *e-mail* del destinatario. Praticamente tutti i moderni *software* di *imager* includono una funzione per la creazione delle animazioni. Usando tecniche impiegate per la creazione di pagine *web* si possono ottenere anche jpeg animate ma, nel momento in cui scrivo, la creazione di GIF animate è di gran lunga più semplice. Il *software Paint Shop Pro* della Corel/Jasc ha un proprio animatore (Anim.exe), mentre *Photoshop* può produrre animazioni considerando ogni immagine come un "*layer*" diverso all'interno dell'immagine finale.

Figura 13.12. Anche quando Giove si trova a una bassa altezza sull'orizzonte, si possono ottenere animazioni spettacolari usando immagini riprese nell'infrarosso fra 700-1000 nm. Queste otto immagini sono state riprese in una notte dell'aprile 2005 e usate per creare una GIF animata. Immagini: Jamie Cooper.

Le mappe cilindriche

Un altro metodo per la rappresentazione dell'aspetto di un pianeta, a mano a mano che ruota attorno al proprio asse, consiste nel creare una mappa cilindrica (*stripmap*). Si tratta di comporre le immagini del disco planetario in modo da formare una lunga striscia rettangolare (in proiezione cilindrica), che mostri le regioni con latitudine compresa fra, diciamo, 60° sud e 60° nord e con longitudine fino a 360°. Un esempio di mappa di questo tipo, fatta da Damian Peach, è mostrato nella Figura 13.13. Ovviamente, in una mappa di questo tipo non è possibile includere le regioni polari, perché le zone a latitudini elevate sono sempre più distorte a mano a mano che ci si sposta verso quelle regioni. Anche a soli 60° di latitudine, la circonferenza del globo è solo la metà di quella all'equatore. Per creare mappe cilindriche a partire dalle immagini dei dischi planetari, si può usare *Iris*, il già citato *software* per l'acquisizione e l'elaborazione delle immagini sviluppato da Christian Buil, oppure l'ottimo *WinJupos* di Grischa Hahn, *software* specializzato per la misura di posizione dei dettagli planetari (di tutti i pianeti del Sistema Solare) e la costruzione di mappe (**http://www.grischa-hahn.homepage.t-online.de/astro/winjupos/**). Infine, vorrei terminare questo capitolo con una delle più impressionanti immagini di Giove che abbia mai visto. La Figura 13.14 è stata ripresa da Damian Peach utilizzando uno SCT con un'apertura di soli 235 mm. A prima vista assomiglia a un'immagine fatta con il Telescopio Spaziale "Hubble": davvero straordinaria!

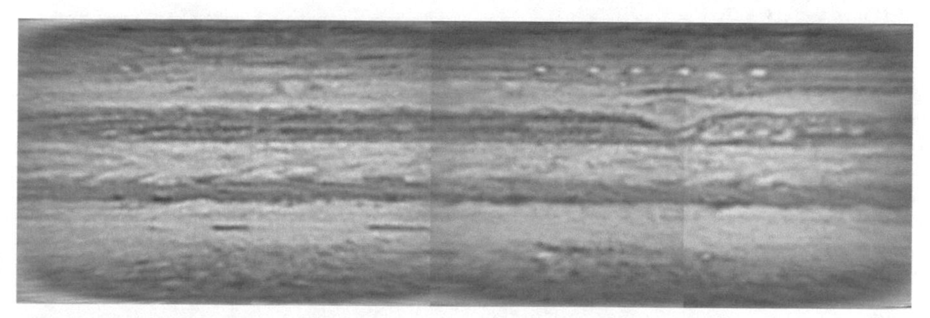

Figura 13.13. Una mappa cilindrica di Giove (*stripmap*), che copre tutti i 360° di longitudine, costruita con immagini riprese in due periodi di cinque ore nelle notti del 28 e 29 gennaio 2003. Celestron 11 con una *webcam* ToUcam Pro. Immagine: Damian Peach.

Figura 13.14. Questa notevole immagine di Giove è stata ottenuta alle Barbados da Damian Peach, il 23 aprile 2005. Per la ripresa sono stati usati un Celestron C 9.25 e una video camera Lumenera. L'immagine è composta da 3×1000 *frame*, ripresi a 17 *frame* al secondo.

CAPITOLO QUATTORDICI

L'*imaging* di Saturno

Senza alcun dubbio, Saturno è il pianeta che tutti, almeno una volta nella vita, dovrebbero osservare attraverso un telescopio. La maggior parte delle persone, prima o poi, guarda la Luna con un binocolo o un piccolo telescopio. Per Saturno è diverso. A occhio nudo esso ha l'aspetto di una stella luminosa: non è evidente che si tratti di un pianeta. Così, a meno di sapere dove si trova esattamente in cielo, lo si trascura. Però, una volta trovato e puntato con il telescopio, la visione è ipnotica. A un primo sguardo, sembra persino incredibile che un pianeta possa essere completamente circondato da un sistema di anelli: quella che ci appare è la scena di un film di fantascienza!

Saturno orbita intorno al Sole a una distanza media di 1427 milioni di chilometri, pari approssimativamente a 9,4 volte la distanza della Terra dal Sole. La luce impiega 8,3 minuti per andare dal Sole alla Terra e ben 80 minuti per arrivare fino a Saturno. Anche quando Saturno è alla minima distanza dalla Terra, la sua luce impiega più di un'ora per raggiungerci.

Anche se il globo di Giove (con un diametro equatoriale di 142.880 km) è quasi il 20% più grande di quello di Saturno (diametro equatoriale di 120.536 km), il sistema degli anelli di Saturno ha l'incredibile diametro di 274.000 km, pari al 70% della distanza fra la Terra e la nostra Luna. Gli anelli di Saturno sono la più grande struttura, apparentemente solida, che orbita intorno al Sole. Attenzione, però, perché non si tratta affatto di una struttura solida, ma di una miriade di piccoli blocchi di roccia e ghiaccio.

Saturno impiega 29,4 anni per compiere un'orbita completa intorno al Sole, e durante questo intervallo dalla Terra si può esaminare prima l'emisfero settentrionale del pianeta e la faccia settentrionale degli anelli, poi l'emisfero meridionale e la faccia meridionale degli anelli. Naturalmente, questo comportamento è dovuto al fatto che l'asse di rotazione di Saturno è inclinato rispetto al piano di riferimento del Sistema Solare (il piano dell'eclittica, quello dove giace l'orbita della Terra). L'inclinazione dell'asse di rotazione del pianeta è di 26° 44′, cioè quasi 27° ed è grazie a questo fatto che siamo in grado di avere una buona visione del sistema degli anelli. Se Saturno avesse un'inclinazione dell'asse di rotazione relativamente bassa, ad esempio come quella di Giove (solo 3°), non sarebbe possibile godere visioni spettacolari attraverso il telescopio come quelle che Saturno ci regala con i suoi anelli ben inclinati verso la Terra. Inutile dire che, quando il pianeta si sposta lungo la sua orbita, sembra che gli anelli si chiudano, e si arriva a un punto in cui li si vede perfettamente di taglio. Di fatto, quando gli anelli sono visibili di taglio, si verifica tutta una sequenza di eventi particolari: mentre il Sole attraversa il piano degli anelli, illuminando prima una faccia e poi l'altra, la Terra, che nel frattempo si sposta lungo la sua orbita, può trovarsi appena sopra o appena sotto tale piano, e la situazione si ripete più volte. Essere testimoni di questa sequenza di eventi può essere affascinante anche se, dopo che Saturno è stato visitato dalle sonde spaziali, probabilmente l'importanza scientifica di queste osservazioni è ormai scarsa. L'inclinazione degli anelli di Saturno e l'effetto di parallasse che si ha a mano a mano che la Terra orbita intorno al Sole, sono i motivi per cui gli anelli non si aprono e chiudono con regolarità; ci possono essere pause di alcuni mesi nel processo di apertura/chiusura: tutto dipende dalla posizione relativa fra la Terra e Saturno.

Dato che l'orbita di Saturno non è un cerchio perfetto, l'intervallo tra due visioni di taglio successive degli anelli non è sempre uguale. Si vede la faccia meridionale degli anelli per 13 anni e 9 mesi, quella settentrionale per 15 anni e 9 mesi. Mentre è visibile la faccia meridionale, Saturno raggiunge il perielio della sua orbita e viene a trovarsi in opposizione con un'elevata declinazione settentrionale, come si è verificato, ad esempio, il 31 dicembre 2003. Questa è una configurazione favorevole per gli osservatori che, come me, si trovano alle alte latitudini settentrionali. Gli anelli saranno ancora visibili di taglio (rispetto al Sole) il 10 agosto 2009, il 5 maggio 2025 e il 22 gennaio 2039. Saturno si trova in opposizione circa due settimane più tardi ogni anno.

Le lune di Saturno

A differenza di Giove, Saturno ha un solo satellite veramente grande, Titano, l'unico satellite ad essere dotato di un'atmosfera e la seconda luna, per dimensioni, del Sistema Solare: solo Ganimede, uno dei satelliti di Giove, ha un diametro maggiore. Titano ha un diametro di 5150 km, mentre Ganimede arriva a 5268 km. Può sorprendere sapere che Mercurio, un pianeta, ha un diametro di soli 4878 km, e quindi è più piccolo di entrambi i satelliti. Titano orbita intorno a Saturno ogni 16 giorni (un periodo di rivoluzione molto simile a quello di Callisto intorno a Giove), ma, dato che l'inclinazione dell'asse di rotazione di Saturno è quasi 27°, vedere Titano transitare sul disco di Saturno, con la sua ombra proiettata sul pianeta, è un evento osservabile forse una sola volta nella vita. L'immagine di un evento così raro sarà molto apprezzata: tenetevi pronti per il 2009! Durante la visione di taglio del 1995/1996 avevo identificato solo cinque notti scarse in cui Titano, la sua ombra o entrambi potevano attraversare il disco del pianeta, con il pianeta a un'altezza decorosa sull'orizzonte (visto dall'Inghilterra). Inutile dire che tutte e cinque le notti il tempo funuvoloso!

Visto dalla Terra, il disco di Titano mostra un diametro apparente di soli 0,8 secondi d'arco. Anche se gli astrofili, utilizzando una *webcam*, possono risolvere alcuni dettagli superficiali sui grandi satelliti galileiani di Giove, non sono affatto sicuro che sia possibile risolvere dettagli su Titano. Essendo un disco gassoso a basso contrasto, qualsiasi affermazione sulla risoluzione di dettagli è praticamente impossibile da provare (a meno che non ci siano osservazioni contemporanee fatte da due osservatori indipendenti). Nonostante il piccolo diametro apparente, nel 1908 l'osservatore spagnolo José Comas Sola è stato il primo a rendersi conto che Titano era circondato da un'atmosfera, percependo la presenza di un oscuramento al bordo del satellite (tipico segno della presenza di un involucro di gas).

Saturno ha un solo satellite di ottava magnitudine – rispetto alle quattro lune di quinta magnitudine di Giove – però può vantare molte lune più deboli, alla portata sia dell'osservatore visuale, sia della *webcam*. La Tabella 14.1 elenca tutte le lune di Saturno nel *range* visuale/*webcam* di un telescopio amatoriale di 25-35 cm di apertura. I satelliti sono elencati in ordine di luminosità decrescente secondo il valore della magnitudine all'opposizione. Le

Tabella 14.1 Le lune di Saturno

Satellite	Periodo orbitale (giorni)	Distanza (10^6 km)	Diametro (km)	Magnitudine
Titano	15,95	1,22	5150	8,3
Rhea	4,52	0,53	1528	9,7
Tethys	1,89	0,29	1058	10,2
Dione	2,74	0,38	1120	10,4
Iapetus	79,3	3,56	1460	10,2–11,9
Enceladus	1,37	0,28	~500	11,7
Mimas	12,9	0,19	~400	12,9
Hyperion	21,3	1,48	~300	14,2

distanze sono rispetto al centro di Saturno ed espresse in milioni di chilometri.

Iapetus ha una magnitudine variabile perché un emisfero è di colore chiaro mentre l'altro è molto più scuro; quindi, dato che la rotazione assiale è sincronizzata con il periodo orbitale, Iapetus appare cinque volte più scuro quando si trova a est di Saturno, rispetto a quando sta a ovest.

A questo punto vorrei fare una piccola divagazione e parlare della sensibilità delle *webcam* e della magnitudine limite, un argomento che si presenta spesso quando si fa l'*imaging* di Saturno e delle sue lune. Quando si riprendono i pianeti con una *webcam* usando grandi lunghezze focali, si potrebbe pensare che i tempi di esposizione siano troppo brevi (di solito 1/10 di secondo) per poter rivelare i satelliti più deboli. Quindi è sempre una sorpresa quando, regolando la luminosità e il contrasto dell'immagine, si vedono emergere i satelliti dal fondo cielo. Questo comportamento non dovrebbe apparire però troppo strano: basta pensare a quello che l'occhio umano può rilevare. Fare un confronto fra l'occhio e il CCD è un argomento di discussione interessante. I rivelatori che la retina usa per la visione, noti come *bastoncelli*, sono estremamente sensibili alla luce, anche se la loro risoluzione è abbastanza scarsa. In confronto, i *pixel* di una *webcam*, hanno una risoluzione maggiore ma soffrono del rumore di lettura alla fine di ogni esposizione da 1/10 di secondo. La *webcam* però ha due grossi vantaggi: non resta "abbagliata" se osserva zone vicine a un pianeta, e si possono sommare migliaia di *frame* per ridurre il rumore. Infatti, se si confronta il risultato della somma di migliaia di *frame* ripresi con grandi lunghezze focali con le prestazioni dell'occhio umano, il risultato è sorprendentemente simile. Così, a f/30 anche una *webcam* commerciale a colori, usata con un'apertura di 250 mm di diametro e in condizioni di buona trasparenza, può registrare Rhea, Tethys, Dione e Enceladus se si esalta il contrasto dell'immagine. In altre parole, si possono registrare stelle e satelliti fino alla magnitudine 11 senza troppa difficoltà. Naturalmente, Tethys e Dione sono le due lune registrate più di frequente sulle immagini CCD di Saturno, non solo perché sono relativamente brillanti, ma anche perché sono sempre vicine al pianeta. Titano, malgrado sia il satellite più luminoso, è generalmente troppo lontano per essere inquadrato con il pianeta (è più facile quando gli anelli sono visti di taglio), mentre Rhea viene catturato molto più spesso. Enceladus ha una magnitudine al limite dell'osservabile, mentre Iapetus, di solito, è troppo distante da Saturno per rientrare nel campo di vista del CCD. Diminuire il rapporto focale a f/10 e utilizzare una *webcam* in B/N può aumentare significativamente il numero di satelliti ripresi. A f/10 il campo di vista è più largo e la luminosità maggiore, quindi si possono riprendere Mimas e le stelle di campo fino alla magnitudine 13. La possibilità di registrare tutte queste lune non deve stupire, dato che Saturno stesso ha una luminosità superficiale molto bassa e non è un ostacolo per l'osservazione degli oggetti più deboli. Considerato che la distanza Saturno-Sole è pari a 9,4 volte la distanza Terra-Sole, il flusso della luce solare è circa 90 volte inferiore a quello che investe la Terra e la luminosità del globo, per ogni secondo d'arco quadrato, è circa di magnitudine +7. Di tanto in tanto, Saturno e i suoi anelli occultano stelle ragionevolmente luminose (cioè di magnitudine 10 o inferiore). Negli ultimi anni, gli astrofili hanno ottenuto qualche successo nell'*imaging* di questi eventi e le animazioni prodotte sono affascinanti da vedere, perché le stelle sono oscurate gradualmente dagli anelli, scompaiono e quindi brillano nuovamente nel passaggio dietro la Divisione di Cassini! Sfortunatamente, ancora una volta, le nubi possono fare naufragare tutti i piani per la ripresa di questi eventi critici. Se la stella appare molto debole, è meglio rimanere a f/10, o aumentare il tempo d'esposizione della *webcam* a 1/5 di secondo, in modo tale che la stella venga registrata con un migliore rapporto segnale/rumore

La meteorologia di Saturno e i grandi ovali bianchi

Quando il neofita osserva Saturno attraverso l'oculare, il globo del pianeta sembra abbastanza uniforme e privo di dettagli. Anche se Saturno è dotato di fasce equatoriali, tropicali e temperate e di zone (vedi la Figura 14.1), non c'è niente sul disco che possa rivaleggiare con la Grande Macchia Rossa di Giove o anche solo con le bande equatoriali nord e sud del pianeta gigante. Indubbiamente, i responsabili dell'attività atmosferica gioviana sono l'enorme quantità di calore prodotto dall'interno di Giove, combinata con la sua prossimità al Sole. Infatti, è il calore la forza che sta alla base dei sistemi meteorologici planetari; inoltre, i cristalli di ammoniaca nell'atmosfera di Saturno formano uno strato ad alta quota che tende a dare al pianeta il suo aspetto uniforme. I dettagli con dimensione maggiore di 3000 km di diametro sono molto rari nell'atmosfera di Saturno. Tuttavia, si verifica un fenomeno interessante quando gli anelli sono prossimi alla loro massima inclinazione rispetto al Sole e l'emisfero settentrionale, o quello meridionale, giacciono nell'ombra degli anelli. In queste condizioni, l'emisfero in ombra si raffredda rispetto all'altro, e quando riemerge alla luce solare spesso ha una tinta bluastra, simile a quella dei più freddi Urano e Nettuno.

Anche se di primo acchito il pianeta si mostra privo di dettagli, un esperto osservatore visuale può individuare facilmente alcune delle caratteristiche mostrate nelle migliori immagini riprese con la *webcam*. La zona equatoriale di Saturno, così come quella di Giove, è luminosa e di color crema se paragonata ad aree poste a latitudini più elevate.

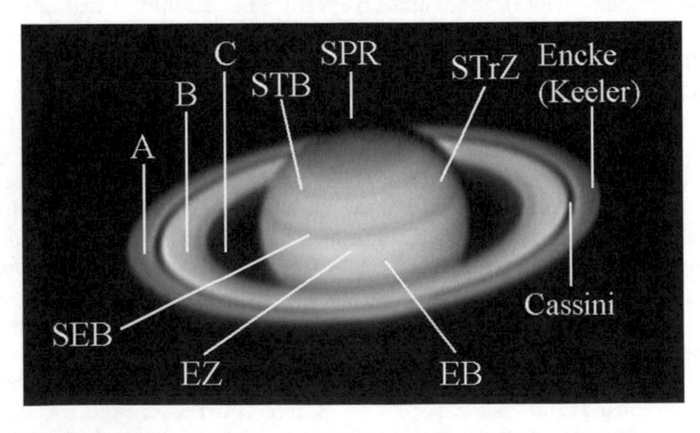

Figura 14.1. Nomenclatura degli anelli, delle divisioni e delle fasce di Saturno. Immagine e diagramma: M. Mobberley.

Più oscure e brunastre sono le bande SEB e NEB, poste ad alte latitudini da entrambi i lati della zona equatoriale. Le bande equatoriali di Saturno non sono in nessun modo paragonabili alla SEB o alla NEB di Giove. Tuttavia, i migliori osservatori, usando una *webcam* in notti con ottimo *seeing* e ricorrendo alle moderne tecniche di elaborazione, ottengono immagini che mostrano una certa ricchezza di sottili dettagli. Le regioni polari sono particolarmente interessanti quando sono riprese dal Telescopio Spaziale "Hubble" (vedi Figura 14.2) o dai migliori astrofili del mondo. Infatti, esattamente sul polo, all'interno delle regioni polari sud e nord (SPR e NPR), è visibile un minuscolo cerchio oscuro, che assomiglia un po' al centro di un bersaglio per il gioco delle freccette. Di solito, questa regione è circondata da bande oscure concentriche di diversi colori anche se molto tenui. In questi ultimi anni, l'intera regione polare dell'emisfero meridionale ha assunto talvolta un colore verdognolo, ma nelle zone più vicine al polo sono state viste bande di colore rosso/marrone, blu scuro o giallo scuro. Le sequenze di immagini riprese con la *webcam* da Damian Peach negli anni dal 2002 al 2005 mostrano questi colori e, consultando gli astronomi professionisti che utilizzano l'"Hubble", si è avuta la conferma che questi colori sono reali e che non cambiano su scale temporali brevi. Schematicamente, si può dire che nel 2002-2003 il collare del cappuccio polare principale era di un colore marcatamente verdognolo, mentre nel 2004-2005 era principalmente di un colore arancione/rosso. Nel 1999, il collare della SPC era di un colore rosso scuro, che si è schiarito ed è diventato blu pallido nel 2000. Prima della rivoluzione delle *webcam* solo l'"Hubble" poteva seguire questi cambiamenti.

Secondo gli astronomi, tali cambiamenti di colore nell'atmosfera di Saturno molto probabilmente sono causati da piccole variazioni delle dimensioni degli aerosol nei livelli atmosferici superiori (talvolta a livello stratosferico, alla pressione di circa 10 mbar, talvolta nel livello superiore della troposfera, al livello di 70 mbar). Un cambiamento di dimensioni da 0,5 a 1,5 micrometri può produrre la variabilità di colore osservata. In alcuni casi è anche possibile avere cambiamenti nella composizione dell'aerosol (in particolare nella stratosfera, a causa della fotochimica o del bombardamento di particelle cariche provenienti dai poli magnetici), che fa variare l'indice di rifrazione delle particelle.

Oltre a questi tenui fenomeni atmosferici, Saturno produce occasionalmente anche grandi tempeste nella zona equatoriale, che diventano evidenti anche con piccoli telescopi. Queste "grandi macchie bianche" possono essere di dimensioni eccezionali e aumentare la luminosità dell'intera *Equatorial Zone* su tutta la circonferenza del pianeta. Grandi macchie bianche sono state osservate negli anni 1876, 1903, 1933, 1960 e 1990, cioè a intervalli molto vicini al periodo orbitale di Saturno intorno al Sole, pari a 29,4

Figura 14.2. Saturno ripreso dal Telescopio Spaziale "Hubble" il 22 marzo 2004. Si tratta di un'immagine elaborata in modo tale da mostrare, presumibilmente, i colori naturali del pianeta. Immagine: NASA STScI/ESA.

anni. In base a questa periodicità, la prossima è attesa per il 2020. Senza dubbio, la grande macchia bianca più pubblicizzata è stata quella del 1933. Non solo era un struttura spettacolare, ma la sua scoperta fu fatta dal famoso attore britannico Will Hay il 3 agosto di quell'anno! La macchia, mostrata nella Figura 14.3, rimase visibile per sei settimane.

In anni recenti, grazie alle osservazioni condotte dall'"Hubble" e dai migliori astrofili del mondo, è diventato chiaro che piccole macchie bianche, di solito con un diametro fra 2000 e 3000 chilometri, possono essere rilevate anche da telescopi amatoriali di soli 25 cm di apertura. Macchie scure sono state riprese anche a latitudini più elevate, in prossimità delle regioni polari. Tali macchie sono dettagli con un contrasto molto basso e solo le migliori immagini amatoriali, riprese in condizioni di *seeing* quasi perfette, le possono mettere in evidenza.

Saturno ripreso con la *webcam*

Per l'*imager* con la *webcam*, Saturno è sicuramente uno degli obiettivi più stimolanti e gratificanti da riprendere. Il problema maggiore che pone il pianeta degli anelli consiste, semplicemente, nella sua bassa luminosità superficiale. Il globo di Saturno è 16 volte più debole di Marte e ha un terzo della luminosità di Giove. Pur usando il massimo tempo di esposizione possibile per un video AVI, cioè 1/5 di secondo (ottenibile con un *frame-rate* di 5 *frame* per secondo), anche se 1/10 di secondo sarebbe meglio (per congelare il *seeing*), l'immagine *raw* di Saturno, con rapporti focali di f/25-f/30, è sempre debole e "rumorosa". Naturalmente, usando un telescopio con un'apertura maggiore si può avere un rapporto focale pari o inferiore a 20 e questo migliora il rapporto segnale/rumore, ma più grande non sempre è sinonimo di migliore. Come abbiamo visto all'inizio di questo libro, i telescopi con più di 25 cm di diametro hanno una massa termica considerevole e alcuni richiedono anche alcune ore per portarsi alla temperatura ambiente notturna; specialmente quelli con uno specchio avente uno spessore maggiore di circa 45 mm. Raramente, i telescopi di grande diametro in mano agli osservatori amatoriali hanno la stessa qualità ottica di quelli più piccoli; inoltre, esclusi gli strumenti installati in un Osservatorio permanente sono anche più difficili da usare. In quest'ultimo caso, anche le massicce cupole degli Osservatori possono causare ulteriori problemi termici. Negli ultimi anni gli astrofili, utilizzando telescopi Schmidt-Cassegrain, Newton e Maksutov con diametro compreso nell'intervallo fra 23 e 30 cm, hanno ripreso immagini di Saturno che reggono il confronto con quelle prese da strumenti al suolo molto più grandi. Spesso, i telescopi con un'apertura maggiore di 35 cm hanno problemi termici insormontabili, a meno che non siano equipaggiati con ventole per il raffreddamento o siano utilizzati all'alba, quando tutto è all'equilibrio termico. Mentre per la Luna sono state ottenute ottime immagini nel rosso usando

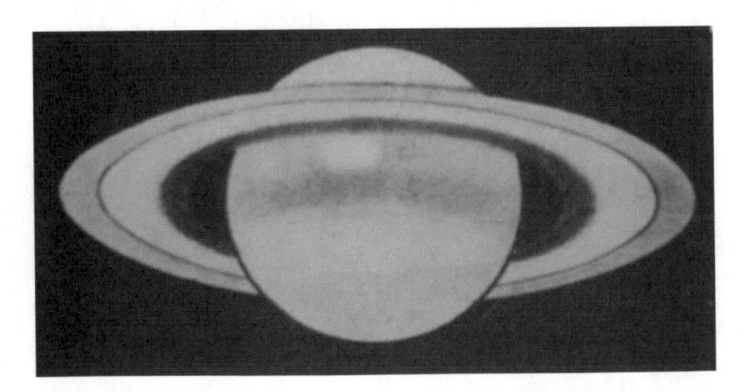

Figura 14.3. La grande macchia chiara di Saturno scoperta dall'attore Will Hay il 3 agosto 1933. Questo disegno, fatto da Hay, è tratto dal Volume 44 del *BAA Journal*.

telescopi amatoriali di 45, 50 o 60 cm di apertura, lo stesso non si può dire per le immagini planetarie a colori, dove è raro riuscire a battere le migliori immagini ottenute con un 25 cm. Naturalmente, un altro fattore che va tenuto presente è l'apertura massima consentita dall'atmosfera. Come osservatore con più di trent'anni di esperienza, tutti trascorsi utilizzando telescopi da 22 a 49 cm di diametro, posso dire che nel 95% delle notti un'apertura di 25 cm fornirà immagini buone come mai ci si aspetterebbe dalla Gran Bretagna, mentre un'apertura più grande darà spesso una miriade di immagini multiple: in altre parole, un'apertura più grande può essere peggiore! Naturalmente, come ogni regola, ci sono le eccezioni, e i risultati di Don Parker dalla Florida e di Isao Miyazaki dal Giappone, con i loro riflettori di 0,4 m in siti eccellenti, provano che strumenti di alta qualità, nelle mani giuste, possono fornire ottimi risultati, anche se non rendono più di un'apertura di 25 cm. Come ho già detto in questo libro, Maurizio Di Sciullo dalla Florida, nel momento in cui scrivo, sta costruendo un Newton planetario di 36 cm di diametro con un primario raffreddato ad acqua per cercare di superare i problemi di raffreddamento della massa di vetro dello specchio.

Assumendo di utilizzare un telescopio con un'apertura di circa 25 cm, che cosa possiamo ottenere da un'immagine debole di Saturno? Una *webcam* a colori standard come la ToUcam Pro, nelle mani di un esperto come Damian Peach, può ancora produrre immagini spettacolari di Saturno, specialmente quando il pianeta è a una buona altezza sull'orizzonte, il che minimizza la dispersione dei colori. Una delle immagini di Damian, ottenute con la ToUcam, è mostrata nella Figura 14.4. Un'alternativa consiste nell'utilizzare una *webcam* monocromatica in B/N, come la ATiK-1HS (più sensibile del modello a colori), per riprendere un'immagine di luminanza senza filtri e poi usare i filtri rosso, verde e blu per acquisire il colore. Oppure si possono sommare le immagini rossa e verde per creare un'ottima immagine di luminanza. Un'altra opzione consiste nell'usare la *webcam* con il *frame-rate* più basso, ovvero 5 *frame* al secondo. Come abbiamo già visto, a 5 *frame* al secondo la maggior parte delle *webcam* in modalità manuale espone per 1/5 di secondo, indipendentemente dal tempo di esposizione

Figura 14.4. Saturno, ripreso il 28 ottobre 2003 da Damian Peach, utilizzando uno SCT Celestron 11 di 280 mm di apertura f/30 e una *webcam* ToUcam Pro. Per l'immagine finale sono stati sommati 3000 *frame* ripresi con un'esposizione di 1/5 di secondo. L'immagine *raw* sommata è in alto, quella elaborata finale in basso. Immagine: D. Peach.

mostrato dal *driver*, spesso ingannevole. Naturalmente, quando il *seeing* è scarso, 1/5 di secondo non è sufficiente a congelare l'immagine. Se l'immagine sullo schermo del PC è debole, è facile farsi prendere la mano e aumentare il guadagno della *webcam* portandolo al 100%. Sfortunatamente, questo genererà *frame* estremamente rumorosi. Di solito, un'immagine debole (ma chiaramente visibile) ha un rapporto segnale/rumore migliore di una ripresa con il guadagno alto. Per questo motivo è meglio portare il guadagno della *webcam* non più su dell'85%. Un argomento collegato a questo contesto è che i bassi livelli di illuminazione possono confondere le impostazioni automatiche di bilanciamento del colore di una *webcam* commerciale. Ancora, un altro possibile fattore collegato al rumore è la temperatura ambiente. Per questo problema non si può fare molto, fuorché il raffreddamento, Peltier o aria, del *chip* CCD della *webcam*. Il raffreddamento ad aria dell'elettronica della *webcam* può ridurre la temperatura del *chip* di 6 o 7 °C, dimezzando così il rumore elettronico, ma un serio raffreddamento Peltier introduce potenziali problemi di condensazione che, a loro volta, possono portare ad artefatti durante l'elaborazione dell'immagine. Inoltre, nei *frame* della *webcam* è il rumore di lettura e non quello termico la parte dominante. Le *webcam* con raffreddamento Peltier sono veramente necessarie solo per le lunghe esposizioni o quando si opera in climi tropicali caldi. Per Saturno, un approccio alternativo consiste nel non utilizzare la *webcam*. Le moderne camere CCD raffreddate hanno l'interfaccia USB, tempi di scaricamento veloci e una efficienza quantica estremamente elevata. Possono anche fare esposizioni molto più lunghe di 1/5 di secondo ma, di nuovo, questo riduce la possibilità di congelare il *seeing*. Naturalmente, una *webcam* può costare anche meno di 100 euro, mentre una camera CCD dedicata può costare più di 1000 euro. Per selezionare i *best frame* e sommarli si possono usare *software* tipo il *planet master* della SBIG. Usando una camera CCD raffreddata su Saturno si finirà con il sommare 100 o 200 *frame* invece di migliaia di *frame* rumorosi come quelli ottenibili dalla *webcam*. Tuttavia, non è il caso di essere troppo pessimisti. Usando la *webcam* con rapporti focali alti come f/40 e sommando migliaia di singoli *frame*, sono state ottenute ottime immagini di Saturno. Una di queste, presa con un'apertura di 235 mm, è mostrata nella Figura 14.5.

Figura 14.5. Questa eccellente immagine di Saturno è stata ripresa l'11 dicembre 2004 con uno strumento relativamente modesto, uno SCT Celestron 9.25 (apertura di 235 mm) portato a f/40. Per comporre l'immagine a colori, sono stati usati migliaia di *frame* ripresi con i filtri rosso, verde e blu con una *webcam* ATiK-HS. Immagine: Damian Peach.

La finestra temporale di Saturno

Per fortuna, Saturno ha un grande vantaggio rispetto a Giove. Il disco del pianeta ha un diametro di circa 20 secondi d'arco, meno della metà di quello di Giove all'opposizione, quindi deve passare più tempo prima che i dettagli equatoriali, ruotando, si spostino di oltre 0,5 secondi d'arco. Anche il periodo di rotazione, 10 ore e 14 minuti, è leggermente più lungo di quello di Giove. Un altro fattore positivo è che il disco di Saturno non mostra dettagli ad alto contrasto, quindi ha poca importanza anche se c'è un po' di "mosso". Inoltre, la maggior parte dei dettagli di Saturno si trovano a latitudini relativamente alte: un punto a 60° nord o sud, quando transita sul meridiano centrale, viaggia a metà della velocità rispetto a un punto posto sull'equatore. Ogni anno, nelle regioni polari, si verificano leggeri cambiamenti di colore che possono essere registrati dagli *imager*, come mostrato nella Figura 14.6. Per quanto riguarda il mosso delle immagini a causa della rotazione del pianeta, il fatto è che, se non si sommano insieme migliaia di *frame* ripresi con la *webcam*, a f/30 le deboli macchie di Saturno a basso contrasto non emergeranno mai dal rumore, a meno che non si utilizzino solo immagini riprese nel rosso, dove il CCD è più sensibile e il *seeing* generalmente migliore. Per registrare i colori più tenui e le sottili fasce di Saturno può essere necessario andare ben oltre il limite di 0,5 secondi d'arco che ci siamo imposti. Per cogliere i leggeri cambiamenti di colore delle regioni polari è lecito riprendere per 15 minuti o quasi. Se l'equatore si sposta per più di 1 secondo d'arco ma non ci sono dettagli, perché preoccuparsi?

Applicando la nostra ben nota formula, inserendo 20 secondi d'arco per il diametro all'opposizione del pianeta e 614 minuti per il periodo di rotazione, si trova:

$$0{,}5/((3{,}14 \times 20)/614) = 4{,}9 \text{ minuti}$$

In pratica, aumentare questo valore fino a circa 6 minuti non produrrà alcun mosso notevole sulle macchie ad alta latitudine. Una finestra temporale di 6 minuti è ovviamente molto più comoda per cambiare i filtri, rispetto ai soli 2 minuti di tempo concessi da Giove. A 10 *frame* al secondo, si possono ottenere fino a 3600 *frame;* e anche se la metà va scartata perché di qualità scadente, un'immagine formata da soli 2000 *frame* avrà un livello di rumore molto basso. Come ho già detto, quando non ci sono macchie sul disco o quando il *seeing* non è eccellente, non c'è alcuna ragione per non riprendere 10 o 15 minuti di seguito. La somma di tutti questi *frame* produrrà come risultato un'immagine a basso rumore, anche se priva di dettagli sulle bande. Se l'immagine deve essere sottoposta a un'analisi scientifica, dovrebbero essere sempre registrati gli estremi temporali della ripresa, per poi fornirli a chi compirà l'analisi. Quando si riprendono immagini filtrate, Saturno appare più nitido nei *frame* rossi e verdi, mentre i *frame* blu sono quelli

Figura 14.6. I leggeri cambiamenti di colore delle regioni polari meridionali di Saturno durante tre opposizioni possono essere registrati con osservazioni amatoriali. Immagine: Damian Peach.

con il contrasto più alto per quanto riguarda la visione delle bande scure. Ridurre il contenuto di blu di un'immagine aumenta la nitidezza ma, per contro, diminuisce il contrasto sul disco, che tenderà a diventare uniforme, tranne che ai poli.

Gli anelli di Saturno

Gli anelli di Saturno e la Divisione di Cassini, oltre a essere dettagli ben contrastati su cui focheggiare, sono anche ottimi indicatori del *seeing* e possono essere utilizzati per controllare il bilanciamento dei colori di un'immagine. Vediamo in maggiore dettaglio la struttura degli anelli.

Le sonde spaziali Pioneer 11, Voyager 1, Voyager 2 e Cassini hanno tutte mostrato quanto sia complesso il sistema di anelli di Saturno. Per fortuna, la visione degli anelli attraverso un telescopio amatoriale è molto più semplice e si riduce fondamentalmente a un sistema di tre soli anelli, chiamati A, B e C. L'anello A è quello più esterno e ha un colore grigio o grigio-blu. L'anello A, come abbiamo già detto prima, ha un diametro di 274.000 km e una larghezza di 14.600 km. Vicino al bordo esterno dell'anello A, a circa il 90% della distanza fra il bordo interno e quello esterno, si trova un anellino scuro: la Lacuna di Encke. Larga solo 325 km, se vista dalla Terra essa sottende uno spessore apparente di 1/20 di secondo d'arco! Tuttavia, grazie al suo colore scuro, essa può essere rilevata anche con piccoli strumenti di 15 o 20 cm di apertura come una caduta di contrasto nell'anello A, malgrado la dimensione apparente sia ben al di sotto del potere risolutivo teorico di un piccolo telescopio. Indubbiamente, la Lacuna di Encke è tuttora una sfida per qualsiasi *imager* planetario e può essere vista o ripresa solo quando le condizioni del *seeing* sono vicine alla perfezione. In queste condizioni, può anche essere rilevata come una leggera scia oscura sui singoli *frame raw*. Prima dell'era del CCD e della *webcam*, raramente gli osservatori visuali riuscivano a scorgere la Lacuna di Encke. Infatti, prima del *flyby* del Pioneer 11 con il pianeta nel settembre 1979 erano in discussione sia la posizione esatta sia la stessa esistenza/permanenza della lacuna, malgrado il fatto che James Keeler, nel gennaio 1888, ne avesse tracciato la posizione con precisione utilizzando il rifrattore di 36 pollici del Lick. Quando gli anelli di Saturno sono completamente aperti verso la Terra e le condizioni del *seeing* sono perfette, la Lacuna di Encke può essere vista su tutta la circonferenza dell'anello anche con un'apertura di 25 cm. In pratica, però, è raro che anche le migliori immagini amatoriali mostrino la Lacuna di Encke lontana dalle anse est ed ovest dell'anello e, dato che in questo periodo l'apertura degli anelli si sta restringendo, la Lacuna di Encke sarà difficile da risolvere anche in queste regioni. Da quanto mi risulta, la prima immagine amatoriale che mostra la Lacuna di Encke è stata ottenuta nel 1998 dall'*imager* francese Thierry Legault, usando un Meade LX200 di 30 cm e una camera CCD Hi-Sis 22. Prima di questa, le uniche immagini riprese da Terra che mostravano chiaramente la lacuna sembra siano quella ripresa con il Cassegrain di 1 metro del Pic du Midi, nei Pirenei, e quella ottenuta con il telescopio di 1,54 metri di Catalina, in Arizona. Nell'era delle *webcam*, la Lacuna di Encke è stata risolta nelle migliori immagini amatoriali. È interessante osservare che, abbastanza spesso, la Encke viene registrata solo in un'ansa e non in entrambe. Piuttosto che una differenza fisica nella larghezza della lacuna, ciò può essere dovuto al fatto che la essa è così sottile che, se il *chip* del CCD non è perfettamente piatto, un lato può essere a fuoco mentre l'altro può essere leggermente fuori fuoco.

La Lacuna di Encke, molto sottile e oscura, non dovrebbe essere confusa con il Minimo di Encke, che è un effetto della variazione del contrasto attraverso l'anello A, che rende la metà esterna dell'anello leggermente più scura dell'interno, così da dare l'illusione dell'esistenza di una divisione.

È importante osservare che, quando si sommano migliaia di *frame* di Saturno, si possono creare facilmente "divisioni" spurie negli anelli. Pensiamo per un momento a quello che succede in condizioni di *seeing* medio. L'atmosfera non solo sfoca il pianeta, ma lo distorce anche fisicamente. *Registax*, il *software* più usato per la somma dei *frame*, cerca di fare fronte al *seeing* scartando le immagini più distorte ma resta il fatto che il bordo dell'anello A di Saturno contro il cielo notturno è un dettaglio ad alto contrasto. Ecco quindi che, se la posizione dell'anello si sposta troppo, dopo la somma dei *frame* possono apparire divisioni artificiali nell'anello.

Spostandosi dall'anello A verso l'interno, si incontra l'ampia Divisione di Cassini. Questo *gap* è largo 4700 chilometri e all'opposizione sottende quasi 0,8 secondi d'arco. Quando gli anelli sono alla massima apertura, la Divisione di Cassini è facile da individuare, anche se il *seeing* è scadente, ma se il *seeing* è orribile, può scomparire anche nei piccoli telescopi! In questo periodo, è sufficiente sommare alcune migliaia di *frame* ripresi con la *webcam* in una notte favorevole per mettere in evidenza la Divisione di Cassini su tutta la circonferenza dell'anello. Tuttavia, quando acquisterete questo libro, gli anelli saranno più chiusi e, a mano a mano che si avvicinerà il 2009, anche la ripresa della Divisione di Cassini diventerà una vera e propria sfida.

L'anello B di Saturno è quello più largo, misurando 25.500 chilometri dal bordo interno a quello esterno. A differenza dell'anello A, sembra che il B sia quasi incolore (bianco puro o grigio tenue): quindi può servire per il controllo del bilanciamento dei colori nell'immagine finale. Nell'anello B non ci sono lacune come quella di Encke: esso però diventa gradualmente più scuro a mano a mano che ci si sposta verso Saturno. Nel bordo interno si fonde con il tenue anello C, o anello "velo".

L'anello velo è un dettaglio che anche l'odierna tecnologia CCD fa fatica a registrare. E non perché l'anello sia sottile: infatti, non lo è. Il problema sta tutto nel suo aspetto debole ed evanescente. Aumentando la luminosità e il contrasto di un'immagine ripresa con la *webcam* o il CCD, l'anello velo diventa immediatamente visibile, e attraverso di esso sarà visibile anche il globo di Saturno. L'intervallo dinamico dei rivelatori elettronici odierni non può rivaleggiare con la capacità dell'occhio umano di cogliere contemporaneamente sia il disco di Saturno sia l'anello velo. Se si aumenta la luminosità e il contrasto di un'immagine ripresa con la *webcam* per mettere in evidenza l'anello velo, si satura il globo del pianeta; se invece si riducono la luminosità e il contrasto ai livelli normali, l'anello velo sparirà nel fondo cielo. Nella maggior parte delle immagini amatoriali riprese con la *webcam*, l'anello velo è ben visibile solo quando passa davanti al globo di Saturno, con il pianeta che può essere visto chiaramente in trasparenza. Il 13 gennaio 2005 sono stato abbastanza fortunato da osservare Saturno entro alcuni minuti dall'opposizione (cioè Saturno era esattamente nella regione di cielo opposta al Sole). La luminosità degli anelli era eccezionale, come accade sempre durante l'opposizione. Nello stesso momento, anche i miei colleghi Damian Peach e Dave Tyler stavano facendo *imaging* e tutti siamo rimasti stupiti dall'aumento di luminosità degli anelli in confronto a quella del globo (vedi la Figura 14.7). Questo fenomeno è noto come *effetto Seeliger* e si verifica perché le singole particelle di cui sono composti gli anelli gettano meno ombra l'una sull'altra. Ma la cosa più notevole è stato l'aspetto dell'anello velo; normalmente è evanescente ma quella sera era ben visibile. Di quella notte Damian e Dave hanno prodotto una notevole immagine di Saturno sommando ben 9500 *frame raw*.

Nonostante la debolezza del globo di Saturno, il pianeta può anche essere ripreso nel cielo del crepuscolo mattutino e serale, quando le condizioni del *seeing* sono spesso molto stabili dato che il raffreddamento atmosferico è al minimo. Il pianeta può essere individuato con l'aiuto di un sistema GO TO, oppure usando i cerchi orari della montatura, poco dopo il tramonto del Sole, mentre l'*imaging* può partire quando il Sole è anche meno di 10 gradi sotto l'orizzonte. In tali condizioni, di sera è meglio iniziare a riprendere le immagini nel rosso, mentre il blu va lasciato per ultimo. Infatti, il cielo del crepuscolo diffonde principalmente la luce blu del Sole, che può interferire con la ripresa dei

Figura 14.7. Ecco probabilmente la migliore immagine amatoriale di Saturno che sia mai stata fatta! Damian Peach e Dave Tyler vivendo a una distanza di qualche chilometro l'uno dall'altro e utilizzando, rispettivamente, un Celestron 9.25 e un Celestron 11, la sera del 13 gennaio 2005 hanno ottenuto eccellenti immagini del pianeta degli anelli entro pochi minuti dall'opposizione! Notare che, all'opposizione, gli anelli sono molto luminosi, mentre il globo resta relativamente oscuro. Entrambi gli osservatori hanno ripreso migliaia di *frame* con i filtri rosso, verde e blu in una finestra temporale di 15 minuti e l'immagine risultante è formata dalla somma di 9500 *frame raw* della *webcam*! Immagine: D. Peach e D. Tyler.

frame blu se il crepuscolo è troppo luminoso. Per lo stesso motivo, all'alba è meglio acquisire per prime le immagini nel blu e, successivamente, quelle rosse. La ripresa di immagini durante il crepuscolo è spesso inevitabile, specialmente quando il pianeta è lontano dall'opposizione. In queste occasioni, l'ombra del globo di Saturno sugli anelli è abbastanza evidente perché si osserva il pianeta da un lato e non più di fronte come avviene all'opposizione. Nella Figura 14.8. è mostrata un'immagine di Saturno ripreso al crepuscolo, quasi tre mesi dopo l'opposizione.

Infine, prima di lasciare Saturno, ricordiamo ancora una volta che, con rapporti focali bassi, si possono riprendere tutte le lune più luminose del pianeta su un unico *frame* della *webcam*, anche con un'esposizione di 0,1 secondi. Nella Figura 14.9 è mostrata una immagine composita di Dave Tyler, costruita usando un'immagine a basso guadagno per catturare il pianeta e una ad alto guadagno per registrare le lune. Due AVI sono stati ripresi entro alcuni minuti l'uno dall'altro e quindi sovrapposti. Visto che nei prossimi anni gli anelli tenderanno a chiudersi, le lune tenderanno ad apparire più frequentemente nelle immagini riprese con la *webcam*.

Figura 14.8. Saturno ripreso quasi tre mesi dopo l'opposizione da Dave Tyler il 2 aprile 2005. L'immagine è stata realizzata durante un periodo di ottimo *seeing* nel crepuscolo nautico serale. Telescopio Celestron 11 a f/40, *webcam* ATiK–1HS. Immagine: D. Tyler.

Figura 14.9. Le lune di Saturno possono essere riprese facilmente con una *webcam*. In questa immagine composita di Dave Tyler, sono visibili sette lune di Saturno e due stelle di campo, tutte catturate con singole esposizioni di soli 0,1 secondi. La luna più debole, Mimas, è di magnitudine 12,9. Telescopio Celestron 11 a f/10. Immagine: D. Tyler.

CAPITOLO QUINDICI

L'*imaging* di Urano e Nettuno

Questo capitolo non avrebbe potuto essere scritto prima dell'era delle *webcam*: sarebbe stato considerato ridicolo! Urano e Nettuno rientrano in una categoria diversa da quella di tutti gli altri pianeti di cui ho parlato fino ad ora (con la possibile eccezione di Mercurio), perché mostrano dischetti minuscoli anche attraverso un telescopio amatoriale di qualità. E, purtroppo, non si tratta solo di questo. Anche rispetto a Saturno, questi due pianeti sono molto più distanti dal Sole e, quindi, molto più deboli. I parametri principali di Urano e Nettuno sono riportati nella Tabella 15.1.

Già a una prima occhiata, si può vedere che, anche con una scala dell'immagine di 0,2 secondi d'arco per *pixel*, Urano ha un diametro di meno di 19 *pixel*, mentre Nettuno ne misura solo 12. Sicuramente su questi pianeti si può fare poco, bisogna essere realistici. Al massimo si potrà rivelare qualcuno dei maggiori eventi atmosferici globali, ma chi può dire se e quando tali eventi si verificheranno? L'immagine di Christophe Pellier mostrata nella Figura 15.1 lascia intendere che gli eventi atmosferici principali sarebbero individuabili anche con un piccolo telescopio. Una sola sonda spaziale è passata in prossimità di Urano e Nettuno: il Voyager 2, rispettivamente nel gennaio 1986 e nell'agosto 1989. Di tanto in tanto, anche il Telescopio Spaziale "Hubble" ha ripreso entrambi i pianeti e, in anni recenti, anche il telescopio gigante Keck nelle Hawaii, sfruttando la tecnologia delle ottiche adattive, ha ottenuto immagini paragonabili per qualità a quelle dell'"Hubble".

Come abbiamo già visto con Marte, un piccolo disco planetario presenta alcuni vantaggi per l'*imager* con la *webcam*. Con l'atmosfera della Terra che, nella maggioranza delle notti, impone un limite di 0,5 secondi d'arco alla risoluzione di un telescopio, se un disco planetario è minuscolo può ruotare anche per decine di minuti prima che lo spostamento dei dettagli sul disco, dovuto alla rotazione, superi la risoluzione del sistema atmosfera/telescopio. Questo è un grande vantaggio per pianeti così deboli come Urano e Nettuno, dove una *webcam* lavora al limite delle sue possibilità. Urano ruota in 17 ore e 14 minuti, mentre Nettuno ha un periodo di 16 ore e 7 minuti. Urano possiede una caratteristica molto interessante. Mentre Nettuno presenta un'inclinazione dell'asse di rotazione di 28°,8 (simile a quella di Saturno), Urano praticamente rotola su un fianco! L'inclinazione dell'asse di rotazione è di quasi 98°: quindi, dato che

Tabella 15.1 Parametri principali di Urano e Nettuno

	Distanza media dal Sole (milioni di km)	Periodo orbitale (anni)	Diametro equatoriale (km)	Diametro all'opposizione
Urano	2870	84	51.118	3",7
Nettuno	4500	165	50.538	2",4

Figura 15.1. Urano, ripreso il 6 luglio 2004 con un modesto Newton di 180 mm e una *webcam* ATiK–1HS. Immagine: Christophe Pellier.

questo valore è maggiore di un angolo retto, tecnicamente il pianeta sta ruotando in modo retrogrado (come Venere, anche se molto più rapidamente).

Così, mentre si sposta lungo la sua orbita di 84 anni attorno al Sole, a volte Urano punta il polo nord verso la Terra, circa 20 anni dopo mostra il suo equatore, quindi il polo sud, infine di nuovo l'equatore! Il polo sud di Urano era rivolto verso la Terra nel 1985. Nel 2030 sarà visibile il polo nord. Così, intorno alla data di pubblicazione di questo libro (2007), Urano mostra la regione equatoriale: in questi anni è perciò possibile vedere entrambi gli emisferi, una configurazione simile a quella degli altri pianeti, se si esclude il fatto che l'asse di rotazione è adagiato orizzontalmente sul piano dell'eclittica.

L'applicazione, su Urano e Nettuno, della nostra formula per il calcolo della massima finestra temporale ci dà:

0",5/((3,14 × 3",7)/1034 minuti) = 44,5 minuti
e
0",5/ (3,14 × 2",4)/967 minuti) = 64,2 minuti

In altre parole, per Urano e Nettuno abbiamo, rispettivamente, 45 e 64 minuti di tempo per raccogliere i *frame*, prima che i dettagli sul meridiano centrale si spostino di mezzo secondo d'arco. Di sicuro, l'*imaging* di questi pianeti non richiede un'attività frenetica! Restando con i piedi per terra, forse Nettuno è un oggetto da lasciare al Telescopio Spaziale "Hubble" (vedi la Figura 15.2). Per quanto riguarda Plutone, quello

Figura 15.2. Nettuno e il suo satellite maggiore, Tritone, ripresi dal Telescopio Spaziale "Hubble" Immagine: NASA/STScI.

è senza dubbio un oggetto solo per l'"Hubble" (vedi la Figura 15.3) anche se, attraverso un grande telescopio amatoriale, è possibile osservarlo come un oggetto di tipo stellare.

Quando si riprendono immagini di oggetti così piccoli come Urano e Nettuno, con dischetti quasi senza particolari, quindi osservati raramente, è impossibile verificare la realtà dei dettagli che emergono dopo un'elaborazione estrema dell'immagine. Già solo gli effetti della dispersione atmosferica possono riguardare la maggior parte del pianeta, insinuando dubbi su qualsiasi caratteristica risolta. Per individuare in modo inequivocabile i dettagli dei dischi di Urano e Nettuno è necessario affidarsi al Telescopio Spaziale "Hubble" o a telescopi al suolo dotati di ottiche adattive, per compensare gli effetti dell'atmosfera, e collocati nei migliori siti osservativi.

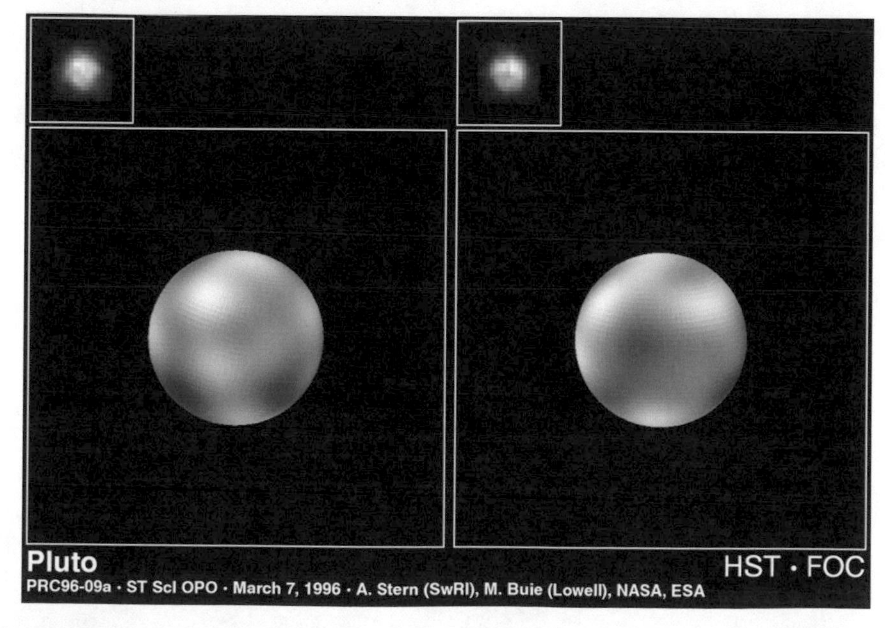

Figura 15.3. I due emisferi di Plutone ripresi dal Telescopio Spaziale "Hubble" il 7 marzo 1996. Immagine: NASA/STScI.

CAPITOLO SEDICI

L'*imaging* del Sole

Quando ho cominciato a scrivere questo libro non avevo alcuna intenzione di includere un capitolo sulla ripresa del Sole. Perché? Perché il Sole è un soggetto molto pericoloso, che non dovrebbe essere mai osservato a occhio nudo o attraverso un telescopio a meno che l'astrofilo non sia estremamente esperto ed equipaggiato con i filtri giusti. Personalmente, anche se mi considero un astrofilo esperto e posseggo i filtri giusti, sono sempre piuttosto nervoso quando osservo il Sole. In passato, astrofili esperti hanno commesso errori che hanno procurato loro danni alla vista. L'errore più comune è ritenere che un filtro in grado di attenuare la radiazione del disco solare a livelli accettabili sia sicuro per gli occhi. NON FATEVI INGANNARE! È la radiazione infrarossa (cioè il calore) che può distruggere la retina, ed essa è del tutto invisibile. Malgrado le mie paure circa l'osservazione solare, ho potuto verificare che nell'era delle *webcam* è possibile osservare il Sole in piena sicurezza: ecco perché questo capitolo. Il modo più sicuro per osservare le macchie solari sul disco solare, senza usare la *webcam*, consiste nel proiettare l'immagine su uno schermo solare (praticamente un foglio di cartoncino bianco), utilizzando un piccolo rifrattore. Per impedire che la luce solare diretta renda difficoltosa la visione del disco per proiezione, si può utilizzare una schermatura di cartone e lavorare all'ombra. È interessante osservare che quasi sempre i danni alla vista che seguono eventi come le eclissi solari sono dovuti al fatto che le persone fissano il Sole tenendo gli occhi socchiusi, convinte che così facendo il Sole sia innocuo. Nella retina, la mancanza di terminazioni nervose in grado di trasmettere il dolore dà l'illusione di essere solo abbagliati e che tutto vada bene. . . SBAGLIATO! **NON BISOGNA MAI FISSARE IL SOLE A OCCHIO NUDO!**

Per fortuna, l'uso delle *webcam* offre un modo eccellente per l'*imaging* delle macchie solari in alta risoluzione, assolutamente senza rischi per la vista. Inoltre, una *webcam* è economica e, anche se viene danneggiata, non è un grande problema. Damian Peach, uno dei migliori *imager* planetari del mondo, ha avuto un'esperienza interessante quando utilizzava una *webcam* per riprendere il Sole. Mentre stava riponendo l'apparecchiatura, ha tolto per primo il filtro solare e quindi ha rimosso il PC, portandolo in casa. Quando è uscito di nuovo, la *webcam* era in fiamme! Rimovendo lo speciale filtro solare, la quantità di calore e di luce sulla *webcam* erano aumentate di 100 mila volte, mandando a fuoco il dispositivo. Eppure è stato fortunato, perché solo il giorno prima aveva fatto *imaging* del Sole con una nuova reflex digitale da 2000 dollari. L'incidente con la *webcam* è stato per lui un avvertimento opportuno che gli ha ricordato la potenza del Sole. Gli incidenti possono capitare anche quando non si sta osservando visualmente. Anche i cercatori dei telescopi dovrebbero essere dotati di filtro solare, come lo strumento principale. C'è almeno un caso documentato di una barba andata in fiamme a causa della luce solare in uscita dal cercatore! Inoltre, quando state riponendo l'apparecchiatura e rimovendo i filtri solari, per prima cosa puntate lo strumento lontano dal Sole. Il calore che entra nello strumento, anche in un piccolo telescopio, è sufficientemente intenso da fondere il sostegno in plastica di uno specchio secondario.

Non sono necessari grandi telescopi per l'osservazione solare, per due ragioni. In primo luogo, il Sole è estremamente luminoso, anche quando si usano i filtri, quindi raccogliere abbastanza luce non è un problema. Secondo, quando il Sole è sopra l'orizzonte, il *seeing* atmosferico è nelle condizioni peggiori e raramente una grande apertura dà qualche vantaggio in termini di risoluzione. Un rifrattore di 10 o 12 cm di diametro basta e avanza, e anche con uno strumento di soli 8 cm si possono ottenere buoni risultati. La grande luminosità solare porta un vantaggio: i tempi di esposizione possono essere molto brevi e quindi si può riuscire a congelare i momenti di buon *seeing*. Inoltre, visto che non c'è il problema della rotazione planetaria e che *Registax* può allineare i *frame* usando come riferimento le macchie solari, non c'è alcuna limitazione temporale per l'*imaging* (anche se è bene non andare oltre i 5 minuti, perché le macchie solari, specialmente quelle complesse, possono cambiare nei dettagli).

Dati sul Sole

Il Sole è un corpo massiccio, con un diametro equatoriale di 1,39 milioni di chilometri. Dentro al volume solare potrebbero entrare più di 1,3 milioni di pianeti come la Terra, mentre sarebbero necessarie circa 300 mila Terre per uguagliarne la massa! Si può stimare che nel Sole si trovi il 99% della massa di tutto il Sistema Solare. Il Sole ruota all'equatore in 25,38 giorni (ai poli impiega molto di più: la rotazione è differenziale). Tuttavia, dato che noi orbitiamo intorno al Sole, lo vediamo ruotare in un periodo apparente un po' più lungo, cioè 27,28 giorni. Alla minima distanza dal Sole (cioè al perielio, che si verifica intorno al 2 gennaio), la Terra si trova a 147,1 milioni di chilometri. Alla massima distanza (cioè all'afelio, che si verifica intorno al 5 luglio) il nostro pianeta si trova a 152,1 milioni di chilometri. La luce impiega 8,3 minuti per andare dal Sole alla Terra. La brillante superficie del Sole è chiamata *fotosfera* e i dettagli più rilevanti che vi si possono scorgere sono le *macchie solari*. Le macchie solari sembrano scure perché sono regioni con una temperatura di circa 4000 °C immerse in una fotosfera con una temperatura di circa 6000 °C, ma se si potessero vedere da sole brillerebbero come una lampada ad arco. Essenzialmente, le macchie solari sono il risultato di intensi campi magnetici bipolari che si formano dove i campi magnetici solari sottostanti emergono nella fotosfera. Se si mette un po' di limatura di ferro su un cartoncino e sotto si pone una potente barra magnetizzata, la limatura si sposterà in un modo molto simile a quello che mostrano le animazioni in alta risoluzione dell'evoluzione nel tempo delle macchie solari. I gruppi di macchie solari a lunga vita possono ruotare oltre il lembo visibile del disco solare ed emergere, ancora attive, due settimane più tardi dalla parte opposta del Sole. I gruppi molto grandi possono sopravvivere per numerose rotazioni solari. Il più grande gruppo di macchie solari mai registrato è stato quello dell'aprile 1947, che è arrivato a coprire un'area di 18 miliardi di chilometri quadrati, quasi 40 volte più grande della superficie terrestre! Questi enormi gruppi di macchie solari possono sottendere un diametro apparente di due o tre primi d'arco, cioè un angolo maggiore di quello sotteso da qualsiasi pianeta visto dalla Terra e paragonabile a quello dei più grandi crateri lunari. Il Sole ha un ciclo di attività di 11 anni, all'inizio del quale si osserva un numero basso ma crescente di macchie solari che sale fino al raggiungimento del massimo solare, seguito, circa 5 anni e mezzo dopo, da un Sole praticamente spoglio di macchie (fase di minimo solare). Durante le eclissi totali, l'atmosfera esterna del Sole (la *corona*) sembra quasi simmetrica durante il massimo solare, mentre è estremamente allungata, in senso est-ovest, se siamo nei pressi del minimo solare. Le grandi *protuberanze*, getti di gas che si innalzano sopra la fotosfera, possono essere viste durante le eclissi totali oppure usando costosi filtri H-alfa (vedi più avanti). Quando sul Sole si verifica un grosso brillamento (o *flare*), e una nube di particelle cariche viene lanciata verso la Terra dando luogo a un CME (Coronal Mass Ejection, espulsione di materia coronale), gli effetti possono essere grandiosi. Se la massa di gas investe la magnetosfera della Terra, si potrà vedere un'aurora spettacolare anche alle basse latitudini. L'ultimo massimo solare si è verificato nel 2001-2002. Il prossimo dovrebbe essere nel 2012-2013.

I filtri solari

Il Sole è un obiettivo davvero unico per l'astrofilo. Mentre in ogni altro campo dell'astro-*imaging* avere più luce è un vantaggio, nell'*imaging* solare bisogna ridurre la luce e il calore che arrivano alla *webcam*. Anche usando le più brevi esposizioni possibili permesse dalla *webcam*, la ripresa del Sole senza filtri non solo saturerà l'immagine ma, sicuramente, manderà a fuoco la *webcam*! Per evitare questi inconvenienti, la maggior parte della luce e del calore proveniente dal Sole deve essere eliminata prima che entri nello strumento, mediante l'uso di appositi filtri. Quali filtri solari è meglio utilizzare? La prima cosa da dire è che scegliere un filtro solare per un telescopio è un problema serio. Mi ricordo che, un tempo, quasi ogni rifrattorino economico venduto nei centri commerciali era fornito di un filtro solare il cui uso era estremamente pericoloso. Infatti, il filtro si avvitava nel barilotto dell'oculare, dove si concentra tutto il calore raccolto dall'obiettivo, ed era facile che si rompesse a causa del calore assorbito. Per fortuna, sembra che questi filtri da incubo non siano più in commercio e, infatti, tutti i filtri solari moderni sono dispositivi a tutta apertura. A tutta apertura significa che si inseriscono davanti all'obiettivo del telescopio. Se si usa un rifrattore, questo vuol dire mettere il filtro sul paraluce o direttamente sulla lente dell'obiettivo. Molti produttori di telescopi forniscono filtri solari a tutta apertura, specificatamente progettati per inserirsi sui loro strumenti, così non si corre il rischio di avere fessure da cui possa passare la luce del Sole. I maggiori produttori di filtri solari vendono anche filtri progettati per adattarsi ai modelli di telescopi più comuni, come gli SCT Meade o i Maksutov ETX. Un filtro che copra completamente l'obiettivo del telescopio è essenziale. Per i telescopi di grande apertura, come gli Schmidt-Cassegrain Meade e Celestron, sono anche disponibili filtri solari fuori asse (cioè decentrati). Con questi filtri la maggior parte dell'apertura del telescopio è ostruita, tranne che una piccola apertura circolare fuori asse, dotata di filtro. In questo modo, un grande Schmidt-Cassegrain può essere trasformato in un telescopio solare di piccola apertura.

Il cielo diurno, con il Sole che riscalda l'atmosfera, è caratterizzato dalla peggiore turbolenza atmosferica con cui l'astrofilo può trovarsi a dover lottare: purtroppo, l'oggetto che si sta cercando di riprendere è la causa stessa della turbolenza che distrugge l'immagine! Grazie alla luminosità del Sole, le brevi esposizioni possono però congelare efficacemente il *seeing* e i due effetti quasi si compensano: quasi, ma non completamente. La risoluzione diurna è ancora generalmente peggiore rispetto a quella notturna. Quanto più luminosa è l'immagine, tanto minore sarà il tempo d'esposizione che si può impiegare, e le *webcam* consentono esposizioni brevi fino a 1/10.000 di secondo. Scegliere un filtro solare che lasci passare più luce di quanto non faccia un filtro visuale può essere un vantaggio, ma bisogna ricordarsi che questi filtri non vanno mai utilizzati per osservazioni visuali. Spesso, la capacità di attenuazione dei filtri solari è espressa secondo l'appartenenza alla classe ND equivalente. La sigla ND sta per *Neutral Density*, ed è una classificazione di tipo logaritmico. Così, un filtro ND1 attenua la luce di un fattore 10, un ND2 di 100 e un ND3 di 1000. I filtri visuali standard sono di tipo ND5; in altre parole, solo una parte su 100.000 della luce incidente arriva all'occhio dell'osservatore: il 99,999% viene bloccato. I sei nomi delle grandi ditte produttrici di filtri solari sono: Baader, Thousand Oaks, Kendrick, Roger W. Tuthill, Orion Telescope & Binoculars e Celestron. Thousand Oaks e Kendrick vendono anche filtri ND4 che, producendo un'immagine 10 volte più luminosa dell'ND5, sono adatti per uso fotografico/CCD/*webcam*. Ovviamente, questi filtri non dovrebbero essere mai utilizzati per osservazioni visuali. Celestron e Kendrick, per i loro filtri a tutta apertura utilizzano la pellicola AstroSolar prodotta dalla Baader. Sostanzialmente, ci sono due tipi di filtri solari sicuri usati dagli astrofili. Il primo è formato da una lastra di vetro ottico su cui è depositato un sottile strato di alluminio (come quello che si usa per gli specchi di un telescopio) che permette il passaggio solo dello 0,001% della luce incidente. Il secondo è composto da una pellicola di *mylar*, alluminata e ultrasottile. Questo tipo di filtro è economico, perché è di gran lunga più facile alluminare il *mylar* che produrre in massa dischi di vetro ottico e alluminarli. Si potrebbe pensare che i filtri in vetro siano migliori, specialmente quando si consideri che il *mylar* tende a spiegazzarsi e a incresparsi, ma i test non confermano questa ipotesi. Sembra che la distorsione subita dalla luce in arrivo sullo strato ultrasottile di *mylar*, non sia peggiore di quella prodotta da un disco di vetro ottico, alluminato, molto più spesso e dotato di superficie piana, specialmente quando si paragona la distorsione causata dal filtro con quella esercitata dall'atmosfera della Terra. Dal punto di vista della sicurezza, la pellicola di *mylar* si sgualcisce e si danneggia facilmente; quindi, prima dell'uso, dovrebbe sempre essere esaminata con attenzione, alla ricerca di possibili microfori. Naturalmente, se si osserva il Sole solo con la *webcam*, la sicurezza passa in secondo piano, dato che una *webcam* bruciata può sempre essere sostituita, una retina danneggiata no. Se si usano filtri solari del tipo ND4, l'immagine del Sole è molto luminosa e si può usare la *webcam* con tempi di esposizione di 1/1000 di secondo: l'ideale per congelare il *seeing* e riprendere i più fini dettagli solari. Un filtro solare in luce bianca, oltre a mostrare le macchie solari, permetterà di osservare le *facole* (regioni più luminose di colore bianco poste al di sopra della fotosfera) e l'oscuramento al bordo solare.

Telescopi e lunghezze focali per l'osservazione del Sole

Come abbiamo visto, a causa della grande luminosità e della turbolenza atmosferica diurna, per osservare il Sole non sono necessarie grandi aperture. Ma quali telescopi e scale dell'immagine (secondi d'arco per *pixel*) vanno bene? Per l'*imaging* di una macchia solare in condizioni di *seeing* tipico, usando una *webcam* ToUcam Pro caratterizzata da *pixel* di 5,6 micrometri di lato, va benissimo una lunghezza focale di circa 2 metri. Una focale di questo tipo fornisce una scala dell'immagine di 0,6 secondi d'arco per *pixel*, ideale per la risoluzione dei fini dettagli che le macchie solari mostrano in luce bianca. In condizioni di buon *seeing*, come quelle che si ve-rificano spesso di prima mattina, alcune ore dopo l'alba, si possono impiegare lunghezze focali di 3 o più metri, in grado di dare immagini con una scala inferiore a 0,4 secondi d'arco per *pixel*. Raramente, se non mai, possono verificarsi occasioni in cui poter sfruttare scale dell'immagine ancora più piccole. Strumenti ideali e relativamente a basso costo per questo tipo di lavoro sono i piccoli rifrattori apocromatici (cioè con l'obiettivo a lenti com-

Figura 16.1. La postazione per l'*imaging* solare di Damian Peach. Un rifrattore apocromatico di 80 mm di diametro della Vixen e un PC schermato dalla luce solare diretta. Immagine: Damian Peach.

pletamente privo di aberrazione cromatica) di 80 o 90 mm di diametro (vedi la Figura 16.1). Con l'uso di una *webcam* e di una lente di Barlow 3× (oppure di una TeleVue Powermate 4 o 5×), anche con uno strumento così modesto si possono ottenere ottime riprese solari in alta risoluzione. Se si passa dalla *webcam* a una reflex digitale con una Barlow 2×, si possono ottenere riprese dell'intero disco solare in una sola immagine.

Mentre scrivo queste righe, il Sole è vicino alla fase del minimo, e sul disco ci sono relativamente poche macchie solari. Tuttavia, i grossi gruppi di macchie possono apparire in qualsiasi momento e anche i piccoli gruppi sono affascinanti da riprendere con la *webcam*. Ai tempi della fotografia solare su pellicola, il *non plus ultra* consisteva nel fotografare la struttura a "chicchi di riso" della fotosfera solare. Infatti, osservando la fotosfera in condizioni di buon *seeing*, si ha l'impressione che essa sia composta da tanti chicchi di riso (in realtà si tratta delle celle convettive in cui si muovono i gas fotosferici), con dimensioni dell'ordine del secondo d'arco. In condizioni di *seeing* straordinarie (quando con grandi aperture si possono risolvere almeno 0,3 secondi d'arco), si possono registrare le forme dei chicchi di riso e la superficie solare assomiglia a un esteso "mosaico irregolare" visto dall'aereo. Anche i grandi telescopi solari professionali, formati da tubi a vuoto montati su alte torri, lottano costantemente per migliorare la loro risoluzione. Ma quando ci riescono, le immagini che riprendono sono semplicemente grandiose.

A differenza che per i pianeti, nell'*imaging* solare non c'è alcuna rotazione planetaria di cui preoccuparsi; inoltre, visto che il rapporto segnale/rumore è favorevole (grazie alla luce abbondante), non c'è la necessità di riprendere filmati per più minuti e sommare migliaia di *frame*. Il rumore non è un grande problema qui. Come i crateri della Luna, anche le macchie solari sono dettagli ad alto contrasto, ed è sufficiente sommare poche dozzine dei *frame* migliori piuttosto che sommarne il numero più grande possibile. Inoltre, come per l'*imaging* della Luna, se si stanno riprendendo regioni con un'ampiezza di cinque o più primi d'arco è più facile accorgersi delle distorsioni del *seeing* a grande scala. *Registax* somma le immagini confrontando i dettagli posti all'interno del box di allineamento, ma alcuni possono trovarsi anche al di fuori di esso. Un'immagine lunare o solare può mostrare notevoli distorsioni a meno che i *frame* non siano stati scelti con una soglia di qualità elevata, o visualmente uno per uno. Nelle Figure 16.2 e 16.3 sono mostrate due ottime immagini di macchie solari riprese da Damian Peach.

I transiti di Venere e Mercurio

I momenti in cui gli astrofili vorrebbero avere di colpo molta esperienza nell'*imaging* solare sono quelli in cui Mercurio e Venere transitano sul disco solare. I transiti di Mercurio sono relativamente più comuni se paragonati a quelli di Venere, anche se, con il tipo di copertura nuvolosa che c'è in Inghilterra, un osservatore potrebbe benissimo perdere ogni transito della sua vita! Quando l'8 giugno 2004 si è verificato il transito di Venere, quello era il primo transito dopo il 6 dicembre 1882. Il prossimo si verificherà il 6 giugno 2012 e poi non ce ne saranno altri fino all'11 dicembre 2117. È ben giustificato che gli astrofili non abbiano molta esperienza con l'*imaging* dei transiti di Venere! I transiti di Mercurio sono 13 o 14 per ogni secolo. Tuttavia, per osservare un transito bisogna essere nell'emisfero terrestre giusto, cioè l'emisfero diurno e con il Sole ben alto sopra l'orizzonte. I transiti di Mercurio possono verificarsi solo nei mesi di novembre o

Figura 16.2. Una macchia solare di medie dimensioni al bordo solare. Ripresa fatta il 17 luglio 2004 alle 16h 02m TU. Apocromatico Vixen di 80 mm di diametro a f/29, *webcam* ATiK–1HS. Filtro solare Baader AstroSolar. Immagine: Damian Peach.

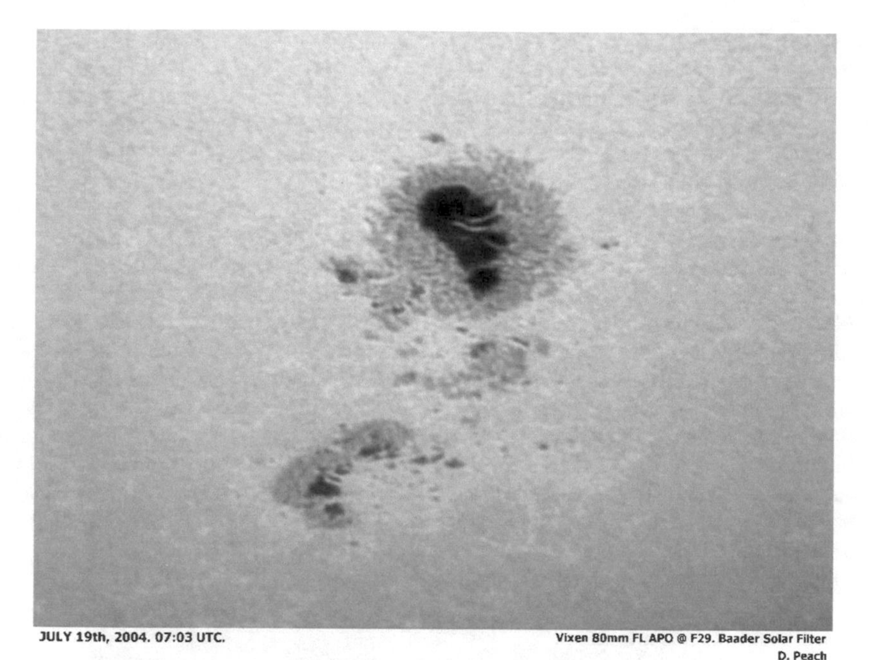

Figura 16.3. Una grande macchia solare ripresa il 19 luglio 2004 alle 07h 03m TU. Apocromatico Vixen di 80 mm di diametro a f/29, *webcam* ATiK-1HS. Filtro solare Baader AstroSolar. Immagine: Damian Peach.

maggio, quando il pianeta passa per i nodi della sua orbita. Nella mia carriera di astrofilo ci sono stati cinque transiti di Mercurio ma, a causa della longitudine geografica e delle nubi, ne ho visto solo uno: quello del 7 maggio 2003. Invece, 13 mesi più tardi, ho visto il transito di Venere, molto più raro e in un cielo totalmente limpido, dal giardino di casa di Patrick Moore a Selsey, nel Sussex.

Inutile dire che, nei 122 anni che separano i transiti di Venere del 1882 e del 2004, la tecnologia ha fatto passi da gigante. I transiti di Mercurio nel 2003 e di Venere nel 2004 sono stati i primi a trarre beneficio dall'applicazione della tecnologia delle *webcam* alle orribili condizioni di *seeing* che si hanno quando il Sole è sopra l'orizzonte. Prima di questo salto tecnologico, molto era stato fatto per interpretare l'effetto della cosiddetta *goccia nera*, visto durante il transito di Venere del 1882. Per la verità, consultando molti testi di astronomia del XX secolo, si trova scritto che la goccia nera, ossia la linea nera che congiungeva Venere con il bordo solare durante il transito del 1882, era dovuta all'atmosfera venusiana. Invece, le immagini dell'evento del 2004 riprese con la *webcam* hanno categoricamente dimostrato che il fenomeno della goccia nera non ha niente a che fare con Venere, mentre è correlato con un *seeing* cattivo, con la strumentazione di scarsa qualità e con le lunghe esposizioni. Usando telescopi amatoriali perfettamente collimati e *webcam* con esposizioni di 1/1000 di secondo (o meno), sembra che sia stata finalmente compresa la vera natura della goccia nera. Se si osserva Venere con un *seeing* diurno scarso, sembra che il disco del pianeta "respiri", cioè si restringa e si allarghi con il *seeing*. Ma negli istanti in cui il *seeing* era buono, c'era un *gap* ben definito tra il disco nero di Venere e il bordo solare, anche quando la distanza tra i due era di un solo secondo d'arco. In effetti, i risultati ottenuti con la *webcam* nel corso del transito di Mercurio del 2003 avevano già fornito un indizio su come potesse verificarsi il fenomeno.

Infatti, anche Mercurio ha mostrato l'effetto della goccia nera su *frame* esposti in momenti di *seeing* cattivo, malgrado che il pianeta non abbia alcun tipo di atmosfera. Dopo l'analisi delle immagini del transito di Venere del 2004 è diventato chiaro che le *webcam* avevano dato il loro contributo scientifico: avevano sfatato il mito, vecchio di 122 anni, che la goccia nera fosse causata dall'atmosfera di Venere. Un'ottima immagine di Venere sul disco del Sole è mostrata nella Figura 16.4.

Usando i *frame* ripresi con la *webcam* dei transiti di Mercurio e Venere nel 2003 e 2004 sono state prodotte molte animazioni GIF dell'evento. Con il disco di Venere che misura quasi un primo d'arco, perché esso attraversi il bordo solare sono necessari 19 minuti, quindi si tratta di un evento comodo da riprendere. Quanto meno c'è tutto il tempo per risolvere problemi tecnici, se mai dovessero essercene. I transiti del 2003 e 2004 si sono verificati in giorni durante i quali il Sole era praticamente privo di macchie, quindi il movimento dei dischi scuri dei pianeti attraverso il disco solare era particolarmente monotono da seguire. Nel caso del piccolo Mercurio, la dimensione del disco può variare notevolmente a seconda che il transito si verifichi in maggio o in novembre (evento tre volte più probabile). Nei transiti di maggio, il disco nero di Mercurio può avere un diametro di 13 secondi d'arco, mentre nei transiti di novembre misura solo 10 secondi d'arco. I prossimi tre transiti di Mercurio sono (i tempi sono quelli di metà transito): 9 maggio 2016, 14h 59m GMT; 11 novembre 2019, 15h 21m GMT; 13 novembre 2032, 08h 55m GMT (GMT è l'ora di Greenwich).

Figura 16.4. Venere ripreso nella banda R+IR (550-1000 nm) mentre sta lasciando il disco solare dopo il raro transito dell'8 giugno 2004. *Webcam* B/N Vesta Pro. Apocromatico Astrophysics AP 130 f/6 + Barlow 2× e prisma di Herschel. Immagine: Paolo Lazzarotti.

L'osservazione in H-alfa

Negli ultimi anni c'è stato un grosso aumento del numero di astrofili che riprendono il Sole alla lunghezza d'onda della riga H-alfa, cioè a 656,28 nanometri. A questa lunghezza d'onda si possono vedere le protuberanze al bordo, anche quando nello stesso campo di vista c'è il disco del Sole. Si pensi che, normalmente, per vedere le protuberanze è necessaria un'eclisse totale di Sole. A questo punto è bene dire che, per osservare le protuberanze, non è sufficiente una filtrazione standard. Di solito, la larghezza di banda di un buon filtro H-alfa è meno di 1 Ångstrom (pari a 0,1 nanometri) e la produzione del filtro è estremamente complessa e costosa. Decenni fa, Edwin Hirsch, della Daystar Company, era l'unico fornitore di tali filtri a banda stretta, ma recentemente la società Coronado, con base a Tucson (Arizona), ha sviluppato ulteriormente questa tecnologia e ha messo sul mercato molti prodotti interessanti utilizzando tecniche laser avanzate. In Inghilterra, anche la Solarscope (dell'isola di Man) è in grado di offrire filtri H-alfa di qualità con aperture di 50 mm di diametro.

Entrambe queste società, per i loro filtri H-alfa producono classici "*etalon*" di Fabry-Perot spaziati in aria, regolati con precisione sulla riga dell'idrogeno. Un etalon è formato da una coppia di placche di silicio, ultrasottili e di qualità ottica. Le loro superfici sono trattate in modo tale da essere parzialmente riflettenti e a basso assorbimento per la lunghezza d'onda che devono lasciare passare. La corretta spaziatura in aria è garantita da spaziatori a contatto di qualità ottica. Questi filtri hanno una trasmissione molto alta alla frequenza di risonanza e trasmettono in una banda spettrale molto stretta.

A mano a mano che si restringe la larghezza di banda del filtro centrato sulla riga H-alfa a 656,28 nanometri, le protuberanze diventano sempre più nitide, e anche sul disco emergono i dettagli. Negli anni '80, la Baader pubblicizzava telescopi per la visione delle protuberanze in cui, per occultare esattamente il disco solare, veniva usato un piccolo disco di metallo posto nel fuoco dell'obiettivo di una data lunghezza focale. Utilizzando questo metodo, anche un filtro H-alfa con una larghezza di banda di 10 Ångstrom può mostrare le protuberanze, a patto che l'abbagliante cromosfera solare sia nascosta dietro il disco di metallo. Tuttavia, se si usano i più costosi filtri a banda stretta, si possono osservare sia le protuberanze al bordo sia i dettagli della cromosfera sul disco. La Coronado produce i filtri e piccoli rifrattori di qualità da usare con tali filtri. La linea 2005 della Coronado è formata sia da telescopi H-alfa con aperture da 40 a 90 mm (con prezzi che vanno da alcune migliaia di euro in su), sia da singoli filtri. Di solito, queste unità hanno una banda passante inferiore a 0,7 Ångstrom. Se si uniscono insieme due filtri H-alfa, si può ottenere una banda passante inferiore a 0,5 Ångstrom! Recentemente, la Coronado ha immesso sul mercato il PST (Personal Solar Telescope), un piccolo rifrattore di 40 mm di diametro a f/10 con incorporato un filtro H-alfa avente una banda passante di 1 Ångstrom, a un prezzo abbordabile. In questo modo, ora l'*imaging* H-alfa è accessibile a molti, e se si usa una *webcam*, si possono ottenere immagini spettacolari delle protuberanze con una spesa tutto sommato contenuta! Il PST è principalmente un telescopio per le protuberanze e mostrerà pochi dettagli sul disco solare (la larghezza di banda è eccessiva), ma è uno strumento con un buon rapporto qualità/prezzo. Si potrebbe pensare che 40 mm sia un'apertura troppo piccola: in realtà è sufficiente per risolvere protuberanze larghe alcuni secondi d'arco ed è perfettamente compatibile con il tipico *seeing* diurno. Come quasi tutti i sistemi H-alfa, anche il PST è dotato di una ghiera per la regolazione fine del filtro che dà una specie di effetto "3D", perché può aumentare la visibilità dei dettagli visibili sul disco o quella delle protuberanze al bordo.

L'*imaging* in H-alfa

Quando si guarda per la prima volta attraverso un filtro H-alfa si può restare colpiti dal colore rosso scuro dell'immagine. È evidente che si tratta di un rosso più rosso di quello che si può vedere nella vita quotidiana e, a prima vista, può anche essere un po' sconcertante. Questo non è un problema per il rivelatore CCD di una *webcam*, perché alla lunghezza d'onda di 656 nanometri la sensibilità è molto buona. In questo caso, una *webcam* monocromatica come la ATiK-1HS è la scelta migliore, perché non ha senso usare una *webcam* a colori quando si lavora su una banda così stretta. In ogni caso, sono state impiegate con successo sia reflex digitali, sia piccole compatte tenute a mano davanti all'oculare!

La Scopetronix produce ottimi adattatori, con cui si può collegare la camera digitale direttamente all'oculare (**www.scopetronix.com**). Alcuni dei primi utilizzatori di reflex digitali hanno riferito la presenza di un effetto *moiré* delle immagini durante l'uso con sistemi H-alfa. Può darsi che la radiazione a banda stretta trasmessa dal filtro abbia causato, in qualche modo, un'interferenza con il filtro interno della macchina fotografica e la griglia dei *pixel*, ma la maggior parte degli utenti non ha rilevato questo problema. Per riprendere le protuberanze, alcuni *imager* H-alfa hanno anche utilizzato telecamere di sorveglianza monocromatiche a basso costo, combinate con schede TV per il PC. Usando le stesse tecniche per l'osservazione planetaria (discusse a lungo in questo libro), si potranno ottenere le immagini migliori: basta utilizzare una *webcam* monocromatica ed elaborare con *Registax*. Naturalmente, una volta ottenuta l'immagine somma finale, e niente impedisce di colorarla con *Adobe Photoshop* o *Paintshop Pro* per conferirle un piacevole colore giallo/oro. Di solito, specialmente nei filtri più economici a banda larga, il disco solare è molto più luminoso delle protuberanze e questo può richiedere un grado diverso di elaborazione delle immagini con *Registax*. Quindi, per immagini dell'intero disco riprese con una reflex digitale, la cosa migliore è utilizzare un'esposizione più lunga per registrare le protuberanze (sovraesponendo il disco), e un'esposizione più breve per riprendere correttamente i dettagli sul disco. Ogni immagine può essere quindi elaborata separatamente in modo ottimale; poi, usando *Photoshop* o *Paintshop Pro*, si può semplicemente ritagliare il disco dettagliato dall'immagine a breve esposizione e incollarlo sull'immagine con le protuberanze (rispettando la corretta orientazione dei dettagli). In questo modo, si ottiene un'immagine che mostra contemporaneamente sia i dettagli sul disco sia le protuberanze. Se si usa una macchina fotografica digitale, si può vedere che i vari canali colore nell'immagine RGB mostrano un diverso contrasto, anche se l'immagine è un rosso puro. Questo è dovuto al fatto che i filtri dei *pixel* verdi e blu dei CCD delle macchine digitali trasmettono anche qualche banda nel rosso e, incredibilmente, il contrasto nei canali verdi e blu può essere talvolta migliore di quello nel canale rosso!

Per avere ottime immagini in alta risoluzione, basta utilizzare le stesse tecniche per la Luna e i pianeti: cioè è sufficiente una *webcam*, preferibilmente monocromatica, e *Registax* per l'elaborazione dei filmati AVI. Per ulteriori informazioni sulla Coronado e sulla Solarscope potete consultare l'appendice.

Nella Figura 16.5 è mostrata un'immagine ripresa con una *digicam* da Maurice Gavin, utilizzando un Coronado PST. Il Coronado PST di Maurice è mostrato nella Figura 16.6. Nelle Figure 16.7 e 16.8 sono riportate due ottime immagini H-alfa, riprese attraverso un rifrattore Pentax di 75 mm di diametro e un filtro Coronado Solarmax 40.

Infine, qualunque tipo di osservazione solare facciate, fatelo in sicurezza. Fate in modo che sia la macchina fotografica digitale o la *webcam* a riprendere l'immagine e non il vostro occhio. Ricordatevi che gli occhi non possono essere sostituiti.

Qualsiasi oggetto del Sistema Solare scegliate di studiare, vi auguro buona fortuna per la vostra personale avventura nel campo dell'*imaging* astronomico!

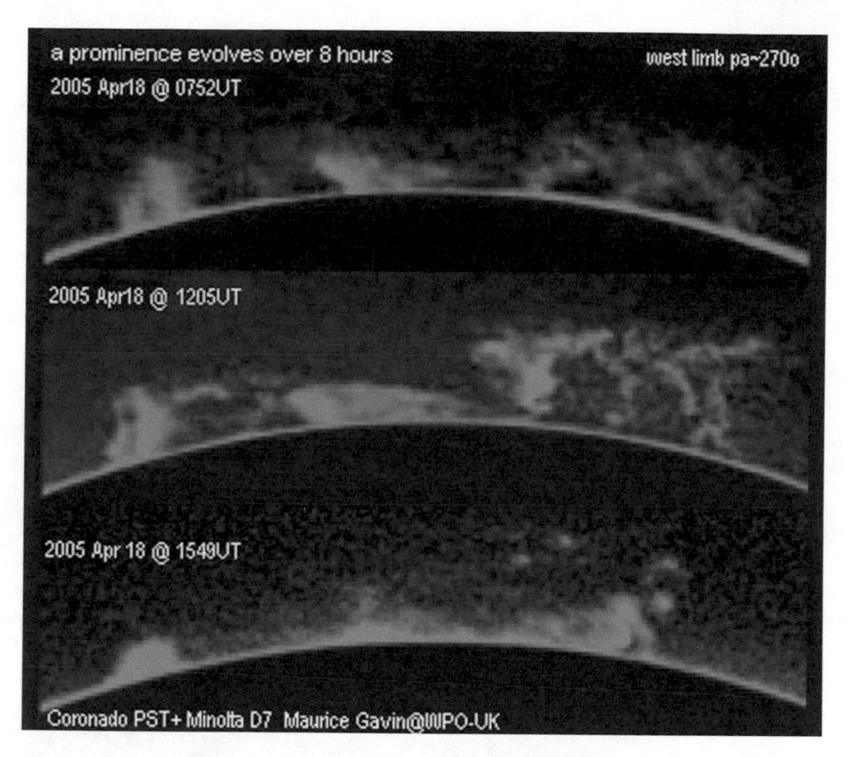

Figura 16.5. Un ottimo montaggio che mostra lo sviluppo di una protuberanza solare nel corso di alcune ore. Telescopio Coronado PST e macchina fotografica digitale Minolta. Immagine: Maurice Gavin.

Figura 16.6. Il Coronado PST, un telescopio H-alfa di 40 mm di diametro a f/10 dal costo contenuto. Immagine: Maurice Gavin.

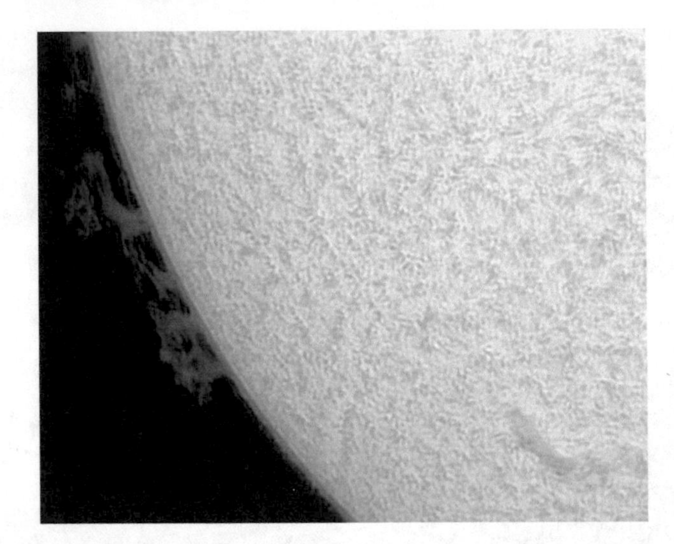

Figura 16.7. Un'immagine H-alfa di una protuberanza solare ripresa da Paolo Lazzarotti con un rifrattore Pentax di 75 mm di diametro e un filtro H-alfa Coronado Solarmax40. Per la ripresa è stata utilizzata una videocamera Lumenera LU075M. Somma di 300 *frame* sui 1000 ripresi. Immagine: Paolo Lazzarotti.

Figura 16.8. Un'immagine H-alfa di una macchia solare ripresa da Paolo Lazzarotti con un rifrattore Pentax di 75 mm di diametro e un filtro H-alfa Coronado Solarmax40. Per la ripresa è stata utilizzata una videocamera Lumenera LU075M. Somma di 500 *frame* sui 2000 ripresi. Immagine: Paolo Lazzarotti.

Pagine Web su *software*, *hardware* e osservatori

Gli indirizzi delle pagine Web (URL) cambiano con il tempo, specialmente quelli dei singoli astrofili. Se alcuni di questi indirizzi dovessero essere diventati obsoleti durante la fase di lavorazione del libro, basta andare sulle pagine di un motore di ricerca come Google e inserire il nome dell'azienda o dell'astrofilo e alcune parole chiave. Dopo un po' di ricerca, non ci dovrebbero essere problemi a individuare il nuovo indirizzo.

Software e hardware per webcam/videocamere

Registax, di Cor Berrevoets: **http://aberrator.astronomy.net/Registax/**
K3CCD, di Peter Katreniak: **http://www.pk3.org/Astro** o **http://www.pk3.org/K3CCDTools**
Camere SAC: **http://www.sac-imaging.com/main.html**
Celestron/Celestron NexImage: **http://www.celestron.com/**
Iris: **http://www.astrosurf.com/buil/us/iris/iris.htm**
AVA o Adirondack Video Astronomy (USA): **http://www.astrovid.com**
Webcam ATiK: **http://www.atik-instruments.com/**
Astromeccanica (Italia): **http://www.astromeccanica.it/**
Lumenera (camere digitali USB 2.0): **http://www.lumenera.com/**

Quick Cam e Unconventional *Imaging* Astronomy Group (QCUIAG) di Steve Wainwright sono una miniera di informazioni sulla conversione di telecamere di sicurezza e *webcam* per uso astronomico: **http://www.astrabio.demon.co.uk/QCUIAG/**

Software per la conversione di una *webcam* alla modalità RAW: **http://www.astrosurf.com/** o **http://astrobond/ebrawe.htm**

Focheggiatori motorizzati, Barlow e Powermate

Jims Mobile Inc. (focheggiatori e accessori): **http://www.jimsmobile.com**
TeleVue (lenti di Barlow e Powermate): **http://www.televue.com**
In Italia sono numerosi i rivenditori di materiale ottico che trattano il marchio TeleVue.

Fornitori di filtri solari

Celestron: **http://www.celestron.com**
Kendrick: **http://www.kendrick-ai.com**
Orion USA: **http://www.telescope.com**
Tuthill: **http://www.tuthillscopes.com**
Thousand Oaks: **http://www.thousandoaksoptical.com**
Coronado H-alfa: **http://www.coronadofilters.com/**
Solarscope H-alfa (Isola di Man): Solarscope Ltd., Optical House, Ballasalla, isola di Man, IM9 2AH. Tel.Fax 01624 822724: 01624 620812.

Rivenditori di filtri planetari

AVA/Adirondack Video Astronomy (USA): **http://www.astrovid.com**
True Technology (UK): **http://www.trutek-uk.com**

Strumenti di qualità per gli osservatori planetari

Cloudy Nights Equipment Reviews (prove di strumenti): **http://www.cloudynights.com**
Celestron: **http://www.celestron.com**
Distributore italiano della Celestron: **http://www.auriga.it**
Orion Optics (UK): **http://www.orionoptics.co.uk**

Takahashi e i loro rivenditori
Takahashi Home Page (Giappone): **http://www.takahashijapan.com/**
Texas Nautical (Takahashi USA): **http://www.takahashiamerica.com**
True Technology (Takahashi UK): **http://www.trutek-uk.com**

BC&F Telescope House (UK): **http://www.telescopehouse.co.uk/**
TEC (Telescope Engineering Company): **http://www.telescopengineering.com/**
TMB (Thomas M. Back) Optical: **http://www.tmboptical.com/**
Software Bisque Paramount ME: **http://www.bisque.com**
Astrophysics (montature e telescopi di qualità): **http://www.astro-physics.com**

Produttori di CCD

SBIG: **http://www.sbig.com**
Starlight Xpress: **http://www.starlight-xpress.co.uk**
Apogee: **http://www.ccd.com**
FLI: **http://www.fli-cam.com**

Software per l'elaborazione delle immagini

Software Bisque (*CCDSoft*, *The Sky*, *Orchestrate* e *T-Point*): **http://www.bisque.com**
Maxim (*MaximDL/CCD*): **http://www.cyanogen.com**
Il libro di Richard Berry e il CD di AIP possono essere ordinati alla Willman Bell: **http://www. willbell.com**
AstroArt: **http://www.msb-astroart.com**

Software planetari

Starry Night: **http://www.starrynight.com**
Guide 8.0 della Project Pluto: **http://www.projectpluto.com**
The Sky della Software Bisque: **http://www.bisque.com**
Redshift 5: **http://www.focusmm.co.uk**
Skymap Pro: **http://www.skymap.com**
Carte du Ciel (free): **http://www.astrosurf.com/astropc**
Stellarium (free): **http://www.stellarium.org**

Software per l'analisi delle ottiche

Aberrator di Cor Berrevoets: **http://aberrator.astronomy.net/**

Organizzazioni per l'osservazione planetaria

British Astronomical Association: **http://www.britastro.org/**
Association of Lunar and Planetary Observers (USA): **http://www.lpl.arizona.edu/alpo/**
Association of Lunar and Planetary Observers (Giappone): **http://www.kk-system.co.jp/Alpo**
Sezione Pianeti UAI (Italia): **http://pianeti.uai.it**
The Astronomer Planets: **http://www.theastronomer.org/planets.html**
British Astronomical Association Mars Section: **http://www.britastro.org/mars/**
Communications in Mars Observations: **http://www.mars.dti.ne.jp/~-cmo/oaa-mars.html**
British Astronomical Association Jupiter Section: **http://www.britastro.org/info/jupiter/**
Pagine Web del progetto JUPOS di Hans-Joerg Mettig: **http://www.jupos.de**

British Astronomical Association Saturn Section:
http://www.britastro.org/info/saturn/
International Outer Planets Watch: **http://atmos.nmsu.edu/ijw/ijw.html**
International Marswatch 2003: **http://elvis.rowan.edu/marswatch/**
TLP ricorrenti (BAA Lunar Section):
http://www.lpl.arizona.edu/~rhill/alpo/lunarstuff/ltp.html

Previsioni del tempo e del *jet stream*

Previsioni meteo per l'aviazione e il *jet stream*: **http://weather.unisys.com/aviation/**
Previsioni *jet stream* a 200 mb: **http://grads.iges.org/pix/hemi.jet.html**
Seeing per il *jet stream europeo*: **http://weather.unisys.com/aviation/6panel/avn-300-6panel-eur.html**
Dati meteorologici completi: **http://pages.unibas.ch/geo/mcr/3d/meteo/index.htm**
Archivio di carte meteorologiche: **http://www.meteoliguria.it/archivio21.asp**

Pagine dei migliori osservatori planetari

Damian Peach: **http://www.damianpeach.com**
Paolo Lazzarotti: **http://www.lazzarotti-hires.com/**
Antonio Cidadao: **http://www.astrosurf.com/cidadao/**
Eric Ng: **http://www.ort.cuhk.edu.hk/ericng/webcam/**
Ed Grafton: **http://www.ghgcorp.com/egrafton/**
P. Clay Sherrod (Arkansas Sky Observatory): **http://www.arksky.org/**
Jesus R. Sanchez: **http://www.arrakis.es/~stareye**
Tan Wei Leong: **http://web.singnet.com.sg/~weileong/planets.html**
Martin Mobberley: **http://uk.geocities.com/martinmobberley/**
Christophe Pellier: **http://www.astrosurf.com/pellier/index2.htm**
Thierry Legault: **http://perso.club-internet.fr/legault/**
Christopher Go: **http://jupiter.cstoneind.com/**
Mike Brown: **http://www.mikebrown.free-online.co.uk/**

Immagini del Telescopio Spaziale "Hubble" o di sonde spaziali

Hubble Space Telescope: **http://oposite.stsci.edu/pubinfo/Pictures.html**
Missione Galileo: **http://www.jpl.nasa.gov/galileo/**
Missione Cassini: **http://www.jpl.nasa.gov/cassini/**

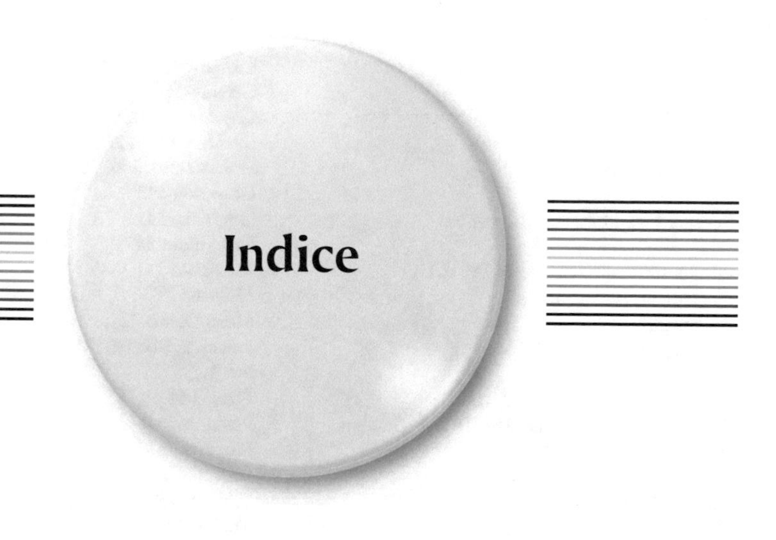

Indice

Finito di stampare nel mese di ottobre 2007

Printed in the United States
By Bookmasters